普通高等教育"十一五"国家级规划教材

水 文 预 报

（修订版）

主 编 于 玲
副主编 李太星 张 峰
　　　　陈吉琴 张志刚
主 审 朱世同

黄河水利出版社

·郑 州·

内 容 提 要

　　本书是普通高等教育"十一五"国家级规划教材,是按照国家对高职高专人才培养的规格要求及高职高专教学特点编写完成的。全书介绍了水文预报的基本原理、方法和实际应用及误差分析等内容,主要包括河道洪水预报,流域产流,流域汇流,流域水文模型,实时洪水预报以及土壤墒情预报、枯季径流、干旱分析、水库水文预报,水文预报结果评定和计算机在水文预报中的应用等内容。

　　本书为高职高专院校水文学及水资源专业教学用书,也可供水文、水利水电、航运及水环境等领域的教学、科研、设计与工程施工和管理人员阅读参考。

图书在版编目(CIP)数据

　　水文预报 / 于玲主编. —郑州:黄河水利出版社,2011.6
(2025.1　修订版重印)
　　普通高等教育"十一五"国家级规划教材
　　ISBN 978 - 7 - 5509 - 0071 - 4

　　Ⅰ. ①水…　　Ⅱ. ①于…　　Ⅲ. ①水文预报 - 高等学校 - 教材 Ⅳ. ①P338

　　中国版本图书馆 CIP 数据核字(2011)第 121464 号

组稿编辑:王路平　 电话:0371 - 66022212　 E-mail:hhslwlp@163.com

出 版 社:黄河水利出版社　　　　　　　　网址:www.yrcp.com
　　　　　地址:河南省郑州市顺河路黄委会综合楼 14 层　 邮政编码:450003
发行单位:黄河水利出版社
　　　　　发行部电话:0371 - 66026940、66020550、66028024、66022620(传真)
　　　　　E-mail:hhslcbs@126.com
承印单位:河南承创印务有限公司
开本:787 mm × 1 092 mm　 1/16
印张:15.5
字数:360 千字　　　　　　　　　　　　印数:5 001—5 500
版次:2011 年 6 月第 1 版　　　　　　　 印次:2025 年 1 月第 3 次印刷
　　　 2025 年 1 月修订版
定价:32.00 元

前　言

本书是普通高等教育"十一五"国家级规划教材,是根据《国务院关于大力发展职业教育的决定》、教育部《关于全面提高高等职业教育教学质量的若干意见》等文件精神,以及教育部对普通高等教育"十一五"国家级规划教材建设的具体要求组织编写的。

本书编写过程中注重教材内容的实用性,重点突出应用能力的培养,做到深入浅出、难易结合,同时也反映了近年来水文学及水资源专业的新技术、新方法和新内容。

为了不断提高教材质量,编者于 2025 年 1 月,根据国家及行业最新颁布的规范、标准、规定等,以及在教学实践中发现的问题和错误,对全书进行了全面、系统的修订完善。

全书共分 10 章,内容包括绪论、河道洪水预报、流域产流、流域汇流、流域水文模型、实时洪水预报、其他水文预报、水文预报与应用介绍、水文预报结果评定、计算机在水文预报中的应用简介,并选编了大量的实例和习题。

本教材在吸收有关本科教材精华的基础上,一方面充实了水文预报的新理论和新方法,去繁留简,去难留易;另一方面加强了实践性的有关内容,注重实用性,符合高职高专教学特点,突出高职高专教育教学的特色。注重培养学生独立分析和解决实际问题的能力。

本书编写人员及编写分工如下:第 1 章、第 3 章由安徽水利水电职业技术学院于玲编写,第 2 章由长江工程职业技术学院陈吉琴编写,第 5 章由长江工程职业技术学院李太星编写,第 4 章、第 7 章由湖北水利水电职业技术学院张志刚编写,第 6 章、第 8 章由安徽水利水电职业技术学院张峰编写,第 9 章、第 10 章由安徽水利水电职业技术学院史丽编写。全书由于玲担任主编,并负责修改和统稿;由李太星、张峰、陈吉琴、张志刚担任副主编;由黄河水利职业技术学院朱世同担任主审。

本教材在编写过程中还参考并引用了有关院校编写的教材和生产科研单位的技术文献资料,除部分已经列出外,其余未能一一注明,特此一并致谢!

我们恳切地希望各院校师生及从事水文与水资源工程技术的读者在使用过程中对本书存在的缺点和错误提出批评和指正。

编　者
2025 年 1 月

目 录

第1章 绪 论

1.1 水文预报的概念和作用

1.1.1 水文预报的概念

水文预报就是根据已知的水文信息对未来一定时期内的水情状态作出定性或定量的预测。已知信息,广义上是指对预报水情状态有影响的一切信息,最常用的是水文与气象要素信息,如降水、流量、水位、蒸发、冰情、气温和含沙量等观测信息。预报的水情状态变量可以是任一水文要素,也可以是水文特征值,不同的状态量预报对已知信息、预报方法的要求不同,预见期也不同。目前,通常预报的水情要素信息主要有流量、水位、冰情和旱情等。

水文预报方法以水文要素的基本规律和水文数学模型研究为基础,结合生产实际,构成具体的预报方法或预报方案,服务于生产实际。一般水文预报研究的重点和关键有两部分:①共性规律研究,即具有一定普遍性的水文基本规律模拟方法和流域水文模型研究;②个性问题研究,对反映具体问题的特征、方法进行了解,形成能够解决各种具体实际问题的、具有较高预报精度的预报方案。

1.1.2 水文预报的作用

水文预报在防汛、抗旱、水资源开发利用、国民经济建设和国防等领域都有广泛的应用,经济效益巨大,应用单位众多。

水文预报中,应用最广泛的是对洪水的预报。1949 年以前,由于防灾减灾手段少、技术落后,我国洪旱灾害频繁、灾害范围广、死亡人数多、损失惨重。新中国成立后,党和政府高度重视水旱灾害防治和水资源的开发利用。一方面,进行了大规模的水利基本建设,其中对防洪起到骨干性调控作用的大型水库就建了 442 座;另一方面,从中央到流域机构和各省市都成立了水文监测、预报和管理机构,全方位地研究、监控、预报和管理洪、涝、渍、旱灾害,从非工程措施角度防治和减轻灾害损失。据统计,1901～2008 年全国发生的最严重的 31 次大灾害中,16 次由洪水引起,7 次由干旱引起,其余为 5 次地震、1 次风暴潮、1 次鼠疫和 1 次天灾人祸,表 1-1 是 20 世纪以来全国发生的最严重的 31 次大灾害统计。

其中,1949 年前的 49 年间共发生 22 次大灾害,洪灾有 13 次,占 59.1%,而新中国成立后的 60 年共发生 9 次大灾害,洪灾 3 次,只占 33.3%。洪灾频率大大降低,洪灾损失大大减少,其中洪水预报功不可没。据《中国水利年鉴(2004)》统计,仅 2003 年全国水文情报预报减灾效益就达 180 亿元。

表 1-1　20 世纪以来全国发生的最严重的 31 次大灾害统计

年份	灾害类型	年份	灾害类型
1906	长江中下游洪水灾害	1937	四川干旱灾害
1910	长江中下游洪水灾害	1938	黄河花园口缺口（人为）
1910~1911	东北三省鼠疫灾害	1939	海河洪水灾害
1911	长江沿江所有省份洪水灾害	1942	中原干旱灾害
1915	珠江流域洪水灾害	1943	广东干旱灾害
1917	海河流域洪水灾害	1947	两广洪水灾害
1920	华北地区干旱灾害	1954	长江和淮河流域洪水灾害
1920	甘肃隆德和静宁地震灾害	1959~1961	三年自然灾害（干旱）
1921	淮河流域洪水灾害	1966	邢台大地震灾害
1922	汕头风暴潮灾害	1976	唐山大地震灾害
1928~1930	西北和华北干旱灾害	1987	大兴安岭大火灾害
1931	长江和淮河流域洪水灾害	1991	淮河流域洪水灾害
1932	哈尔滨大洪水灾害	1998	长江、松花江洪水灾害
1933	黄河大洪水灾害	1999	台湾地震灾害（南投县）
1934	长江中下游干旱灾害	2008	四川地震灾害（汶川）
1935	长江和黄河大洪水灾害		

水文预报在生产上的应用领域十分广泛,主要有流域或区域性洪水与旱情预测,河道、水库、湖泊等水体的封冻、开冻状况及冰凌等冰情预测,积雪、冰川的融雪径流预报,水利工程施工期的施工预报,水库运行管理要求的入库流量过程预报,河道航运要求的沿程水位变化预报等。

在我国,开展应用水文预报方法业务的单位众多。从中央到各大流域机构和各省市都有开展水文预报业务的专门机构,而且还有数百座大型水库、水电站和 1 000 余座水文站在开展水文预报业务。

1.2　水文预报的研究现状和进展

水文预报研究具有漫长的历史,最早可以追溯到公元前 3500 年,那时的人们为了生存、防御洪水就开始观测和研究了。例如,在文明古国埃及,人们通过观测尼罗河水的涨落,记载分析年水位变化等。

纵观水文规律的研究历史,可大致将其划分为古代萌芽状态发展时期、经验研究和简单水文规律或单因素规律研究时期以及综合性规律的现代水文研究时期。

第一个时期为公元前 3500 ~ 公元 1500 年,该时期的研究思想和概念都很朦胧,方法很简单,观测很少使用仪器,只凭眼睛和自然条件,凭经验计算与估计。

第二个时期为 1501 ~ 1953 年,该时期在概念、试验研究和量测工具、经验相关方法、简单水文机制的试验模拟等方面都有很大的进展,研究的内容、形成的概念、理论与方法等都有大的发展,其规模与现代研究相差不大。特别是巴利西(Palissy)提出了水文循环的概念,桑托利(Santorio)、卡斯特(Castelli)、霍克(Hooke)、巴斯卡(Pascal)等先后提出了使用流速仪、测雨仪、雨量计、机械计算机等,卡斯特还证实了希罗(Hero)在公元前 100 年左右根据经验提出的流量计算公式,还有哈雷(Halley)的蒸发试验、伯努利(Bernolli)的水压与水流的关系研究、谢才(A. de chezy)的河道流速公式、达西(Darcy)的地下水流理论、马尔凡尼(Mulvaney)的暴雨成因公式、麦克瑟(G. T. Mcharthy)的马斯京根河道流量演算方法、霍顿(Horton)的下渗计算公式等成果。

第三个时期是从 1954 年至今,高速、大容量计算机的发展与应用,使得人们对水文规律的综合性研究、利用复杂的数学和计算机三维模型对流域的径流过程和河道水流的模拟成为可能,使水文预报能解决许多生产中的实际问题,流域或区域性大范围的洪水、旱情预测研究才得以进行。

目前,水文预报研究还存在基本规律研究和误差修正两方面的问题。基本规律研究涉及机理研究的进一步深入、规律描述方法的物理化和综合性。误差修正主要是与修正效果有关的研究,包括修正方法、修正利用信息、修正内容等方面的研究。

1.3 水文预报的研究思路和方法

水文预报方法研究是以规律描述方法研究为核心,形成具有特色和先进性的思路和方法。总结、掌握和了解这些思路与方法,对水文预报课程的学习具有非常重要的意义。

1.3.1 分解研究

分解研究就是把复杂的系统、自然规律和事件分解为相对简单、独立、容易被人们理解和认识的子系统、简单规律和事件来研究。通常的分解有系统分解、线性化分解、空间因素分解和时间过程分解等。

系统分解是把一个复杂的系统分解成几个相对独立的子系统。这种分解可以根据研究的物理量特性划分,也可以根据空间、时间因素或其他条件划分。水文规律研究中,最为常用的方法是按物理量特性分解,如泥沙模型可分为水流和泥沙两个模拟子系统,并且水流还可以进一步细分为蒸发、产流、分水源、地表地下水汇流等子系统。同理,泥沙也可进一步分为产沙和汇沙等。

线性化分解是把一个复杂的非线性的关系分解为几个线性化的结构来模拟。流域坡面汇流分为三水源,用三个线性水库来模拟就是典型的例子。

空间因素分解是按照空间变化的影响因素特点对模型结构进行分解,如新安江模型中的分单元计算产流、分坡面和河道进行汇流等。

时间过程分解是按照时间变化的影响因素特点对模型结构进行分解,如高寒地区的流域分冬季蒸发和夏季蒸发、产流分融雪产流和降雨产流等。

1.3.2 概化研究

概化研究就是把复杂的自然规律概化为简单的、易于研究的、与实际规律较接近的关系来研究。这种概化，一般以影响其规律的因素分析为基础，根据实际情况，抓住主要因素，忽略次要因素，提出假设条件和简化的数学关系，使得用这种概化关系去模拟自然规律的误差不大或满足生产实际的需要。

1.3.3 规律描述方法的物理化研究

水文预报方法研究是一个从简单到复杂、从经验相关到物理概念模型直至物理模型的一个发展过程。一般包括以下4个步骤：

（1）提出描述水文规律的概化模型。其思路与概化研究思路接近，主要是根据实际情况分析影响因素，得出与实际情况近似的概化模型。

（2）将提出的模型用实际问题的观测资料系列进行模拟检验，分析比较模型计算结果与实际观测值之间的差异，通过误差分析寻求问题的答案以初步确定模型的结构和参数。

（3）分析引起模型计算误差与影响因素之间的因果关系，发现解决问题应进一步考虑的因素，提出进一步修改模型的结构关系。

（4）把试验检验发现的问题和进一步完善的规律关系加入到模型中，构成结构更加完善、考虑因素更符合实际、更加物理化的模型，再回到（2）进行实测资料模拟检验。如此循环往复，不断地分析检验、发现问题和解决问题，直到满足实际问题要求或最终获得物理化的模型结构。

如水文预报中的产流量预报，最早发现的主要影响因素是降雨，提出的关系是降雨—径流关系，但在大多数流域应用时效果不是很理想，两变量的关系点据很是散乱，后分析原因发现，土壤的前期湿度（含水状态）对产流量影响很大，而土壤的湿度受前期降雨、日照和温度等气象因素有关。说明前期流域的气候和下垫面状况是产流量的重要影响因素，必须考虑。由此引进描述前期气候因子的特征量 P_a 来反映次洪前期的气候状况，把每次洪水的 P_a 特征量标注到降雨—径流关系图中，这种关系在大多数湿润地区应用获得了较满意的结果，但在干旱地区应用结果却不令人满意，又进行误差原因、影响因素分析，发现了雨强因素对干旱地区流域产流的影响，提出了降雨、雨强、前期气候影响因子与径流量的关系等。

水文预报方法或模型研究，从经验相关到目前的物理概念性模型，最终必然要发展为物理模型，这是科学研究发展的必然趋势。例如，流量公式就是从平均水深与过水量经验关系发展为现在的流速、过水断面面积与流量关系物理公式的。

1.3.4 相似性研究

自然规律间存在着许多惊人的相似，这包括自然规律本身的相似及其模拟方法的相似。利用这种相似性进行科学研究或知识学习，使研究者容易抓住问题本质、简化思路、明确重点、加深内容理解，促进机理研究深入、启迪创造性，进而加快科学研究的发展。

相似性研究的思路与方法是科学研究的重要方法,在科学研究方法论中都有大量介绍,这里只简单介绍与水文预报关系密切的一些思路与方法。

任何事物都具有特性,当事物间存在共有特性,而刻画其特性的特征量有差别时,则称事物间共有特性为相似性。例如,两个不同边长的等边三角形间存在着三个角相等、都有三条边、都是三角形等共有特性,边长是反映等边三角形特性的特征量之一,除边长不同外都相同,所以属于两个相似的图形。

相似性在自然界中是广泛存在的。例如,人与人之间、动物与动物之间、植物与植物之间、人与动物之间都具有相似性。几乎所有自然界间的事物、规律都具有相似性。

任何事物的相似都不是绝对的,而是有条件的,即两个相对于某些特定特性而言是相似的而相对于另外的一些特性是不相似的,因此一般说的相似都是特定条件下的条件相似。例如,人与植物在养分获得的方式上是相似的,因为人通过血红蛋白与空气中的氧和二氧化碳起作用而获得养分,而植物类似地也是由叶绿素与空气中的氧和二氧化碳起作用而获得养分,但在外貌形状、生命生存条件等的许多方面却是不相似的。

事物间客观存在的相似性关系可以被科学规律研究利用,可以大大启迪研究者的创造性。例如,有些事物的规律相对于另外的一些相似事物的规律容易被发现、容易研究,那么这相似性事物间的相似性关系就可被利用来研究那些难以研究的事物规律。不同问题、学科方向或领域的科学研究经常是参差不齐的。有些发展快,研究比较成熟,理论体系比较完善,而许多问题间会存在着相似的规律,那么成熟的问题研究思路、技术路线和规律性描述方法可以类似地用到不成熟的问题研究中;科学研究总是从简单的问题、单一的学科方向发展到复杂的问题、几个相关的学科方向或跨学科综合研究,在发展研究过程中,无论是多方向还是跨学科或任一发展过程环节,相似性关系的方法论都会大大加快科学研究的进程,快速产生大量的创造性成果。

自然界和科学研究中存在的相似性关系很多,水文预报研究通常遇到的相似性关系种类有以下几个方面。

1.3.4.1 时变与时不变的相似关系

描述自然规律的模型或方法在很多情况下都是时变的,但直接研究时变模型或方法往往十分困难或根本无法进行,而时不变的研究就会简单得多,通常先研究时不变规律或时变因素在某一特定条件下的相对时不变规律,然后把这些时不变或相对时不变条件下获得的规律推广应用到时变规律的描述中。

研究污染物在水体中的扩散、混合和迁移规律时,常涉及分子扩散通量的表达,在水流静止时,污染物质在水体中的分子扩散通量容易通过试验获得表达公式,而水流运动时就很难直接获得表达公式。通常把静止水流的分子扩散通量直接应用到运动水流中,经常会遇到模型参数随一些时变因素而时变的问题。通常是先限定时变因素在某一状态或条件下率定模型的参数,再改变时变因素的关系。在水文规律的研究中,这种时变规律是广泛存在的,时变参数的两步确定法也被广泛采用。例如,马斯京根法的河段水流传播时间是个时变汇流参数,常随洪水大小而改变,实际中经常对不同的洪水级别确定河段水流传播时间,然后建立洪水级别与参数值之间的关系。那么在实际预报中,就可据洪水的量级采用不同的河段水流传播时间参数值。

1.3.4.2 描述规律间的相似关系

水文预报模型中,描述的规律间具有许多的相似性。例如,描述空间因素影响的特征量分布规律有土壤蓄水容量、下渗能力、流域水利工程和坑洼截流能力、土壤抗侵蚀能力、面污染源等的空间分布规律。这些特征量有如下共同特点:

(1)受空间分布因素影响。

(2)空间变化关系唯一。

(3)无法获得空间变化的物理模型。

(4)具有很相似的空间变化统计分布。

因此,这些特征量描述具有相同的构造思路,采用相同的分布曲线线型,不同的是曲线变量物理意义和表示曲线特征的参数物理意义及参数值。

1.3.4.3 不同尺度的相似关系

尺度对水文规律的影响还是一个有待进一步研究的问题,不同尺度间规律的相似性不仅可为问题的解决提供研究方法,更可为一般研究提供有效的方法手段。尺度有宏观与微观之分,也有大尺度、中尺度与小尺度之分,流域水文研究中常用的是后者。小流域或小尺度的试验区域水文规律与大流域或一般尺度的区域间具有相似性。所以,研究大流域水文规律时,常选用小流域作为指示流域进行研究,再把这个指示流域的研究结果推广应用到相似的区域中去。

1.3.4.4 表面现象与内在问题的相似关系

表面现象容易被发现,规律容易研究,内在的问题就要难得多,有时几乎不可能被发现。因此,表面现象与内在问题间的相似性关系是非常有用的手段与方法。

利用相似性进行研究的思路方法很多,总结并形成具有相似性特色的思维效果会更好。相似性思维主要分相似分类、相似分析、相似求证三个阶段。

相似分类就是根据基本的相似原理和关系把要研究的内容区分为一定的相似类,相似类的划分根据研究的内容和所希望利用的相似性关系不同而千差万别,如研究问题相似类、影响因素相似类、描述规律相似类等。假如研究的内容对研究者来说是个全新的领域,那么就要区分为研究问题的相似类,通过分析问题相似类的共同特点和联想相似类的描述方法获得问题规律描述的方法。例如,研究水流运动的人去研究泥沙在水体中的运动规律,可把水流运动、泥沙运动、气体运动等与流体运动有关的问题分为一类,再通过相似性分析得出水流中的泥沙运动与水流规律最相似,进而可通过相似推断获得与水流规律描述方法类似或相同的模型。假如研究的问题十分复杂,影响因素众多,那么应该把影响因素区分为相似类,再通过相似分析在该相似类中找出主要影响因素和通过相似推断获得相应的表达自然规律的描述方法。流域蒸发模式就是典型的一例,因为影响流域蒸发的因素有气象要素(风速、温度、空气湿度、水面蒸发等),土壤因素(土壤密度、土壤孔隙率、土壤粒径等),植被因素(植被种类、植被季节变化、植被覆盖率等),前期气候因素4种相似类,而气象要素类中水面蒸发能反映所有其他气象要素的综合性影响,所以水面蒸发是这类因素的主导因素,可由水面蒸发来表征气象类要素对流域蒸发的影响。

相似分析就是对划分的相似类进行相似性分析比较,通过相似性关系研究归纳共同特征,找出主要矛盾,提出新的假设和推断。相似性分析以相似关系研究为基础,如问题相似类分析的主要研究问题与问题相似类中的其他问题间是否存在相似性关系,与哪个问题间的共同特征最多,相似性关系最为密切等。

相似求证对相似分析提出的假设和推断进行计算机模拟检验、实验室试验求证或野外试验流域分析论证。

1.3.5 模拟试验研究

模拟试验研究是水文预报研究的关键环节和重要手段。水文预报模型或方案通常有许多假设,其中有许多参数需要用具体流域的水文资料分析确定,模拟试验研究就是要通过对实际流域水文资料的模拟计算,检验模型结构的合理性,分析参数值估计是否反映具体流域特点,评估建立预报方案用于实际问题的有效性。

模型参数估计一般是首先确定目标准则、寻找参数值、用模型模拟实测结果,比较计算结果与实测结果,看是否满足目标准则,如果满足那么寻找的那组参数值就是流域模型参数值,如果不满足则要重新寻找使模拟计算效果更好的一组参数值,依次循环往复,直到获得满足准则的一组参数值。由这一参数估计过程可见,模型参数的估计相当依赖于实测资料系列,如果实测资料系列能包含流域发生的各种具有不同特点情况的样本,那么率定的参数值在流域中就具有广泛的代表性,模型可用于预报或外延估计问题;如果实测资料系列代表性不好或不能反映某些具有一定代表性特点的情况,模型应用就会导致大的外延误差。因此,资料系列的代表性对预报方案的建立十分重要。例如,选择洪水资料,如果选择的洪水量级包含大、中、小,发生时间有汛初、汛中和汛末,发生时前期气候条件有湿润和干旱,产生洪水的暴雨类型有对流雨、锋面雨等,洪水资料选择的代表性就较好;如果只选择大洪水,用于预报小洪水时就会产生系统误差,如果只选择一场洪水率定模型参数,那么误差就会更大,原则上不能在实际洪水预报中应用。

用水文资料分析法确定模型参数值还会受资料观测误差影响。据观测资料误差统计特性研究,资料观测误差系列一般具有零均值、常方差和独立性三个统计特性,只有当样本系列趋于无穷大时,观测误差的影响才会消失。在实际问题中,要获得样本容量无穷大的资料系列是不可能的,但希望根据实际条件,选择尽可能大的样本容量;根据流域水文规律的复杂程度不同,样本容量也可有大有小,但一般不能太短。

模型结构的合理性检验和模型效果的评估,一般是把观测资料系列分为率定和检验两个时期,原则上检验期的样本与率定期的样本同样要有代表性。先用率定期的样本确定模型参数值,再用模型和确定的参数值模拟检验期的结果,比较检验期计算结果和观测结果的差异,分析模型的合理性和评估效果。

特别要强调的是,一个新的水文预报模型由提出到推广应用,必须作充分的结构合理性检验和模型效果的有效性评估。其检验要求的代表性,除流域内的代表性要求外,还要适用范围内不同特征流域的代表性。如新安江模型,需要在湿润地区选择具有不同产流和水文特点的流域,而垂向混合产流模型,就要在更广泛的地区选择不同水文规律特点的流域检验,而且特别要多选择不同产流机理特点的流域,包括湿润地区、干旱地区和干旱半干旱地区流域。另外,对于一个新模型的结构合理性分析、效果评估,还要特别强调样本容量。这是因为一个概念模型或经验模型,或多或少地提出了一些假设和概化,这些假设条件和概化关系能否接近实际情况,近似程度如何,假设条件的不同又可有很不同的模型结构,都需要通过对实测资料系列的模拟检验来确定。假如样本系列过短,虽然模型模拟的效果会非常令人满意,但由于信息不充分,不足以检验结构和评估效果,其间即使有问题,也暴露不出来。这种信息不充分情况下的模型或参数估计是没有意义的。例如,数学中在坐标系内过点拟合曲线方程,如果平面内过 1 个点拟合曲线方程,即样本容量为1,那么过点可以作直线、圆、抛物线或双曲线等任意的曲线,而且任意方程去模拟该点都不会有误差,精度达到100%;如果有 100 个点,要用 100 个参数以上的任意方程或模型去模拟才会无误差,如果用 2 个、3 个参数的函数去模拟,不可能任意的函数都是无误差的,且不同的函数结构误差也不同,可以选择一个误差最小的函数,这就比 1 个点时提供了更多的参数值估计和函数结构选择信息,选择的函数也会更接近于实际情况。一般样本容量越大提供的信息量就越大,选择的结构和估计的参数就会越接近实际情况,当样本容量大到一定程度后,任意的函数或模型就不可能都获得满意的模拟结果。水文预报模型的模拟检验也类似,小样本容量情况下检验的模型结构合理性或评估的模拟效果不可信,所以在《水文情报预报规范》(GB/T 22482—2008)中规定模型参数率定要满足最低的资料系列长度要求。

水文模型结构提出一般有三种途径:①实验室试验法,根据试验目的和要求设计试验方案,通过对试验资料的分析,提出规律关系;②野外试验法,通过野外试验小区或试验小流域的资料,分析相关关系,提出一些规律表述的关系结构;③水文分析法,通过物理成因机理和因果关系分析,直接提出假设而构成较为完整的模型结构,然后用实际流域的水文观测资料进行模拟分析检验。试验研究中,通常要把实际条件进行简化,使复杂的规律变为简单关系,可从试验数据中直接获得。这些研究方法的优点是提出关系比较直接,获得的关系结构任意性比较小;但缺点是研究成本较高,设计的试验方案难度大,有些试验获得的关系还会与实际流域出入较大。因此,试验获得的关系一般还需要实际流域的模拟检验。实际流域的水文分析法,没有从概化规律入手,而是根据流域实际情况,构造尽可能符合实际的完整模型,再用实际流域的观测值进行模拟检验。这种研究方法的优点是研究成本较低,方法比较灵活而且构造的模型如果通过实际流域检验效果好,就可以直接应用,这对于已有大量实际流域观测资料的水文学研究来说,是一条可行的研究途径;缺点是直接构造复杂规律的模型难度大,而且由于出发点、考虑问题的角度不同,即使研究同一水文规律,不同的人可能会提出不同结构的模型,存在着一定的任意性和结构误差风险。野外试验法的优缺点介于两者之间。这三种研究方法应该说各有优缺点,其研究成果的科学性或学术地位基本等价,不应厚此薄彼。而且水文分析法简单易行,鉴于其研究思路和技术手段,该方法在目前情况下容易开展研究,是具有水文特色的研究方向。

第 2 章　河道洪水预报

【学习指导】本章主要讲授河道流量演算与洪水预报的原理和方法。目前,河道流量演算常用的水文学方法是对圣维南方程组近似得到的水量平衡方程和槽蓄方程进行求解,如特征河长法、马斯京根法和滞后演算法等。直接求解圣维南方程组及其简化方程组或者数值解法即为水力学法,如扩散法等,为水文学的发展提供了理论基础。求解圣维南方程组的数值解法,如特征线法、直接差分法、隐式差分法等,随着计算机技术的飞速发展,在河道洪水演算和预报中开始应用。同时,河段洪水预报可以根据上游断面出现的水位(流量)值预测下游断面未来的水位(流量)值,后者将发生的时间取决于洪水波在上、下游断面间的传播时间,此传播时间即为河段洪水预报的预见期。

　　学习重点:本章需要了解洪水波运动规律;理解流量演算的基本原理和天然河道槽蓄关系及处理途径;掌握马斯京根法流量演算公式的推求及应用;掌握马斯京根法汇流曲线的推求及应用;掌握河段特征河长及推求方法;掌握相应水位(流量)相关图的制作方法。

　　在集水面积较大的流域的中、下游河段,其上游断面的来水量常比区间入流量大,上、下游断面的水位(流量)过程线相似性好,水力要素差异也不大,上、下游断面同位相的水文要素值之间在定性和定量上存在着一定的变化规律,可建立其间的定量关系。河段洪水预报可以利用这种定量关系,根据上游断面出现的水位(流量)值预测下游断面未来的水位(流量)值,后者将发生的时间取决于洪水波在上、下游断面间的传播时间,此传播时间即为河段洪水预报的预见期。可见,进行河段洪水预报要解决好两个问题:上、下游断面同位相水文要素值之间的定量关系及其河段传播时间,由此即组成河段洪水预报方案。河段洪水预报的实质是以水文学途径近似求解河道非恒定渐变流。而且,对河段洪水波运动规律的探索,必定会为流域和河网的汇流研究在物理成因分析和数学推导论证等方面奠定良好的基础。

2.1　流量演算法的基本原理

2.1.1　圣维南方程组及其简化

2.1.1.1　概述

　　天然河道里的洪水波运动属于非恒定流,其水力要素随时间、空间而变化。最早描述非恒定流的基本方程组是由法国 Barréde Saint-Venant 于 1871 年提出的,即人们熟知的圣维南方程组。当无旁侧入流时,其形式为

$$\frac{\partial A}{\partial t} + \frac{\partial Q}{\partial L} = 0 \tag{2-1}$$

$$-\frac{\partial Z}{\partial L} = S_f + \frac{1}{g}\frac{\partial v}{\partial t} + \frac{v}{g}\frac{\partial v}{\partial L} \qquad (2\text{-}2)$$

式中 A——过水断面面积,m^2;

$\quad\quad Q$——过水断面的流量,m^3/s;

$\quad\quad L$——沿河道的距离,m;

$\quad\quad Z$——水位,m;

$\quad\quad v$——断面平均流速,$\mathrm{m/s}$;

$\quad\quad g$——重力加速度,$\mathrm{m/s}^2$;

$\quad\quad S_f$——摩阻比降,用曼宁公式计算,通常表示为 Q^2/K^2,K 为流量模数。

式(2-2)中,$-\frac{\partial Z}{\partial L}$ 为水面比降,表示为河底比降(S_0)与附加比降($S_\Delta = -\frac{\partial h}{\partial L}$,$h$ 为水深)之和;S_f 为摩阻项,表示沿程摩阻损失,克服阻力做的功;$\frac{1}{g}\frac{\partial v}{\partial t} + \frac{v}{g}\frac{\partial v}{\partial L}$ 为惯性项,表明流速随时间和沿程的变化,反映动能的变化。

式(2-1)为连续方程,反映质量守恒;式(2-2)为动力方程,是以牛顿第二定律为基础建立起来的,也反映能量守恒。

圣维南方程组属于一阶双曲型拟线性偏微分方程组,至今尚无法求其解析解。

2.1.1.2 动力方程的简化

由式(2-2)可知,天然洪水波运动与恒定流比降、附加比降有关。表 2-1 列举了我国几条大河一些代表性河段洪水期的动力方程中各项值,这些数据是根据 20 世纪 50 年代洪水涨洪期实测资料计算而得的。对一般河道洪水波水力特性的分析表明:惯性项仅占恒定流比降的 1% 左右,故可以略去。而附加比降项占恒定流比降的百分之几或十分之几,其影响不可忽视。

表 2-1 我国几条大河一些河段洪水期的动力方程中各项值比较

河名	站名	S_0 ($\times 10^{-4}$)	$S_\Delta = -\frac{\partial h}{\partial L}$ ($\times 10^{-4}$)	$\frac{S_\Delta}{S_0}$ (%)	$S_l = \frac{1}{g}\frac{\partial v}{\partial t}$ ($\times 10^{-4}$)	$S_x = \frac{v}{g}\frac{\partial v}{\partial L}$ ($\times 10^{-4}$)	$\frac{(S_l + S_x)}{S_0}$ (%)
长江	万县	2.7	0.32	11.9	0.005 2	0.006 3	0.4
长江	大通	0.19	0.006	3.2	0.000 6	0.002 4	1.6
黄河	陕县	6.7	0.54	8.1	0.015 0	0.012 0	0.4
淮河	息县	1.8	0.39	21.7	0.004 4	0.005 8	0.6
淮河	蚌埠	0.31	0.098	31.6	0.000 9	0.001 0	0.6
松花江	哈尔滨	0.50	0.045	9.0	0.000 7	0.000 4	0.2
浦阳江	诸暨	3.5	0.50	14.3	0.009 7	0.021 0	0.9

1. 扩散波

在动力方程中,对于一般的天然河道水流,惯性项较其他项要小两个数量级,通常忽略。流量演算的水文学方法都忽略惯性项,且常将动力方程简化为槽蓄方程,属于扩散

波,其动力方程变为

$$Q = K\sqrt{S_0 - \frac{\partial h}{\partial L}} = K\sqrt{S_0 + S_\Delta} \tag{2-3}$$

或

$$Q = Q_0\sqrt{1 + \frac{S_\Delta}{S_0}} \tag{2-4}$$

式中　Q_0——恒定流流量，m^3/s；

　　　S_0——恒定流比降，一般可近似等于河底比降。

河道洪水在附加比降 S_Δ 的作用下具有如下特点：

（1）水位—流量关系为多值函数关系。在同一水位条件下，涨洪时附加比降 S_Δ 为正，流量大；落洪则相反。对于一次洪水而言，水位—流量关系为绳套曲线。

（2）洪水在传播过程中，既要位移，又要坦化。

（3）洪水波波速 $u = \partial Q/\partial A$ 非单值。流量 Q 和过水断面面积 A 有绳套关系，故对应某一传播流量的波速并非单值。

2. 运动波

在动力方程中，对于山区性的河道，河底比降较大，惯性项与附加比降项都可忽略，则运动波方程为

$$\frac{\partial Q}{\partial t} + c_K \frac{\partial Q}{\partial L} = 0 \tag{2-5a}$$

$$c_K = \frac{\mathrm{d}Q}{\mathrm{d}A} \tag{2-5b}$$

其特点是：水位—流量、流量—过水断面面积、波速—流量关系均为单一线，在波速不变的条件下，流量在传播过程中只位移而不衰减。

必须指出，只有在陡坡的情况下，$S_\Delta \ll S_0$ 才有可能，从而满足运动波的条件。尽管运动波的动力方程与恒定均匀流一样，但本质上是有严格区别的，运动波是忽略附加比降项和惯性项，而不是这两项不存在。

3. 动力波

动力方程中各项均不忽略所描述的洪水波为动力波。对于受潮汐、闸、坝等严重影响的河段，要用动力波进行演算。

2.1.2　水量平衡方程和槽蓄方程

将式(2-1)、式(2-2)分别简化为水量平衡方程和槽蓄方程，然后求解，这就是常用的水文学流量演算方法。

2.1.2.1　水量平衡方程

式(2-1)实质上就是河段水量平衡式。若将连续方程沿河长积分，则得水文上常用的公式为

$$I - Q = \frac{\mathrm{d}W}{\mathrm{d}t} \tag{2-6}$$

式中　I、Q、W——河段的入流、出流和河段槽蓄量。

如果流量在时段内呈直线变化,则式(2-6)写成有限差的形式为

$$\frac{I_1 + I_2}{2}\Delta t - \frac{Q_1 + Q_2}{2}\Delta t = \Delta W = W_2 - W_1 \tag{2-7}$$

式(2-7)中,下标1、2分别表示时段始、末的情况。式(2-7)为无区间入流的河段水量平衡式,如图2-1所示。

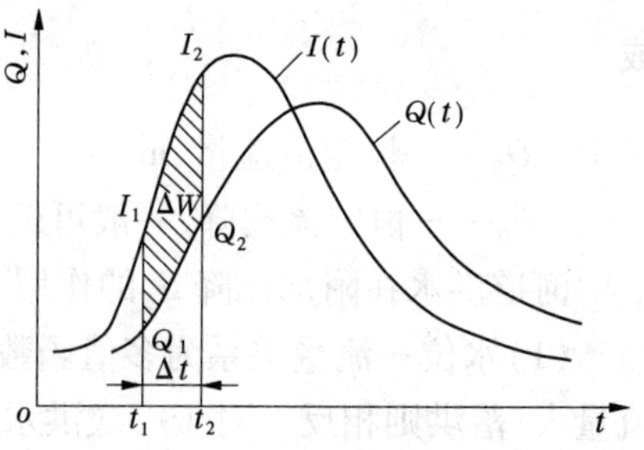

2.1.2.2 槽蓄方程

对无旁侧入流的河段,可以忽略惯性项,则式(2-2)可写成

$$-\frac{\delta Z}{\delta L} = \frac{Q^2}{K^2} = \frac{v^2}{C^2 R} \tag{2-8}$$

图2-1 河段水量平衡图

式中 C——谢才系数;

R——水力半径。

对浅宽型河槽,$R \approx h$,则式(2-8)可写成

$$v = C\sqrt{hS} \tag{2-9}$$

式中 S——水面坡度。

因

$$A = ah^m \tag{2-10}$$

而河槽蓄水量为

$$W = L\bar{A} = La\bar{h}^m \tag{2-11}$$

取河段平均流量为

$$\bar{Q} = \bar{v}A = C\sqrt{hS}a\bar{h}^m = b\bar{h}^p \tag{2-12}$$

$$b = aC\sqrt{S} \qquad p = m + \frac{1}{2}$$

把式(2-12)代入式(2-11)后得

$$W = \frac{aL}{b^{\frac{m}{p}}}\bar{Q}^{\frac{m}{p}} \tag{2-13}$$

可写成函数形式

$$W = f(\bar{Q}, S) \tag{2-14}$$

显然,式(2-14)就是式(2-2)的简化形式。若河段平均流量用入流量 I 和出流量 Q 表示,则

$$W = f(I, Q) \tag{2-15}$$

式(2-15)就是河段的蓄水量与流量之间的蓄泄关系,常表现为槽蓄曲线。

槽蓄曲线的表示形式很多,图2-2是河段的出流量 Q 与蓄水量 W 的关系,即

$$W = f(Q) \tag{2-16}$$

因受 S_Δ 作用,$W = f(Q)$ 关系可能呈绳套状(顺时针方向或逆时针方向),也可能为单一线。图2-3是河段平均流量 $\bar{Q}$ 与蓄水量 W 的关系,即 $W = f(\bar{Q})$。由图2-3可知,$W = f(\bar{Q})$ 关系呈顺时针绳套。

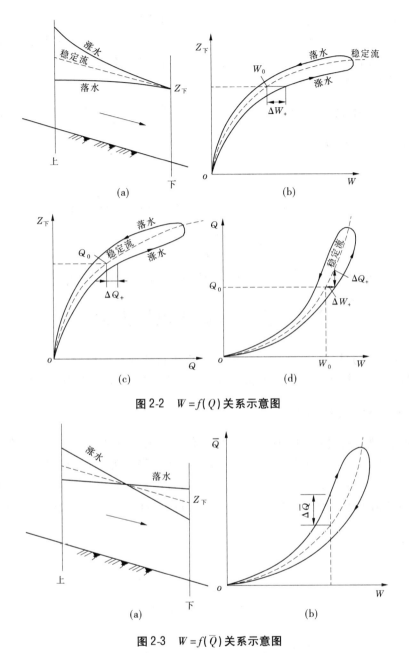

图 2-2 $W=f(Q)$ 关系示意图

图 2-3 $W=f(\overline{Q})$ 关系示意图

流量演算法联解式(2-6)和式(2-15),后者因不同洪水受附加比降 S_Δ 的影响各异,相应的蓄泄关系也不相同。如果蓄泄关系呈单值线性函数形式,流量演算可大为简化。因此,寻求槽蓄曲线呈单值线性函数是河道洪水演算水文学方法讨论的主要内容。

当已知河段入流量(包括区间来水量)过程,根据式(2-7)和槽蓄曲线,即可求解得 Q_2 值和 W_2 值,对河段预报而言, Q_2 即为预报值。若逐时段连续计算,可得河段下断面的出流量过程 $Q(t)$。在求解过程中,建立正确反映河段蓄泄关系的关系式是流量演算法的关键。当区间入流量 q 较大时, q 的计算精度对流量演算结果也会有很大影响。

在洪水预报中,若单独使用流量演算法是没有预见期的,因为只有知道时段末的入流 I_2 后才能求得时段末的出流 Q_2。所以,在实际应用中,该方法常用于河系连续预报,或用降雨径流预报,先推算出上断面入流过程,在有较大区间径流的河段,需要用产汇流的方法来确定区间径流,然后进行流量演算。

对槽蓄曲线再作进一步分析,取微分河段 dL,波速 $c = \dfrac{\partial Q}{\partial A}$(赛当公式),则 dL 河段内的洪水传播时间 $d\tau$ 应为

$$d\tau = \frac{dL}{c} = \frac{\partial A}{\partial Q}dL \tag{2-17}$$

假定河段内 $\dfrac{\partial A}{\partial Q}$ 为常数,Q 用河段平均流量 $\overline{Q}$ 代表,则河段传播时间 τ 为

$$\tau = \int_0^L \frac{\partial A}{\partial Q}dL = \frac{\partial W}{\partial Q} \tag{2-18}$$

式(2-18)表明,槽蓄曲线坡度就是河段的传播时间,这是槽蓄曲线的一个重要特性。

2.2 特征河长法预报方案

Г. П. 加里宁与 П. N. 米留柯夫于 1958 年提出特征河长的概念,并以此为基础导出河段汇流曲线,为分析河段槽蓄关系和应用特征河长进行河道洪水演算提供了理论依据。

2.2.1 特征河长及其槽蓄方程

如上所述,槽蓄曲线 $Q \sim W$ 关系,在一定条件下可由多值关系转化为单值关系。对于固定的下断面来说,$Z_l \sim W$ 的绳套大小,不仅与附加比降有关,而且与河段的长度有关。因此,可以找到一个河段长,使 $Z_l \sim W$ 与 $Z_l \sim Q$ 的绳套大小相当,则下断面流量 Q 与槽蓄量 W 之间有单值关系。因此,称这个河段长度为特征河长,用 l 表示,如图 2-4 所示。

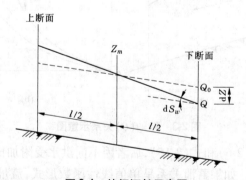

图 2-4　特征河长示意图

当取一河段长度为特征河长时,如果河段的中断面水位不变,且假定水面线呈直线变化,则无论比降如何变化,河段蓄量 W 保持不变。而对于下断面流量 Q 来说,由于比降的增加(减小),使下断面同一水位的 Q 增大(减小)。但另一方面,由于水位的下降(升高),使 Q 减小(增大)。根据特征河长的定义,其增减值相等,使 Q 保持不变,所以 $Q \sim W$

呈单值关系。这时的 Q 值就等于该槽蓄量 W 下水流形成的恒定流时的流量(Q_0)，如图2-4中虚线所示。

根据上述概念可导出特征河长 l 的公式。设下断面水位流量关系为 $Q = f(Z, S_w)$，则

$$dQ = \frac{\partial Q}{\partial S_w} dS_w + \frac{\partial Q}{\partial Z} dZ \qquad (2\text{-}19)$$

式中　S_w——水面比降。

根据式(2-19)，$dQ = 0$，又 $dZ = -\frac{l}{2} dS_w$，并将谢才公式 $Q = K\sqrt{S_w}$ 代入式(2-19)，可得

$$l = \frac{Q_0}{S_w}\left(\frac{\partial Z}{\partial Q}\right)_0 \qquad (2\text{-}20)$$

假定 $S_w \approx S_0$，并应用于任一断面，则

$$l = \frac{Q_0}{S_0}\left(\frac{\partial Z}{\partial Q}\right)_0 \qquad (2\text{-}21)$$

式(2-21)中，Q_0、$\left(\frac{\partial Z}{\partial Q}\right)_0$ 表示某一断面在恒定流状态下的数值，可根据实测水文资料计算。在演算河段长等于特征河长时，又假定蓄量 W 和出流 Q 之间存在线性关系，则槽蓄方程为

$$W = K_l Q \qquad (2\text{-}22)$$

式中　K_l——常数，等于特征河长的传播时间。

式(2-21)表明，特征河长 l 与洪水波附加比降无关，这是近似简化结果，特征河长 l 随恒定流量 Q_0(或水位)的不同而不同。

2.2.2　流量演算方法

采用特征河长进行流量演算的方法有差分法和汇流曲线法。单一河段的汇流曲线法是把式(2-6)和式(2-22)进行联合求解，可以得到常微分方程

$$K_l \frac{dQ}{dt} + Q - I = 0 \qquad (2\text{-}23)$$

式(2-23)是一个线性水库，进行积分，可以得到单一河段的汇流曲线。

差分法是对式(2-6)和式(2-22)在时间上进行离散，即

$$\frac{I_1 + I_2}{2} - \frac{Q_1 + Q_2}{2} = \frac{W_2 - W_1}{\Delta t} \qquad (2\text{-}24)$$

$$W_1 = K_l Q_1 \qquad W_2 = K_l Q_2 \qquad (2\text{-}25)$$

联合求解可以得到

$$Q_2 = C_0(I_1 + I_2) + C_2 Q_1 \qquad (2\text{-}26)$$

$$C_0 = \frac{0.5\Delta t}{0.5\Delta t + K_l} \qquad C_2 = \frac{-0.5\Delta t + K_l}{0.5\Delta t + K_l} \qquad (2\text{-}27)$$

采用式(2-26)，有入流 I，就可以计算出单一河段的出流 Q。

一般预报河段的长度 L 远大于特征河长 l，按照特征河长将预报河段划分为 n 段，即

$$n = \frac{L}{l} \qquad (2\text{-}28)$$

假定每个河段的蓄泄关系相同,均为式(2-22)。这样,河段的流量演算相当于把入流 I 演算到 n 个特征河长。

采用汇流曲线方法可以制作成图表,易于手工计算,在 20 世纪 80 年代之前,由于计算机能力限制,大多采用汇流曲线进行河段洪水计算。差分法计算简单,而且容易编写计算程序,特别是长河段的连续演算,在 80 年代之后得到广泛应用。

2.2.3 参数推求

2.2.3.1 计算特征河长 l

按式(2-21)求 l,现以沅水沅陵站—王家河站河段为例说明如下:

(1)根据沅陵、王家河两站测流资料,分别确定恒定流的水位—流量关系曲线。

(2)从水位—流量关系曲线上,分流量级取上、下游站相应的水位值,见表 2-2 中第①、②、③栏。

(3)分流量级计算恒定流比降 S_0 和上、下游站的 $\left(\dfrac{\Delta Z}{\Delta Q}\right)_0$ 值及其河段平均值 $\left(\overline{\dfrac{\Delta Z}{\Delta Q}}\right)_0$,见表 2-2 中第④、⑤、⑥、⑦栏。

(4)按式(2-21)计算 l 值。

表 2-2 沅陵站—王家河站河段的特征河长计算($L = 112$ km)

Q ($\mathrm{m^3/s}$)	$Z_{上}$ (m)	$Z_{下}$ (m)	$S_0 = \dfrac{Z_{上} - Z_{下}}{L}$	$\left(\dfrac{\Delta Z}{\Delta Q}\right)_{上}$ ($\mathrm{s/m^2}$)	$\left(\dfrac{\Delta Z}{\Delta Q}\right)_{下}$ ($\mathrm{s/m^2}$)	$\left(\overline{\dfrac{\Delta Z}{\Delta Q}}\right)_0$ ($\mathrm{s/m^2}$)	l (km)
①	②	③	④	⑤	⑥	⑦	⑧
3 000	90.78	47.16	0.000 390				
				0.000 570	0.000 735	0.000 652	8.4
7 000	93.06	50.10	0.000 384				
				0.000 437	0.000 561	0.000 499	11.7
11 000	94.81	52.35	0.000 380				
				0.000 392	0.000 488	0.000 440	15.1
15 000	96.38	54.30	0.000 376				
				0.000 368	0.000 470	0.000 419	18.9
19 000	97.85	56.18	0.000 372				

由表 2-2 可知, l 随流量而变化,实用上常取 l 为常数,以便于汇流计算。

2.2.3.2 计算 n 和 K_l

求得 l 值后,则 $n = \dfrac{L}{l}$。根据上、下游站实测的断面流量 Q 与断面平均流速 v 资料,建立河段平均的 $Q \sim v$ 关系(见图 2-5),确定河段平均流速值 $\overline{v}_0$,再按断面形状用曼宁公式求波速。例如,沅陵站、王家河站两断面近似矩形,波速 $c = 1.66\overline{v}_0$,则可计算 K_l 值: $K_l = l/c$。

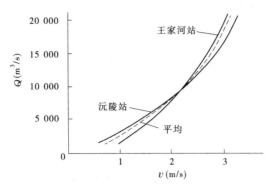

图 2-5 $Q \sim v$ 关系图

2.3 马斯京根法预报方案

马斯京根法是由 G. T. 麦卡锡于 1938 年提出的,因首先应用于美国马斯京根河而得名。我国从 20 世纪 50 年代开始对该法进行深入的研究,并逐步加以改进,在河段流量演算中,马斯京根法已得到广泛地应用。1962 年,华东水利学院(现为河海大学)提出马斯京根法有限差解的河网单位线。随后,长江流域规划办公室水文处导出马斯京根法河道分段连续流量演算的通用公式及完整的汇流系数表。1985 年,华东水利学院提出了马斯京根非线性解及矩阵解。法国工程师康吉(Cunge)于 1982 年提出了马斯京根 – 康吉演算法。

2.3.1 基本原理和概念

2.3.1.1 槽蓄方程

在忽略惯性项的前提下,动力方程可简化为槽蓄方程,用式(2-29)表达,该式反映了流量和水面比降对槽蓄量的影响,河槽水面线与槽蓄量见图 2-6。马斯京根法就是基于如下的槽蓄方程式,即

$$Q' = xI + (1 - x)Q$$
$$W = K[xI + (1 - x)Q] = KQ' \tag{2-29}$$

式中 Q'——槽蓄流量,m^3/s;

K——蓄量—流量关系曲线的坡度,h,可视为常数;

x——流量比重系数。

由此可见,马斯京根法通过流量比重因素 x 来调节流量,使其与槽蓄量呈单一关系,并以线性假定来建立槽蓄方程,若 $x = 0$,式(2-29)就变为特征河段的槽蓄关系式。

2.3.1.2 马斯京根法流量演算

1. 演算公式

对水量平衡方程式(2-6)和马斯京根法的槽蓄方程式(2-29)在第 1、第 2 时段差分并进行求解,可得流量演算方程式为

$$Q_2 = C_0 I_2 + C_1 I_1 + C_2 Q_1 \tag{2-30}$$

其中

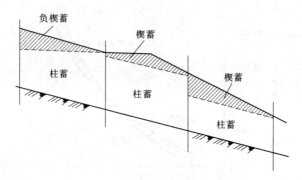

图 2-6　河槽水面线与槽蓄量

$$C_0 = \frac{0.5\Delta t - Kx}{0.5\Delta t + K - Kx} \quad C_1 = \frac{0.5\Delta t + Kx}{0.5\Delta t + K - Kx} \quad C_2 = \frac{-0.5\Delta t + K - Kx}{0.5\Delta t + K - Kx} \quad (2\text{-}31)$$

$$C_0 + C_1 + C_2 = 1 \quad (2\text{-}32)$$

对于一个河段,只要确定参数 K、x 值及选定演算时段 Δt 后,便可以求出 C_0、C_1、C_2,根据上断面流量过程 $I(t)$ 及下断面起始流量计算出下断面的流量过程 $Q(t)$。

用式(2-30)进行演算无预见期,但当 $\Delta t = 2Kx$ 时,$C_0 = 0$,则

$$Q_2 = C_1 I_1 + C_2 Q_1 \quad (2\text{-}33)$$

式(2-33)计算更为简便,又能获得一个时段(Δt)的预见期。

2. 算例

已知长江万县—宜昌河段的 $x = 0.15$,$K = \Delta t = 18$ h,按式(2-31)求 C_0、C_1、C_2 值。

$$C_0 = \frac{0.5\Delta t - Kx}{0.5\Delta t + K - Kx} = \frac{0.5 \times 18 - 18 \times 0.15}{0.5 \times 18 + 18 - 18 \times 0.15} = 0.26$$

$$C_1 = \frac{0.5\Delta t + Kx}{0.5\Delta t + K - Kx} = \frac{0.5 \times 18 + 18 \times 0.15}{0.5 \times 18 + 18 - 18 \times 0.15} = 0.48$$

$$C_2 = \frac{-0.5\Delta t + K - Kx}{0.5\Delta t + K - Kx} = \frac{-0.5 \times 18 + 18 - 18 \times 0.15}{0.5 \times 18 + 18 - 18 \times 0.15} = 0.26$$

该河段的马斯京根法演算公式为

$$Q_2 = 0.26 I_2 + 0.48 I_1 + 0.26 Q_1$$

按上式将万县流量演算为宜昌流量过程,如表 2-3、图 2-7 所示。表 2-3 中第⑦栏为宜昌的实测流量减去河段区间径流。

表 2-3　流量演算　（单位:m^3/s）

时间 t （月-日 T 时）	万县实测 入流量 I	$0.26I_2$	$0.48I_1$	$0.26Q_1$	宜昌演算 出流量 Q_c	宜昌修正 后的实测 流量 Q_r	误差 $\Delta Q'$
①	②	③	④	⑤	⑥	⑦	⑧ = ⑥ - ⑦
07-01T14	19 900				22 800	22 800	
07-02T08	24 300	6 320	9 550	5 930	21 800	23 100	− 1 300

时间 t （月-日 T 时）	万县实测入流量 I	0.26I_2	0.48I_1	0.26Q_1	宜昌演算出流量 Q_c	宜昌修正后的实测流量 Q_r	误差 $\Delta Q'$
07-03T02	38 800	10 090	11 660	5 670	27 420	25 400	2 020
07-03T20	50 000	13 000	18 620	7 130	38 750	36 600	2 150
07-04T14	53 800	13 990	24 000	10 080	48 070	47 500	570
07-05T08	50 800	13 210	25 820	12 500	51 530	51 400	130
07-06T02	43 400	11 280	24 380	13 400	49 060	49 200	− 140
07-06T20	35 100	9 130	20 830	12 760	42 720	42 600	120
07-07T14	26 900	6 990	16 850	11 110	34 950	35 200	− 250
07-08T08	22 400	5 820	12 910	9 090	27 820	29 000	− 1 180
07-09T02	19 600	5 100	10 750	7 230	23 080	23 900	− 820
07-09T20	17 900	4 650	9 410	6 000	20 060	20 950	− 890

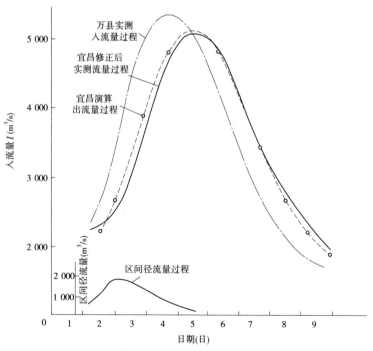

图 2-7　马斯京根法演算流量和实测流量比较

2.3.2 参数的物理意义、参数和演算时段的确定

2.3.2.1 Q'、K 和 x 的物理意义

马斯京根法假定 K 和 x 都是常数,这就要 Q' 和槽蓄量 W 呈单一线性关系,而只有在此槽蓄量下的 Q' 值等于该蓄量所对应的恒定流流量 Q_0 时才能满足这一要求,亦即 $Q' = Q_0$,这是 Q' 的物理意义。

K 值是槽蓄曲线的坡度,即 $K = \mathrm{d}W/\mathrm{d}Q' = \mathrm{d}W/\mathrm{d}Q_0$。由此可见,$K$ 值等于在相应蓄量 W 下恒定流状态的河段传播时间 τ_0,这是 K 的物理概念。显然,K 值随恒定流流量变化而变化,取 K 为常数是有误差的。

在建立槽蓄曲线时,马斯京根法引进了流量比重系数 x 的概念,而特征河长法引进了特征河长 l 的概念,两者都是为了实现槽蓄关系的单值化,必然有内在联系。现试以 x 值与特征河长 l 的关系式来分析说明。

设某河段的长度为 L,其初始时刻的水面线为 AA',经短时间后水面线为 BB',上、下游站的水位变化分别为 $\mathrm{d}Z_u$、$\mathrm{d}Z_l$,如图 2-8 所示,相应的蓄量增量为 $\mathrm{d}W$,即图中的 $AA'B'B$ 部分。可以认为 $\mathrm{d}W$ 包括两部分:一部分为柱蓄增量,即图中 $AA'B'C$ 部分,其值为 $BL\mathrm{d}Z_l$;另一部分为楔蓄增量,即图中 CBB' 部分,其值为 $BLx_1(\mathrm{d}Z_u - \mathrm{d}Z_l)$,即得

$$\mathrm{d}W = BL\mathrm{d}Z_l + BLx_1(\mathrm{d}Z_u - \mathrm{d}Z_l) \tag{2-34}$$

式中　　B——河宽,m;

　　　　x_1——反映水面曲线形状的参数。

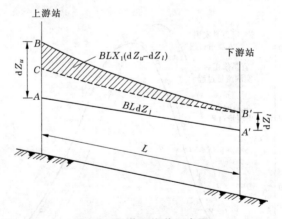

图 2-8　柱蓄和楔蓄示意图

经分析推导,最后可得

$$x = x_1 - \frac{l}{2L} \tag{2-35}$$

如水面为直线,则 $x_1 = 1/2$,上式可写成

$$x = \frac{1}{2} - \frac{l}{2L} \tag{2-36}$$

由此可见,x 由两部分组成:①x_1 代表水面曲线的形状,反映楔蓄的大小;②L/l 即河段按特征河长所分成的段数 $n = L/l$,反映河段的调蓄能力。

一些学者通过不同的方法,都推导出式(2-36)的 x 值理论公式,如杜格(Dooge)根据圣维南方程线性扩散波解,康吉(Cunge)将线性运动波方程采用差分法均得到同样的结论。

天然洪水的 x_1 一般接近于 $1/2$,故实际工作中一般使用式(2-36)。通常,上游河道的河底比降比下游河道大得多,所以 l 值自上游向下游逐渐增大。对于同一河流,上游的 x 值最大,但不大于 0.5。当 $L<l$ 时,x 为负值;当 $x=0$ 时,演算河段长度即为特征河长。由特征河长的概念可知,$l=f(Q_0)=f(z)$,它是恒定流流量 Q_0 的函数。因此,x 值随恒定流流量 Q_0(或水位)的变化而变化,原来假定 x 是常数,是不够严密的。

流量演算中的各种参数,如 K、x、l 等,集中反映了河道的水力特性,为进一步认识 x 的物理意义和帮助分析解决实际问题,现列举 4 个不同的河段加以说明,见图 2-9。所列 4 个河段的河长、断面形状和大小都相同,河段的入流过程 $I(t)$ 也一样,但河底比降由(a)到(d)逐渐变小,图中的实线表示洪水时实际水面线,虚线为恒定流的水面线。

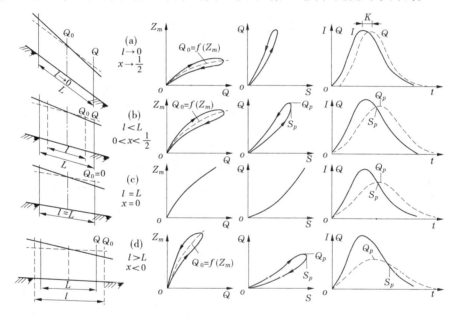

图 2-9 河道水力特性与各参数间的关系

由图 2-9 分析表明,随着河道比降的变化,参数 K、x、l 及河段的槽蓄曲线也相应发生变化。当河道比降逐渐减小时,x 不断减小,K、l 逐渐增大,洪水波变形逐渐加大,也就是河槽调蓄作用增加。显然,x 是反映河槽调节作用的一个指标,即反映洪水传播过程坦化的程度。当 $l\to 0$ 时,$x=0.5$,若取 $\Delta t=K$,则演算得到的出流过程等于相应的入流过程,表明传播流量不衰减,即为运动波解。因此,通过上、下游站流量过程线的分析可以约估 x 值,供实际推求 x 值时参考。

2.3.2.2 试算法确定 K、x

用长江万县—宜昌河段一次洪水的实测流量资料为例,说明如何用试算法确定 K、x,如表 2-4 及图 2-10 所示。

表2-4 试算法确定参数计算

时间 t（月-日 T时）	万县实测入流量 I（m^3/s）	宜昌出流量 Q（m^3/s）	区间径流量 q（m^3/s）	修正后实测出流量 $Q_r=Q-q$（m^3/s）	$\Delta Q=I-Q_r$（m^3/s）	$\overline{\Delta Q}$（m^3/s）	S（$m^3/s\cdot18\,h$）	$Q'=Q_r+x(I-Q_r)$（m^3/s） $x=0.10$	$x=0.25$	$x=0.15$
①	②	③	④	⑤	⑥	⑦	⑧	⑨	⑩	⑪
07-01T14	19 900									
07-02T08	24 300	23 700	600	23 100	1 200	73 00	0	23 220	23 400	28 280
07-03T02	38 800	27 000	1 600	25 400	13 400	13 400	7 300	26 740	23 750	27 410
07-03T20	50 000	37 800	1 200	36 600	13 400	9 850	20 700	37 940	39 950	38 610
07-04T14	53 800	48 400	900	47 500	6 300	2 850	30 550	48 130	49 075	48 445
07-05T08	50 800	51 900	500	51 400	-600	-3 200	33 400	51 340	51 250	51 310
07-06T02	43 400	49 600	400	49 200	-5 800	-6 650	30 200	48 620	47 725	48 330
07-06T20	35 100	43 000	400	42 600	-7 500	-7 900	23 550	41 850	40 730	41 475
07-07T14	26 900	35 600	400	35 200	-8 300	-7 450	15 650	34 370	33 125	33 955
07-08T08	22 400	29 300	300	29 000	-6 600	-5 450	8 200	28 340	27 350	28 010
07-09T02	19 600	24 200	300	23 900	-4 300		2 750	23 470	22 825	23 255
07-09T20		21 300	200	21 100						
合计	385 000	391 800	6 800	385 000						

注：第②、第③栏入流量、出流量为实测值；出流量与入流量基本相等，正流量是以一次洪水区间总量为控制的推算值；第④栏区间径流量是以一次完整洪水应注意起、止流量基本相等，作为一次完整洪水区间径流量。

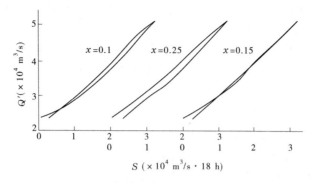

图 2-10 参数 K、x 试算图

宜昌实测流量中包括河段区间径流量,应扣除区间来水以消除其对参数确定的影响,如表中第⑤栏为相应入流过程的出流过程。根据水量平衡式(2-6)计算槽蓄量值 W,根据 $Q' = xI + (1-x)Q_r = Q_r + x(I - Q_r)$,假定几个不同的 x 值,作出这次洪水的 $Q' \sim W$ 关系的坡度即为 K 值。图 2-10 是由表 2-4 第⑨~⑪栏与第⑧栏点绘的关系线。当 $x = 0.15$ 时,$Q' \sim W$ 关系近似为直线,取 $x = 0.15$,其坡度 $K = \dfrac{\Delta W}{\Delta Q'} \approx 18$ h。

为保证确定参数的可靠性,使用试算法时应注意下列几点:

(1)用本法确定的参数,有时因所取计算时段的不同而有差别,宜作分析比较。

(2)应选择区间径流尽可能少的洪水作为分析对象,以减小区间来水对参数确定的影响。

(3)作为一次完整洪水,应注意始、末流量基本相等。

(4)在计算区间洪水总量时,应考虑河段汇流时间,在具体处理时可参照洪峰传播时间或其他方法进行估算。

(5)在区间来水分配时,应考虑河段区间面积汇流特性。本例区间来水以单位线为基础进行分配,是比较合理的。

经过多次洪水的分析,最后确定河段演算参数 K、x 值。由于试算法是根据上、下游实测流量资料推求参数的,故求出的 K、x 值能较好地反映该河段的汇流特性,实用效果较好。但有时也不尽然,其原因较为复杂,有的是由实际问题引起的,例如区间径流的处理,计算时段的选定等;另外,马斯京根槽蓄曲线的线性假定与河段实际情况也不相符合。试算法的缺点是试算较繁,且因试算次数较少,不一定能确定参数的最优值,因此在假定 K 和 x 均为常数的条件下,可用最小二乘法直接推求 K、x 值。

2.3.2.3 分析法确定 K、x 值

根据前面介绍的概念,马斯京根法参数可按其物理意义由下式确定

$$x = \frac{1}{2} - \frac{l}{2L} \tag{2-37a}$$

$$K = \frac{L}{u} \tag{2-37b}$$

特征河长 l、波速 u,都能根据恒定流一些相应水力特征值计算,具体方法参考本章 2.2 节的有关内容。

当上、下游站不同时具备实测水文资料或实测资料缺乏时,可按水力学公式,用分析法估算 K、x 值。分析法确定参数的另一优点是确定参数不受区间水处理的影响。但在实际应用中,分析法所需的数据若与河段实际情况不符,计算的参数值就不能较好地反映整个河段的汇流特性。因此,在有资料的河段,试算法与分析法应互相论证,以便较好地确定参数值。

2.3.2.4 演算时段 Δt 的确定

从上述可知,马斯京根法采用线性有限差解,要求 I、Q 在时段 Δt 内及流量沿河长呈直线变化,因此在选取演算时段 Δt 时应注意满足这一条件,以提高演算精度。

由水量平衡式可知,时段平均流量是用时段始、末流量的平均值来代替,这就要求上、下游站流量在时段 Δt 内呈直线变化。时段 Δt 越小,与实际情况越接近,但若 Δt 太小,一方面由于计算时段的增加,大大加重了计算工作量;另一方面时段始、末会出现洪峰与波谷在河段中间的现象,显然这就不能满足流量及水位沿程呈直线变化的要求,也就不能满足槽蓄曲线线性关系的假定,以致出现较大的演算误差。为满足上述条件,应取 $\Delta t = K$ 或 Δt 接近于 K,见图 2-11。

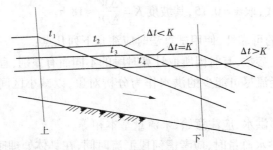

图 2-11　河段洪水波运动与 Δt 关系示意图

另外,Δt 值的确定应考虑汇流曲线的合理性,根据式(2-31)、式(2-32),单一河段的马斯京根法应为光滑的单峰曲线,要满足这一条件,C_0、C_2 值必须大于或等于零。因此,演算时段 Δt 应满足下列不等式

$$2Kx \leqslant \Delta t \leqslant 2K(1-x) \tag{2-38}$$

因为 $x < 0.5$,当 $\Delta t = K$ 时,式(2-38)自然成立。Δt 按式(2-38)取值能保证计算成果的合理性。

由此可见,马斯京根法对演算时段 Δt 选取的限制,常与实际情况产生一定的矛盾。如当演算河段很长时,Δt 必然取得大,则对于波形较陡的洪水演算,如闸坝放水及山区性涨落较陡的洪水等,演算误差较大。如果 Δt 取得小些,则演算出流涨洪初期会出现负值这种不合理现象。这种矛盾的产生,与马斯京根法的基本假定有关。

2.3.3 马斯京根分段流量演算法

马斯京根分段流量演算法即将演算河段划分为 n 个单元河段,用马斯京根法连续进行 n 次演算,以求得出流过程的方法。在实际应用中,20 世纪 70 年代之前由于计算机水平的限制,常用汇流系数直接推求出流过程,现在直接采用计算公式编程计算。

2.3.3.1 参数 K_l、x_l 和 n 值的确定

（1）当已知预报河段的 K、x 及河长 L 时，先选定 Δt 值，令 $K_l = \Delta t$，则

$$n = \frac{K}{K_l} = \frac{K}{\Delta t} \tag{2-39a}$$

$$L_l = \frac{L}{n} \tag{2-39b}$$

由式（2-36）可知

$$x_l = \frac{1}{2} - \frac{l}{2L_l}$$

且 $\qquad\qquad l = (1 - 2x)L = (1 - 2x)nL_l$

则 $\qquad\qquad x_l = \frac{1}{2} - \frac{n(1 - 2x)}{2} \tag{2-39c}$

（2）当预报河段无 K、x 值时，根据河道断面的实测流速资料或水力特性资料，确定波速 c 值，则

$$L_l = c\Delta t$$

$$n = \frac{L}{L_l}$$

$$x_l = \frac{1}{2} - \frac{l}{2L_l}$$

取 $\qquad\qquad\qquad K_l = \Delta t$

特征河长可以采用式（2-21）进行计算。

2.3.3.2 马斯京根分段连续演算的河槽汇流系数公式

在实际工作中，常利用汇流曲线直接由 $I(t)$ 计算河段出流量过程 $Q(t)$。马斯京根分段连续演算的汇流曲线由赵人俊于 1962 年推导得出。

设预报河段长 L，划分成 n 个单元河段，其长度 $L_l = \dfrac{L}{n}$；假定各单元河段的 K_l 和 x_l 都相等。设在零时刻，预报河段上游断面有一单位入流量，其余时刻入流量为零，即入流量过程呈三角形（见图 2-12）。按式（2-30）可求得第一个单元河段的出流量，并将其作为第二个单元河段入流，同样按式（2-30）求得第二个单元河段出流量过程为

$$P_{0,2} = C_0^2 \quad (m = 0)$$

$$P_{1,2} = 2C_0(C_1 + C_0 C_2)$$

$$P_{2,2} = 2C_0 C_2(C_1 + C_0 C_2) + (C_1 + C_0 C_2)^2$$

$$\vdots$$

$$P_{m,2} = 2C_0 C_2^{m-1}(C_1 + C_0 C_2) + (m-1)C_2^{m-2}(C_1 + C_0 C_2)^2 \quad (m = 1,2,3,\cdots)$$

依此类推，可求得第 n 个单元河段出流量过程为

$$P_{0,n} = C_0^n \quad (m = 0)$$

$$P_{m,n} = \sum_{i=1}^{n} B_i C_0^{n-i} C_2^{m-i} A^i \quad (m > 0, m - i \geqslant 0) \tag{2-39d}$$

式中 $\qquad\qquad\qquad A = C_1 + C_0 C_2$

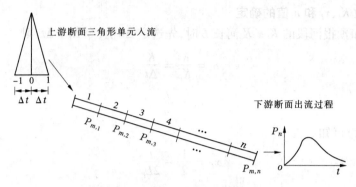

图 2-12　河段划分及汇流系数示意图

$$B_i = \frac{n!(m-1)!}{i!(i-1)!(n-i)!(m-i)!}$$

上式为马斯京根法的河槽汇流系数计算式。

2.3.3.3　马斯京根分段连续演算的一般方法

设河段分为 n 个子河段,相应的参数为 K_l、x_l,时段为 Δt,河段数用 i 表示,$i=1,2,\cdots,n$,时段数用 j 表示,$j=1,2,\cdots,m$,m 为总时段数。在时段 $j-1$、j,对水量平衡与槽蓄方程进行差分,得

$$\frac{I_{j-1}+I_j}{2} - \frac{Q_{j-1}+Q_j}{2} = K\frac{W_j-W_{j-1}}{\Delta t} \qquad (2\text{-}40)$$

$$W_{j-1} = K[xI_{j-1}+(1-x)Q_{j-1}] \qquad (2\text{-}41)$$

$$W_j = K[xI_j+(1-x)Q_j] \qquad (2\text{-}42)$$

对式(2-40)、式(2-41)和式(2-42)进行联合求解,可得流量演算方程式为

$$Q_j = C_0 I_j + C_1 I_{j-1} + C_2 Q_{j-1} \qquad (2\text{-}43)$$

其中

$$C_0 = \frac{0.5\Delta t - Kx}{0.5\Delta t + K - Kx} \quad C_1 = \frac{0.5\Delta t + Kx}{0.5\Delta t + K - Kx} \quad C_2 = \frac{-0.5\Delta t + K - Kx}{0.5\Delta t + K - Kx} \qquad (2\text{-}44)$$

$$C_0 + C_1 + C_2 = 1 \qquad (2\text{-}45)$$

对于长河段流量演算,采用上述公式进行计算机编程非常方便,只要演算 n 次即可。

2.3.3.4　计算实例

以沅水沅陵站—王家河站河段 1968 年 7 月一次洪水为例,用试算法确定 $K=9$ h,$x=0.45$,则计算步骤如下:

(1)根据实际需要及沅陵站流量过程线形状,确定计算时段 $\Delta t = 3$ h。

(2)令 $K_l = \Delta t = 3$ h,由式(2-39a)算得单元河段数 $n = \dfrac{K}{K_l} = \dfrac{9}{3} = 3$,单元河段长 $L_l = \dfrac{L}{n} = \dfrac{112}{3} = 37.3$(km)。

(3)按式(2-39c)算得 $x_l = \dfrac{1}{2} - \dfrac{n(1-2x)}{2} = \dfrac{1}{2} - \dfrac{3\times(1-2\times0.45)}{2} = 0.35$。

(4)根据 $x_l = 0.35$、$n=3$、$\Delta t = 3$ h,由式(2-39d)可计算出汇流系数 $P_{m,n}$,见表2-5。

表 2-5　沅水沅陵—王家河河段汇流系数

$\dfrac{t}{\Delta t}$	0	1	2	3	4	5	6	7	合计
$P_{m,n}$	0.002	0.039	0.229	0.491	0.181	0.046	0.010	0.002	1.000

（5）根据线性叠加原理进行演算，见表 2-6。

2.3.4　马斯京根法非线性流量演算

本节前面介绍的马斯京根法是线性的，而圣维南方程组描述的河段汇流属于非线性系统。河槽洪水波的传播与河道断面、比降、糙率等因素有关，河槽调蓄作用随着这些因素的变化而变化，代表洪水平移和坦化作用的马斯京根法中两个参数 K、x 不是常数，应考虑用非线性演算。马斯京根法非线性演算的实质是槽蓄曲线的非线性化。非线性演算常用的方法可分为两类：①寻求槽蓄关系中 K、x 的变化规律，建立非线性槽蓄方程，与水量平衡联解进行演算，此法称为变动参数法；②将槽蓄关系配成曲线方程，然后求解方程式，其中参数可为常数，此方法为非线性槽蓄曲线法。由于篇幅所限，只简单介绍第一种方法。赵人俊提出了非线性解法。

根据下列两式

$$x = \frac{1}{2} - \frac{l}{2L} = \frac{1}{2} - \frac{l(Q')}{2L} \tag{2-46}$$

$$K = \frac{\mathrm{d}W}{\mathrm{d}Q'} = \frac{\mathrm{d}W}{\mathrm{d}Q_0} = \frac{L}{C_0(Q')} \tag{2-47}$$

可以求得参数 K、x 随 Q_0 而变的数学物理方程。这时，基本方程成为

$$I - Q = \frac{\mathrm{d}W}{\mathrm{d}t} \tag{2-48}$$

$$\mathrm{d}W = K(Q')\mathrm{d}Q' = K(Q')\mathrm{d}\{x(Q')I + [1 - x(Q')]Q\} \tag{2-49}$$

对于具体河段，$l = l(Q')$ 与 $C_0 = C_0(Q')$ 都可根据水文站实测资料求得，这样非线性方程组式（2-48）与式（2-49）即可求解。但这些是隐式方程，要用差分迭代法求解。

如河段 $l \sim Q'$ 关系和 $K \sim Q'$ 关系都是线性的，假定

$$l = E + FQ' \tag{2-50}$$

$$K = C - DQ' \tag{2-51}$$

式中　E、F、C、D——依据 $l \sim Q'$ 关系与 $K \sim Q'$ 关系拟定的参数。

将河段分为 N 段作演算，则每段的 K、x 为

$$\begin{cases} K = \dfrac{C - DQ'}{N} \\ x = \dfrac{1}{2} - AN - BNQ' \end{cases} \tag{2-52}$$

其中

表 2-6　沅水沅陵—王家河河段演算结果

时间 t（日 T 时）①	沅陵站实测入流量 I_t（m³/s）②	汇流系数 $P_{m,n}$ ③	$I_1 P_{m,n}$ $I_9 P_{m,n}$ … ④	$I_2 P_{m,n}$ $I_{10} P_{m,n}$ … ⑤	$I_3 P_{m,n}$ $I_{11} P_{m,n}$ … ⑥	$I_4 P_{m,n}$ $I_{12} P_{m,n}$ … ⑦	$I_5 P_{m,n}$ $I_{13} P_{m,n}$ … ⑧	$I_6 P_{m,n}$ $I_{14} P_{m,n}$ … ⑨	$I_7 P_{m,n}$ $I_{15} P_{m,n}$ … ⑩	$I_8 P_{m,n}$ $I_{16} P_{m,n}$ … ⑪	王家河站计算出流量（m³/s）⑫	王家河站实测出流量（m³/s）⑬
12T24	2 300	0.002	5	(5)	(23)	(106)	(416)	(1 129)	(527)	(90)	(2 300)	
13T03	2 340	0.039	90	5	(5)	(23)	(106)	(416)	(1 129)	(527)	(2 300)	
13T06	2 400	0.229	527	91	5	(5)	(23)	(106)	(416)	(1 129)	(23 00)	2 400
13T09	2 480	0.491	1 129	536	94	5	(5)	(23)	(106)	(416)	(2 310)	2 430
13T12	2 520	0.181	416	1 149	550	97	5	(5)	(23)	(416)	(2 350)	2 480
13T15	2 600	0.046	106	423	1 178	568	98	5	(5)	(23)	(2 410)	2 500
13T18	2 700	0.010	23	108	434	1 218	577	101	5	(5)	(2 470)	2 520
13T21	2 810	0.002	5	23	110	448	1 237	596	105	6	2 530	2 640
13T24	2 900		6	5	24	114	456	1 277	618	110	2 610	2 740
14T03	3 010		113	6	5	25	116	470	1 325	643	2 700	2 820
14T06	3 190		664	117	6	5	25	120	489	1 380	2 810	2 940
14T09	3 350		1 424	689	124	7	5	26	124	509	2 910	3 060
14T12	3 600		525	1 478	731	131	7	5	27	129	3 030	3 200
14T15	4 500		133	545	1 566	767	140	9	5	28	3 190	3 300
14T18	6 000		29	138	577	1 645	825	175	12	6	3 410	3 500
14T21	7 000		6	30	147	606	1 768	1 030	234	14	3 840	

续表 2-6

时间 t（日 T 时）①	沅陵站实测入流量 I_t（m³/s）②	汇流系数 $P_{m,n}$ ③	$I_1 P_{m,n}$ $I_9 P_{m,n}$ … ④	$I_2 P_{m,n}$ $I_{10} P_{m,n}$ … ⑤	$I_3 P_{m,n}$ $I_{11} P_{m,n}$ … ⑥	$I_4 P_{m,n}$ $I_{12} P_{m,n}$ … ⑦	$I_5 P_{m,n}$ $I_{13} P_{m,n}$ … ⑧	$I_6 P_{m,n}$ $I_{14} P_{m,n}$ … ⑨	$I_7 P_{m,n}$ $I_{15} P_{m,n}$ … ⑩	$I_8 P_{m,n}$ $I_{16} P_{m,n}$ … ⑪	王家河站计算出流量（m³/s） … ⑫	王家河站实测出流量（m³/s） … ⑬
14T24	7 520		15	6	32	154	651	2 210	1 374	273	4 710	4 550
15T03	8 100		293	16	6	34	166	814	2 946	1 603	5 880	5 900
15T06	8 800		1 720	316	18	7	36	206	1 086	3 437	6 830	6 820
15T09	9 300		3 690	1 854	343	19	7	45	276	1 267	7 500	7 700
15T12	9 500		1 360	3 980	2 015	362	19	9	60	322	8 130	8 380
15T15	9 700		345	1 465	4 320	2 130	370	19	12	70	8 730	8 950
15T18	9 700		75	372	1 593	4 565	2 175	378	19	14	9 190	9 310
15T21	9 650		15	81	405	1 683	4 660	2 220	378	19	9 460	9 600
15T24	9 550		19	16	88	428	1 720	4 760	2 220	376	9 630	9 700
16T03	9 430		372	19	18	93	437	1 755	4 760	2 210	9 660	9 700
16T06	9 250		2 188	368	18	19	95	446	1 755	4 740	9 630	9 650
16T09	9 100		4 690	2 160	361	18	19	97	446	1 746	9 540	9 600
16T12	9 070		1 730	4 630	2 120	355	18	19	97	444		
16T15	9 000		440	1 705	4 540	2 083	353	18	19	96		

注：括号内数字是按入流量 2 300 m³/s 为基流推算的。

$$A = \frac{E}{2L} \left.\begin{matrix} \\ \\ \end{matrix}\right\}$$
$$B = \frac{F}{2L}$$

(2-53)

对式(2-48)、式(2-49)进行迭代计算即可求解。

2.3.5 马斯京根法的矩阵解法

朱华提出了一种能适用于线性及非线性汇流系统的马斯京根向量方程的解法。

设预报河段被划分为 n 段,每个子河段的演算参数 K_i 和 x_i 可以不相等,并随时间变化。对第 i 个子河段,马斯京根方程为

$$W_i^{t+1} - W_i^t = \frac{\Delta t}{2}(I_i^{t+1} + I_i^t + q_i^{t+1} + q_i^t) - \frac{\Delta t}{2}(Q_i^{t+1} + Q_i^t) \left.\begin{matrix} \\ \\ \end{matrix}\right\}$$
$$W_i = K_i[x_i(I_i + q_i) + (1 - x_i)Q_i]$$

(2-54)

式中　t——时间序号;

I_i、Q_i——第 i 个子河段的入流与出流;

q_i——第 i 个子河段的区间或支流入流量;

W_i——该子河段的槽蓄量;

K_i、x——该子河段的演算参数。

对式(2-54)求解,得

$$a_i Q_i^{t+1} + b_i I_i^{t+1} = c_i Q_i^t + d_i I_i^t + d_i q_i^t - b_i q_i^{t+1}$$

其中

$$a_i = K_i^{t+1}(1 - x_i^{t+1}) + \frac{1}{2}\Delta t$$

$$b_i = K_i^{t+1} x_i^{t+1} - \frac{1}{2}\Delta t$$

$$c_i = K_i^t(1 - x_i^t) - \frac{1}{2}\Delta t$$

$$d_i = K_i^t x_i^t + \frac{1}{2}\Delta t$$

若将预报河段上断面流量 I_i 并入 q_i 中,并以 4 个子河段为例,上述可写成下列向量矩阵形式,即

$$\begin{bmatrix} a_1 & & & \\ b_2 a_2 & & & \\ & b_3 a_3 & & \\ & & b_4 a_4 \end{bmatrix} \begin{bmatrix} Q_1^{t+1} \\ Q_2^{t+1} \\ Q_3^{t+1} \\ Q_4^{t+1} \end{bmatrix} = \begin{bmatrix} c_1 & & & \\ & d_2 c_2 & & \\ & & d_3 c_3 & \\ & & & d_4 c_4 \end{bmatrix} \begin{bmatrix} Q_1^t \\ Q_2^t \\ Q_3^t \\ Q_4^t \end{bmatrix} + \begin{bmatrix} d_1 q_1^t - b_1 q_1^{t+1} \\ d_2 q_2^t - b_2 q_2^{t+1} \\ d_3 q_3^t - b_3 q_3^{t+1} \\ d_4 q_4^t - b_4 q_4^{t+1} \end{bmatrix}$$

经推导,得向量矩阵方程为

$$\begin{bmatrix} Q_1^{t+1} \\ Q_2^{t+1} \\ Q_3^{t+1} \\ Q_4^{t+1} \end{bmatrix} = \begin{bmatrix} c_{2,1} & & & \\ c_{3,2} & c_{2,2} & & \\ c_{0,3}c_{3,2} & c_{3,3} & c_{2,3} & \\ c_{0,4}c_{0,3}c_{3,2} & c_{0,4}c_{3,3} & c_{3,4} & c_{2,4} \end{bmatrix} \begin{bmatrix} Q_1^t \\ Q_2^t \\ Q_3^t \\ Q_4^t \end{bmatrix} +$$

$$\begin{bmatrix} \dfrac{1}{a_1} & & & \\[2mm] \dfrac{c_{0,2}}{a_1} & \dfrac{1}{a_2} & & \\[2mm] \dfrac{c_{0,3}c_{0,2}}{a_1} & \dfrac{c_{0,3}}{a_2} & \dfrac{1}{a_3} & \\[2mm] \dfrac{c_{0,4}c_{0,3}c_{0,2}}{a_1} & \dfrac{c_{0,4}c_{0,3}}{a_2} & \dfrac{c_{0,4}}{a_3} & \dfrac{1}{a_4} \end{bmatrix} \begin{bmatrix} d_1 q_1^t - b_1 q_1^{t+1} \\[2mm] d_2 q_2^t - b_2 q_2^{t+1} \\[2mm] d_3 q_3^t - b_3 q_3^{t+1} \\[2mm] d_4 q_4^t - b_4 q_4^{t+1} \end{bmatrix}$$

$$c_{0,i} = -\frac{b_i}{a_i}$$

$$c_{1,i} = \frac{d_i}{a_i}$$

$$c_{2,i} = \frac{c_i}{a_i}$$

$$c_{3,i} = c_{0,i}c_{2,i} + c_{1,i}$$

在非线性系统中，K、x 随时间变化，需先确定演算参数与状态向量（如 I、Q）之间的函数关系。对无支流河段而言，可假定特征河长 l 是 Q' 的线性函数，即

$$l(Q') = AQ' + B \qquad (2\text{-}55)$$

同理

$$K = K(Q') \qquad (2\text{-}56)$$

由 $Q' = xI + (1-x)Q$ 和式(2-36)可得

$$Q' = Q + \frac{(L-l)(I-Q)}{2L}$$

将式(2-55)代入，得

$$Q' = \frac{2LQ + (I-Q)(L-B)}{2L + A(I-Q)} \qquad (2\text{-}57)$$

根据预报河段的入流量、出流量资料，由式(2-57)可计算得相应的 Q' 值，按式(2-55)计算 l，按式(2-56)计算 K，再按式(2-36)求得 x 值，由此可建立 K、x 与状态向量之间的函数关系，即可进行非线性流量演算。

对线性流量演算，即取各子河段的 K_i、x_i 相等且为常数，可推导得简化后的马斯京根向量矩阵方程为（仍以 4 个子河段为例）

$$\begin{bmatrix} Q_1^{t+1} \\ Q_2^{t+1} \\ Q_3^{t+1} \\ Q_4^{t+1} \end{bmatrix} = \begin{bmatrix} C_2 & & & \\ C_3 & C_2 & & \\ C_0 C_3 & C_3 & C_2 & \\ (C_0)^2 C_3 & C_0 C_3 & C_3 & C_2 \end{bmatrix} \begin{bmatrix} Q_1^t \\ Q_2^t \\ Q_3^t \\ Q_4^t \end{bmatrix} + \begin{bmatrix} 1 & & & \\ C_0 & 1 & & \\ (C_o)^2 & C_0 & 1 & \\ (C_o)^3 & (C_o)^2 & C_0 & 1 \end{bmatrix} \begin{bmatrix} C_0 q_1^{t+1} + C_1 q_1^t \\ C_0 q_2^{t+1} + C_1 q_2^t \\ C_0 q_3^{t+1} + C_1 q_3^t \\ C_0 q_4^{t+1} + C_1 q_4^t \end{bmatrix}$$

其中

$$C_0 = -\frac{b}{a}$$

$$C_1 = \frac{d}{a}$$

$$C_2 = \frac{c}{a}$$

$$C_3 = C_0 C_2 + C_1$$

2.4 河道相应水位(流量)预报

相应水位(流量)预报是根据天然河道里的洪水波运动原理,分析洪水波在运动过程中任一位相水位自上游站传播到下游站时的相应水位及其传播速度的变化规律,寻求其经验关系,据此进行预报的一种简便方法。

2.4.1 概述

2.4.1.1 洪水波运动

在恒定流水面上,由于外来原因,如暴雨径流、水电站运行、闸坝放水等,突然被注入一定水量,使原来恒定流水面受到干扰而形成一种不稳定波动,这就是洪水波。

洪水波的特征可用附加比降、波速等物理量来描述。天然棱柱形河道里洪水波运动是一种渐变非恒定流。当洪水波沿河道自上游向下游演进时,由于存在着附加比降,洪水波不断变形,表现为两种形态:洪水波的推移和坦化,且在传播过程中连续地同时发生。洪水波的演进引起河道断面水位的涨落变化:波前阶段经过断面时,水位不断上升;而波后阶段经过断面时,水位则下降。图 2-13 就表示了洪水波与河段上、下游站水位过程线之间的关系,反映了附加比降的变化是洪水波变形的主要因素。至于河道断面边界条件的影响则是固定的。例如,当河段内有开阔滩地,到某一高水位即开始漫滩,洪水波加剧坦化,波高明显衰减,致使下游站洪峰水位降低,洪水历时增长。如果下游断面比上游断面狭窄时,则受壅水作用,使下游断面的波高比上游断面的大。此外,区间来水、回水顶托及分洪溃口等外界因素,有时对洪水波变形也有很大的影响。

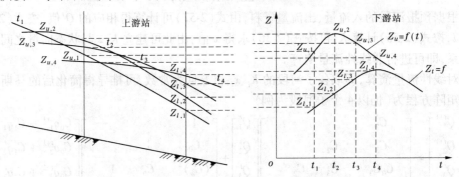

图 2-13 洪水波与上、下游站水位过程关系示意图

2.4.1.2 相应水位(流量)法的基本原理

相应水位(流量)是指河段上、下游站同位相的水位(流量)。相应水位(流量)预报,简要地说就是用某时刻上游站的水位(流量)预报一定时间(如传播时间)后下游站的水位(流量)。

在天然河道里,当外界条件不变时,水位的变化总是由流量的变化引起的,相应水位的实质是相应流量,所以研究河道水位的变化规律,就应当研究河道中形成这个水位的流量的变化规律。

设在某一不太长的河段中,上、下游站间距为 L,t 时刻上游站流量为 $Q_{p,u,t}$,经过传播时间 τ 后,下游站流量为 $Q_{p,l,t+\tau}$,若无旁侧入流,上、下游站相应流量的关系为

$$Q_{p,l,t+\tau} = Q_{p,u,t} - \Delta Q \tag{2-58}$$

如在传播时间 τ 内,河段有旁侧入流加入,并在下游站 $t+\tau$ 时刻形成的流量为 $q_{t+\tau}$,则

$$Q_{p,l,t+\tau} = Q_{p,u,t} - \Delta Q + q_{t+\tau} \tag{2-59}$$

式中　ΔQ——上、下游站相应流量的差值。

ΔQ 随上、下游站流量的大小和附加比降不同而异,其实质是反映洪水波变形中的坦化作用。

洪水波变形引起的传播速度变化,在相应水位(流量)法中主要体现在与传播时间的关系上,其实质是反映洪水波的推移作用。

传播时间是洪水波以波速由上游站运动到下游站所需的时间,其基本公式为

$$\tau = \frac{L}{u} \tag{2-60}$$

式中　τ——传播时间;

　　　　L——上、下游站间距;

　　　　u——波速。

在棱柱形河道里洪水波波速 u 与断面平均流速 $\bar{v}$ 间的关系为

$$u = \lambda \bar{v} \tag{2-61}$$

式中　λ——断面形状系数,或称波速系数,它取决于断面形状和流速计算公式,不同断面形状和流速公式的 λ 值见表2-7。

表2-7　波速系数数值

断面形状	曼宁公式 $v = \dfrac{1}{n}R^{2/3}S^{1/2}$	谢才公式 $v = C\sqrt{RS}$
矩形	1.67	1.50
抛物线形	1.44	1.33
三角形	1.33	1.25

注:表中 R 为水力半径,S 为水面比降。

所以,传播时间可按下式推求

$$\tau = L/(\lambda \bar{v}) \tag{2-62}$$

式(2-58)及式(2-62)是河道相应水位(流量)预报的基本关系式。$q_{t+\tau}$ 可用其他方法预报。

在无旁侧入流的天然棱柱形河道中,洪水波在运动中变形随水深及附加比降不同而不同,所以式(2-58)、式(2-59)中的 ΔQ 及式(2-62)中的 τ,是水位和附加比降的函数,即 $Q_{p,l,t+\tau}$ 和 τ 值均由 $Q_{p,u,t}$ 和比降大小等因素而定。但在相应水位(流量)法中,不直接计算 ΔQ 值和 τ 值,而是推求上游站流量(水位)与下游站流量(水位)及传播时间近似函数关系,即

$$Q_{p,l,t+\tau} = f(Q_{p,u,t}, Q_{p,l,t}) \tag{2-63}$$

或
$$Q_{p,l,t+\tau} = f(Q_{p,u,t}) \tag{2-64}$$

又
$$\tau = f(Q_{p,u,t}, Q_{p,l,t}) \tag{2-65}$$

或
$$\tau = f(Q_{p,u,t}) \tag{2-66}$$

式(2-63)~式(2-66)中,流量 Q 用水位 Z 代换,意义相同。

2.4.2 相应水位(流量)法

根据 2.4.1 节所述,相应水位(流量)法预报要解决两个问题:①上游站水位(流量)在下游站所形成的相应水位(流量)值;②上、下游站间的传播时间,即上游站水位传播到下游站所需的时间。

2.4.2.1 洪峰水位(流量)预报

对于区间来水比例不大、河槽稳定的河段,若没有回水顶托等外界因素影响,那么影响洪水波传播的因素较单纯,上、下游站相应水位过程起伏变化较一致,则在上、下游站的水位(流量)过程线上,常常容易找到相应的特征点:洪峰、洪谷和涨落洪段的反曲点等,如图 2-14 所示。利用这些相应特征点的水位(流量)即可制作预报曲线图。

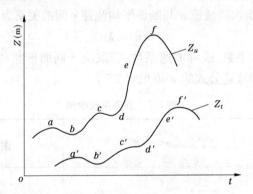

图 2-14 某河段上、下游站相应水位过程线

1. 相应洪峰水位(流量)相关法

从河段上、下游站实测水位资料,摘录相应的洪峰水位值及其出现时间(见表 2-8),就可点绘相应洪峰水位(流量)关系曲线及其传播时间曲线,如图 2-15 所示,其关系式为

$$Z_{p,l,t+\tau} = f(Z_{p,u,t}) \tag{2-67}$$

$$\tau = f(Z_{p,u,t}) \tag{2-68}$$

式中 $Z_{p,u,t}$——上游站 t 时刻洪峰水位;

$Z_{p,l,t+\tau}$——下游站 $t+\tau$ 时刻洪峰水位。

表2-8 长江某河段上、下游站洪峰水位要素

上游站洪峰		下游站同时水位 $Z_{l,t}$ (m)	下游站洪峰		传播时间 τ(h)
出现日期 t（年-月-日 T 时）	水位 $Z_{u,t}$(m)		出现日期 t（年-月-日 T 时）	水位 $Z_{l,t+\tau}$(m)	
①	②	③	④	⑤	⑥
1974-06-13T02	112.40	52.95	1974-06-14T08	54.08	30
1974-06-22T14	116.74	54.85	1974-06-23T17	57.30	27
1974-07-31T10	123.78	61.13	1974-08-01T17	62.76	31
1974-08-12T15	137.21	70.62	1974-08-13T08	71.43	17
⋮	⋮	⋮	⋮	⋮	⋮

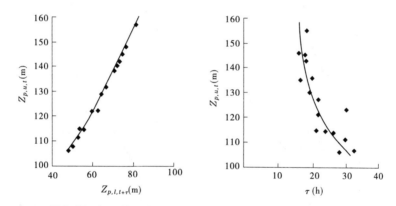

图2-15 长江某河段上、下游站洪峰水位及传播时间关系曲线

图 2-15 是一种最简单的相应关系，但有时遇到上游站相同的洪峰水位，只是由于来水峰型不同（胖或瘦）或河槽"底水"不同，导致河段水面比降发生变化，影响到传播时间和下游站相应水位值。这时，如加入下游站同时水位（流量）作参数，可以提高预报方案精度，如图 2-16 所示。其关系式属于式（2-63）型，传播时间关系也类似，如图 2-17 所示。

在建立相应水位关系时，要注意河道特性及应用历史洪水资料，使高水外延有一定的根据。

2. 次涨差法

在一些陡涨陡落的山区性河流，如果其洪峰传播时间 τ 大于下游站的涨洪历时 t_r，则上游站出现洪峰时，下游站还未起涨，以下游站同时水位作参数就不能反映水面比降的影响，这时可采用次涨差法预报下游站洪峰水位 $Z_{p,l,t}$。

如图 2-18 所示，一次洪水的涨差 $\Delta Z = Z_p - Z_0$（Z_p、Z_0 为同次洪水的洪峰水位和起涨水位），可建立上、下游站次涨差的关系，即

$$\Delta Z_l = f(\Delta Z_u) \tag{2-69}$$

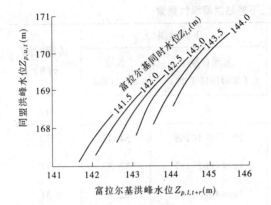

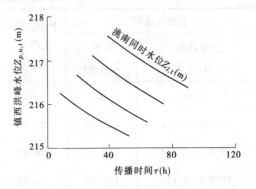

图 2-16　嫩江同盟—富拉尔基洪峰水位关系曲线　　图 2-17　镇西—洮南洪峰传播时间关系曲线

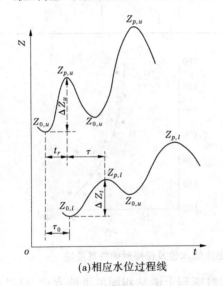

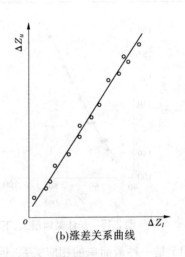

(a)相应水位过程线　　　　　　　(b)涨差关系曲线

图 2-18　上、下游站次涨差关系曲线示意图

预报时,利用上述关系得下游站洪峰水位 $Z_{p,l}$,即

$$Z_{p,l,t} = Z_{0,l} + \Delta Z_l \qquad (2\text{-}70)$$

或者以下游站起涨水位 $Z_{0,l}$ 和相应洪峰水位 $Z_{p,l}$ 为纵横坐标,加入上游站的次涨差作参数,建立相关关系,如图 2-19 所示。参数线簇间距上窄下宽,呈逐渐收缩的趋势,且 ΔZ_u 为零的等值线与横轴呈 45°角。

应用次涨差法预报时,除要建立上游站洪峰水位与传播时间的关系曲线外,还要建立上、下游站起涨水位关系及上游站起涨水位与其传播时间 τ_0 之间的关系,即

$$Z_{0,l,t+\tau_0} = f(Z_{0,u,t}) \qquad (2\text{-}71)$$

$$\tau_0 = f(Z_{0,u}) \qquad (2\text{-}72)$$

3. 以支流水位为参数的洪峰水位(流量)相关法

有支流河段的洪峰水位预报,通常取影响较大的支流相应水位(流量)为参数,建立上、下游站洪峰水位关系曲线,其通式为

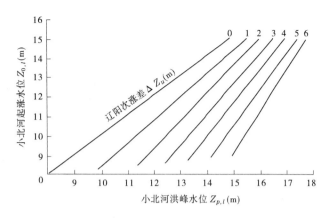

图 2-19　太子河辽阳—小北河次涨差关系曲线

$$Z_{p,l,t} = f(Z_{p,u,t-\tau_1}, Z_{1,t-\tau_1}) \tag{2-73}$$

式中　$Z_{p,l,t}$——t 时刻下游站洪峰水位；

　　　$Z_{p,u,t-\tau_1}$——$t-\tau_1$ 时刻上游站洪峰水位；

　　　$Z_{1,t-\tau_1}$——$t-\tau_1$ 时刻支流站的相应水位；

　　　τ_1——支流站水位所需传播时间。

图 2-20 是长江干流寸滩—清溪场考虑了支流乌江来水影响的洪峰水位关系曲线，其参数线簇的间距（上下、左右）变化，反映了河槽几何形态及对支流来水等因素调蓄作用的差异。

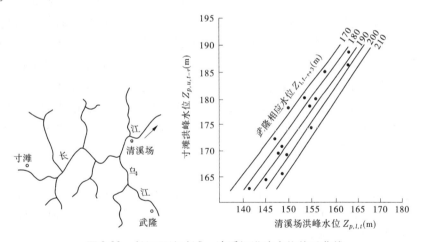

图 2-20　长江干流寸滩—清溪场洪峰水位关系曲线

当有两条支流汇集时，可建立以两条支流相应水位为参数的关系曲线，如图 2-21 所示，图中 τ、τ_1、τ_2 分别是洪峰从衢县、淳安和金华到芦茨埠的传播时间。

如果支流较多，宜采用本章介绍的合成流量法。

2.4.2.2　水位（流量）过程预报

在防汛工作中，洪峰及其出现时间是一个很重要的预报要素，但在大江大河及有些河流的中下游，洪水历时很长，往往还要预报水位（流量）过程以弥补洪峰预报的不足。过

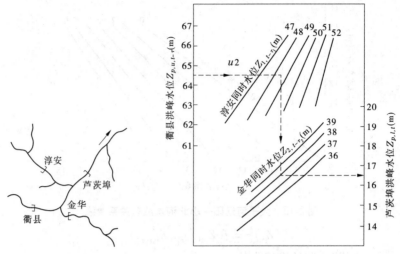

图 2-21　衢县—芦茨埠洪峰水位关系曲线

程预报可以采用制作的洪峰水位关系曲线并采用现时校正的方法进行。

2.4.2.3　现时校正法

前面介绍的相应水位法和时段涨差法,是应用已经发生的洪水资料,制作平均情况的预报方案。作业预报时,往往由于方案所考虑的因素不全面或者水情有新的变化,以致不符合原有的相应水位关系,所以应及时校正。通常认为相邻时段的预报误差存在着相关性,因此可用前一时段的预报误差来校正后一时段或本次预报值。在河段来水情况比较简单时,用上、下游站单一的相应水位关系结合现时校正进行预报。如果情况复杂,不仅要考虑相应水位关系的参数,还要分析造成误差的原因及其增减变化,再合理地校正。图 2-22 所示为受回水顶托影响的河段,在作业预报时,要同时考虑上游站水位及回水代表水位影响所造成的预报误差 e(即 B、C 两点的差值)的变化趋势,以校正预报值(即 D 点)。如果是受区间来水影响,则当它出现于洪峰之后时,这种影响造成的预报误差会逐渐减小。如果是受变动回水影响,要根据回水代表站预见期内的预报水位过程进行现时校正,才能提高精度,校正后的预报值为

$$Z_{l,t+24} = Z'_{l,t+24} \pm e \tag{2-74}$$

这种现时校正方法,在水位涨落惰性较大的河段,效果要好些,但在水位转折处不易掌握,今后一方面应着重在预报方案模型结构上作进一步改进,另一方面应分析误差的来源和性质,区别对待和分别处理。

2.4.3　合成流量法

在有支流河段,若支流来水量大,干、支流洪水之间的干扰影响不可忽略,此时用相应水位法常难取得满意结果,可采用合成流量法。

由河段的相应流量概念和洪水波运动的变形可知,下游站的流量为

$$Q_t = \sum_{i=1}^{n} \left[(1 + a_i) I_{i,t-\tau_i} - \Delta Q_i \right] \tag{2-75}$$

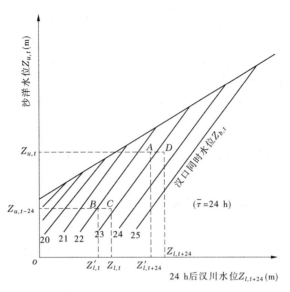

图 2-22　现时校正法示意图

式中　a_i——各干、支流的区间来水系数；

τ_i——各干、支流河段的流量传播时间；

ΔQ_i——各传播流量的变形量；

n——干、支流河段数。

若令各 a_i 相等，ΔQ_i 是 I_i 的函数，则式(2-75)成为

$$Q_t = f(\sum_{i=1}^{n} I_{i,t-\tau_i}) \tag{2-76}$$

式中　$\sum\limits_{i=1}^{n} I_{i,t-\tau_i}$——同时流达下游断面的各上游站相应流量之和，称为合成流量。

以式(2-76)为根据建立预报方案的方法称为合成流量法。图 2-23 是长江上游干流寸滩站、支流乌江武隆站至长江干流清溪场站的有支流河段预报曲线。

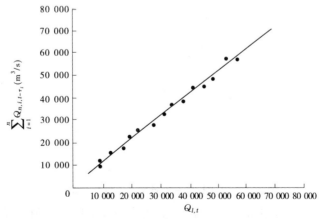

图 2-23　长江寸滩—清溪场河段合成流量预报图

合成流量法的关键是 τ_i 值的确定。由于上游来水量大小不同，干、支流涨水不同步，

使干、支流洪水波相遇后相互干扰,部分水量被滞留于河槽中,直到总退水时才下泄到下游河道,因而下游站的洪水过程线常显平坦,同上游各站相应流量之和的过程线不相同,这在比降小、河槽宽的平原性河流上尤为明显。若用上、下游各站流量过程线的特征点(如峰、谷、转折点等)确定 τ_i 值就不正确。

实际工作中常用两种方法求 τ_i 值:①按上、下游站实测断面流速资料分析计算波速 c_i,则 $\tau_i = L_i/c_i$。②试错法:假定 τ_i 值,计算 $\sum_{i=1}^{n} I_{i,t-\tau_i}$ 值,点绘式(2-75)的关系曲线,若点据较密集,所假定的 τ_i 值即为所求,否则重新假定 τ_i 值,直到满足要求为止。上述两种方法都可按流量值大小分级确定 τ_i 值,表2-9即为一实例。

表2-9 汉江石泉—火石岩传播时间

河名	站名	集水面积 (km^2)	河段长 (km)	流量(m^3/s)									
				100	300	500	1 000	2 000	3 000	4 000	5 000	6 000	8 000
				τ_i(h)									
汉江	石泉	23 805	179.6	—	31.4	24.0	19.2	15.5	13.9	13.1	12.8	12.7	12.7
	马池	984	178.6										
支流	瓦房店	3 860	77.4	—	12.2	9.0	7.5	6.2	5.7	5.4	5.3		
	红椿	936	79.3										
	洞水	440	67.0	16.8	10.7	8.2	6.2	4.8	3.9				
	明珠坝	486	54.2	12.1	8.4	6.9	5.2	4.0					
	六口	1 749	31.8	5.3	3.5	3.0	2.3	2.1					

注:汉江石泉—火石岩河流位置见图2-24。

图2-24 汉江石泉—火石岩河流位置示意图

如果支流不多,实际工作中常采用按上游主要来水量情况分别定线,可提高预报精度。图2-25为韩江三河坝站按上游来水情况分三类定线的洪峰水位预报图。

合成流量法的预见期取决于 τ_i 值中的最小值。由于干流来水量往往大于支流,实际

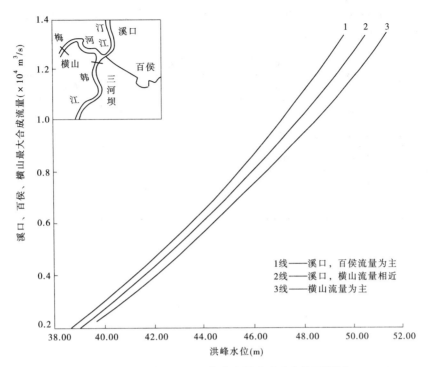

图 2-25　韩江三河坝合成流量法洪峰水位预报图

工作中多以干流的 τ 值作为预见期。如果支流的 τ_i 值小于该 τ 值,求合成流量时支流的相应流量还需预报。

复习思考题

1. 马斯京根法的参数 x 愈大,河槽调节作用是_____。

   A. 愈大　　　　　B. 愈小　　　　　C. 不变　　　　　D. 不确定

2. 马斯京根法的参数 K 的物理意义是_____。

   A. 洪水传播时间　　　　　　　B. 河段平均流量的传播时间

   C. 稳定流流量在河段的传播时间　　D. 不确定

3. 流量演算的基本原理是什么?

4. 什么是槽蓄曲线? 槽蓄量是如何计算的? 为什么说流量演算的各种方法的关键在于处理槽蓄曲线?

5. 确定马斯京根法参数 x、K 的方法有哪些? 试述试算法确定 x、K 的步骤。

6. 影响相应水位(流量)关系的因素有哪些? 相应水位(流量)关系图的常用参数有哪些?

7. 马斯京根法的计算时段 Δt 如何确定? 对于长河段,采用马斯京根法进行流量演算为什么要进行分段? 如何分段?

8. 依据马斯京根法,利用实测河道流量数据,在老师的指导下初步建立一个预报方案。

9. 若已知上游站入流过程，并分析得 $x=0.3, K=9$ h，取 $\Delta t=6$ h，试计算下游站断面的出流过程（见表 2-10）。

表 2-10 出流过程计算

日期（日）	时间（时:分）	$I(\mathrm{m^3/s})$	$C_0 I_2$	$C_1 I_1$	$C_2 Q_1$	$Q(\mathrm{m^3/s})$
10	02:00	2 400				
10	14:00	2 700				
11	02:00	3 300				
11	14:00	3 900				
12	02:00	3 570				

第3章 流域产流

【学习指导】本章主要介绍了流域产流的一般机制和过程,通过对产流现象的观测和分析,介绍了蓄满产流模型、超渗产流模型的结构和原理以及模型参数的分析和计算方法。重点掌握产流计算的原理和模型的应用流域及不同的模型参数对模型的敏感性问题,学会更好地掌握如何建立研究流域适宜的降雨产流预报模型。

降雨产流量计算是以降雨径流形成理论和坡地产流基本规律为基础,由降雨量计算能到达流域出口断面的径流深。对于一个小流域来说,洪水汇流时间短,用河段洪水计算方法常不能满足防洪对预见期的要求。由降雨量直接计算流域出口断面的径流量,可以增长预见期。在预见期较长的河段洪水计算中,也常需要用降雨产流量计算方法处理区间入流的问题。常用的流域水文模型,为了简化模型结构,也常把从降雨到形成流域出口断面流量的过程分为产流和汇流两种机制(阶段)。一些调节库容大的水库,通常只需计算一场降雨形成的洪量或一段时间的降雨产流量,就可进行防洪与兴利的调度了。因此,降雨产流量计算既是生产实际的需要,也是研制流域水文模型的重要组成部分。

3.1 概　述

流域产流量计算是一个水量平衡问题。若把流域视做一个系统,降雨量作为系统的输入,蒸散发量和出口断面流量作为系统输出,而流域蓄水量的变化调节降雨的损失量和无雨期的蒸散发量。若是一个不闭合流域,还存在与相邻流域的水量交换,交换导致流域水量增加的为输入,反之为输出。对于跨流域引水的流域,水量平衡方程还应考虑引出或引入的水量。因此,流域产流量计算的水量平衡方程可表示为

$$R = P - E - W_p - W_s - \Delta W \pm R_交 \pm R_引 \pm R_{其他} \tag{3-1}$$

式中　P——流域降雨量,mm;

$\quad\quad R$——流域产流量,mm;

$\quad\quad E$——流域蒸散发量,mm;

$\quad\quad W_p$——植物截留量,mm;

$\quad\quad W_s$——地面坑洼储水量,mm;

$\quad\quad \Delta W$——土壤蓄水量的增量,mm;

$\quad\quad R_交$——不闭合流域的径流交换量,mm;

$\quad\quad R_引$——跨流域引水量,mm;

$\quad\quad R_{其他}$——其他因素引起的水量增减,mm。

对于天然流域来说,地面坑洼滞蓄量不大,变动也较小。据研究,在中等或平缓山坡上,填洼量一般为 5 ~ 15 mm,耕地为 10 ~ 40 mm,对平整的土表面,常小于 10 mm。若流

域上的塘、坝、水库等的水利工程设施多,则地面滞蓄量就相当大。植物截留量与植物种类、植被覆盖密度关系密切,变幅较大。一般流域的植被条件下,一次降雨过程中被截留的量常小于 10 mm;但发育完好的森林地区,植物截留量可达次洪降雨量的 15% ~ 25%。由于植物截留量和地面坑洼蓄水与耗于蒸散发的土壤蓄水一样,对降雨产流来讲都是一种损失,只不过各种滞蓄(如植物截留,土壤滞蓄,坑洼填蓄等)对产流产生影响的机制与消耗机制各不相同。但对于一般的天然流域,如果其植物截留量和地面坑洼蓄水量不大,常把这三种蓄量合并作为土壤蓄水量来处理。如果研究的是闭合流域,且无大的跨流域引水工程和其他影响流域水量增减的因素,则式(3-1)可简化为

$$R_t = P_t - E_t + W_t - W_{t+1} \tag{3-2}$$

式中 W_t、W_{t+1}——t 与 $t+1$ 时刻的土壤蓄水量,mm。

用式(3-2)计算流域产流量,一般只已知降雨量 P 和初始土壤蓄水量 W_t,要求解方程(3-2),还需两个方程、关系或模式,才能获得方程的定解。在产流量计算中,一般利用蒸发计算模式和降雨—径流的关系先推求 E_t 和 R_t。

3.2 产流机制分析

精确描述流域降雨径流过程是十分困难的,实际工作中,在建立系统数学模型或概念性模型时,常根据流域的自然地理与气候特征,对复杂的流域产流物理过程作必要的概化描述,以便于用数学函数构建模型模拟计算。对于一个特定的研究流域,其产流方式是在建立产流计算模型前必须首先论证,以使建立的产流计算模式既简单又接近实际情况。

3.2.1 流量过程线分析

超渗产流和蓄满产流,最本质的差别是前者在一次洪水过程中没有或基本没有地下径流(不包括地表土层中的水流),而蓄满产流的地下径流比例较大。地面径流与地下径流向流域出口断面的运动过程中,因流经介质和路径不同,所受的流域调蓄作用也不同,则反映在流域出口断面流量过程线的涨落特征上有明显的差异,这为流域产流方式的论证提供了信息。

当降雨强度大于下渗率时,产生地面径流,并沿坡面汇集,经河网汇流到达流域出口断面。其运动路径短,流集速度快,受流域的调蓄作用小,流量过程线呈陡涨陡落形式,对称性好。渗入地面以下的降雨量在满足土壤缺水量后,形成地面以下径流。其水流汇集过程运动于土壤孔隙中,流速小,受调蓄作用大,形成的流量过程线呈缓涨缓落变化,时间上滞后于地面径流。例如,浙江龙泉溪的紧水滩站,集水面积为 2 761 km²。地面径流一般在 1 ~ 3 d 内就基本退尽,而地下径流消退则长达 3 ~ 5 个月。

图 3-1 和图 3-2 是团园沟和孙水关流域实测洪水流量过程线。其中,图 3-1 是以地面径流为主,图 3-2 是地面径流与地下径流均占一定比例。

3.2.2 气候及地理特征分析

气候与产流机制密切关联。气候长年干燥的流域,因蒸发量大,土壤缺水量大,土壤

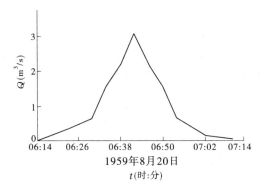

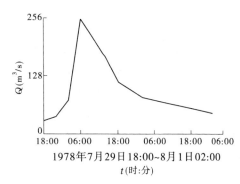

图 3-1 团园沟流域实测洪水流量过程线　　　图 3-2 孙水关流域实测洪水流量过程线

一般不易蓄满形成地下径流,一场洪水常以超渗产流为主,形成地面径流。气候湿润地区,土壤缺水量少,一场降雨的产流方式多属蓄满产流。

下垫面特征,除土壤含水量外,还包括土壤物理特性、土层结构、植被条件、地形及地下水等因素。若土壤颗粒细小、结构密实、植被度差、地下水位埋深大,因下渗率小,多以超渗方式产生径流。如果土壤颗粒大、结构疏松、植被度高、地下水位高,则多属蓄满产流方式。

根据我国的情况,气候呈明显的地带性。长江以南的绝大部分地区,长年湿润多雨,多年平均年降水量在 1 000 mm 以上,年径流系数大于 0.4,年蒸发量不大,属典型的蓄满产流区。在西北干旱地区的内陆河流域,年平均降水量小于 400 mm,年蒸发量很大,属典型的超渗产流区。其余地区,年平均降水量为 400 ~ 1 000 mm,年径流系数为 0.2 ~ 0.4 (如东北诸河、海河、滦河、黄河的绝大部分,淮河流域北侧和金沙江等),属混合产流区。

3.3 流域蒸发

流域蒸散发量计算是产流计算的重要内容,特别对于长时期的产流量估算,蒸发常是决定性因素,如果一个流域某特定时期始末的土壤含水量很接近,可忽略该特定时期土壤含水量变化对径流量的影响,则水量平衡方程可简化为

$$\sum_{i=1}^{n} R_t = \sum_{i=1}^{n} P_i - \sum_{i=1}^{n} E_i \tag{3-3}$$

式中　P、E、R——降雨量、蒸发量和径流量;

　　　n——该特定时期内的计算时段数。

对于一次洪水的产流量,其计算式与式(3-2)相同。无雨期蒸发消耗为

$$W_{t+1} = W_t - E_t \tag{3-4}$$

显然,蒸散发决定了无雨期土壤含水量的消耗量,也影响降雨期的产流量。

流域蒸散发量很难直接由观测资料确定,常通过数学模型计算获得。

3.3.1 蒸发与影响因素概化

在天然流域上,蒸散发主要包括土壤蒸发 ES、植物蒸散发 E_{PL} 和水面蒸发 E_W,其中最

主要的是土壤蒸发。

土壤蒸发的主要影响因素有气象因素、土壤供水条件和土壤结构。影响蒸发的气象类因素主要包括热能供给和水汽转换的气象条件,如温度、日照、风速和湿度等。这些因素的作用很复杂,难以直接与土壤蒸发建立关系,一般通过水面(或蒸发器皿的)蒸发量 E_0 来反映这类因素的综合影响。

土壤供水条件主要是指土壤中可供蒸发的水量,通常用土壤含水量 W 来反映,这种特征量直接影响着蒸发量的大小。因此,在土壤供水充分的条件下,土壤蒸发量达到最大,称为土壤蒸发能力(EP)。显然,蒸发能力只与土壤充分供水时的气象因素有关,可表示为

$$EP = f(气象因素) = f(E_0) \tag{3-5}$$

3.3.2 蒸发能力的确定

水面(或蒸发器皿)蒸发量与流域蒸发能力都反映气象要素对蒸发的影响,两者的主要差别在于:水面与蒸发器皿蒸发水体是整体的,是敞开式的自由蒸发。流域蒸发能力受土体的影响,其水体存在于土粒介质的孔隙中,是不完整的,并与周围环境的热交换条件也与水面蒸发不同。由于流域蒸发量观测困难,精度也不高,通过对大量的实测资料的检验分析,发现流域蒸发能力 EP 与水面蒸发 E_0 间可粗略概化为如下的线性关系,即

$$EP = KC \cdot E_0 \tag{3-6}$$

式中 KC——蒸发折算系数。

3.3.3 水面蒸发量估算

在水文预报日常工作中或研制水文预报模型时,水面蒸发量 E_0 通常由蒸发皿实测资料而得。当没有实测资料时,则根据一些常用公式计算求得,主要有水库水量平衡法、彭曼公式法和空气动力学法等。

3.3.4 流域蒸发量推求

一般情况下,流域蒸发量主要取决于土壤蒸发量。经过对裸土的试验分析发现,在一定的气象条件下,裸土含水量从饱和到干燥的蒸发过程,大体呈现如图 3-3 所示的三个阶段特征。从图中可看出,蒸发随土壤含水率的变化关系可概化为

$$\left. \begin{array}{ll} \theta \geq \theta_{C_1} & ES/EP = 1.0 \\ \theta_{C_1} \geq \theta \geq \theta_{C_2} & ES/EP = f(\theta) = \alpha\theta \\ \theta < \theta_{C_2} & ES/EP = C \end{array} \right\} \tag{3-7}$$

式中 θ_{C_1}、θ_{C_2}——第一、第二临界点土壤含水率;

  ES——土壤蒸发量;

  EP——流域蒸发能力;

  C——蒸发扩散系数;

  α——系数。

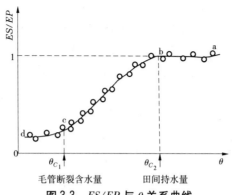

图 3-3 *ES/EP* 与 *θ* 关系曲线

对土壤蒸发的三个阶段现象分析后认为,当土壤含水率达到或超过 θ_{C_1} 时,蒸发主要发生在土壤表层,在这一阶段内,表层土壤含水量因蒸发而减少的水量通过毛细管形式由下层得到充分补充。所以,这一阶段的蒸发主要取决于气象因素,蒸发量等于流域蒸发能力。土壤含水率因蒸发减小到一定值以后,上层土壤毛管水开始断裂,下层土壤水对上层的供水速率开始降低,并且随着土壤含水率的降低,毛管水断裂程度越严重,下层对上层的供水速率也越慢。因此,这阶段的蒸发量除受气象因素影响外,还受土壤含水率的影响。当土壤含水率值进一步减小到 θ_{C_2} 后,土壤水分只能以水汽扩散的形式由地下水慢慢向上运动,其量主要取决于气象因素和地下水的埋藏深度。

式(3-7)表示了蒸发与土壤含水率的关系。由于土壤含水率不宜直接用于水量平衡式的产流量计算,常把蒸发与土壤含水率的关系转化为与土壤含水量的关系。国内目前常用的有三层蒸发计算模式,即

上层蒸发量 $\quad\quad\quad\quad\quad EU = EP$

下层蒸发量 $\quad\quad\quad\quad\quad EL = EP \cdot WL/WLM$

深层蒸发量 $\quad\quad\quad\quad\quad ED = C \cdot EP$

总蒸发量 $\quad\quad\quad\quad\quad\quad E = EU + EL + ED$ $\quad\quad\quad\quad$ (3-8)

式中 $\quad WL$—— 下层土壤含水量,mm;

$\quad\quad\quad WLM$——下层土壤含水容量,mm。

三层蒸发模式按照先上层后下层的次序,具体分如下四种情况计算:

(1)当 $WU + P \geqslant EP$ 时

$$EU = EP、EL = 0, ED = 0$$

(2) 当 $WU + P < EP, WL \geqslant C \cdot WLM$ 时

$$EU = WU + P, EL = (EP - EU) WL/WLM, ED = 0$$

(3)当 $WU + P < EP, C(EP - EU) \leqslant WL < C \cdot WLM$ 时

$$EU = WU + P, EL = C(EP - EU)、ED = 0$$

(4)当 $WU + P < EP, WL < C(EP - EU)$ 时

$$EU = WU + P, EL = WL、ED = C(EP - EU) - EL$$

式中 $\quad WU$——上层土壤含水量,mm。

上述蒸发模式在国内被广泛应用。表 3-1 是三层模式蒸发量计算的一个例子,选用

的参数为:$WUM = 20$ mm,$WLM = 60$ mm,$WDM = 40$ mm,$C = 1/6$。WUM、WLM、WDM 分别为上层、下层和深层的土壤含水容量。计算结果可用水量平衡方程校核

$$\sum R = \sum P - \sum E + W_{初} - W_{末}$$
$$0 = 8.8 - 25.9 + 54.9 - 37.8$$

在生产实际中,为计算方便,还有简化应用的。如南方湿润地区,上层和下层的土壤含水量丰沛,深层蒸发很少发生,故可采用二层蒸发模式:

上层土壤蒸发量 $\qquad EU = EP$

下层土壤蒸发量 $\qquad EL = EP \cdot WL/WLM$

土壤总蒸发量 $\qquad E = EU + EP$ $\hfill$ (3-9)

在早期,还有采用一层蒸发模式的,即

$$E = EP \cdot W/WM \hfill (3\text{-}10)$$

表 3-1 三层模型蒸发计算 （单位:mm）

日 期 （年-月-日）	P	EP	EU	EL	ED	E	WU	WL	WD
1970-08-08		7.9		2.0		2.0		14.9	40.0
1970-08-09		7.4		1.6		1.6		12.9	40.0
1970-08-10	0.8	5.9	0.8	1.0		1.8		11.3	40.0
1970-08-11		6.1		1.0		1.0		10.3	40.0
1970-08-12		6.2		1.0		1.0		9.3	40.0
1970-08-13	0.2	5.8	0.2	0.9		1.1		8.3	40.0
1970-08-14		5.0		0.8		0.8		7.4	40.0
1970-08-15		5.2		0.9		0.9		6.6	40.0
1970-08-16		5.4		0.9		0.9		5.7	40.0
1970-08-17		6.9		1.2		1.2		4.8	40.0
1970-08-18		6.7		1.1		1.1		3.6	40.0
1970-08-19	0.3	4.1	0.3	0.8		1.1		2.5	40.0
1970-08-20		5.8		1.0		1.0		1.7	40.0
1970-08-21		4.0		0.7		0.7		0.7	40.0
1970-08-22		4.3			0.8	0.8		0	40.0
1970-08-23	7.4	5.9	5.9		0	5.9			39.2
1970-08-24	0.1	4.2	1.6		0.4	2.0	1.5		39.2
1970-08-25		6.3			1.0	1.0		0	38.8
合计	8.8		8.8	14.9	2.2	25.9			

二层和一层模式算例见表 3-2。在该表计算中,降雨量、蒸发能力同表 3-1,二层蒸发模式参数为 $WUM = 20$ mm, $WLM = 60$ mm;一层蒸发模式参数为 $WM = 80$ mm。

表 3-2　二层和一层模型蒸发计算　　　　　　　　　　（单位:mm）

日　期 （年-月-日）	P	EP	二层模型					一层模型	
			EU	EL	E	WU	WL	E	W
1970-08-08		7.9		2.0	2.0		14.9	1.5	14.9
1970-08-09		7.4		1.6	1.6		12.9	1.2	13.4
1970-08-10	0.8	5.9	0.8	1.0	1.0		11.3	1.0	12.2
1970-08-11		6.1		1.0	1.0		10.3	0.9	12.0
1970-08-12		6.2		1.0	1.0		9.3	0.9	11.1
1970-08-13	0.2	5.8	0.2	0.8	0.8		8.3	0.8	10.2
1970-08-14		5.0		0.6	0.6		7.5	0.6	9.6
1970-08-15		5.2		0.6	0.6		6.9	0.6	9.0
1970-08-16		5.4		0.6	0.6		6.3	0.6	8.4
1970-08-17		6.9		0.7	0.7		5.7	0.7	7.8
1970-08-18		6.7		0.6	0.6		5.1	0.6	7.1
1970-08-19	0.3	4.1	0.3	0.3	0.3		4.5	0.3	6.5
1970-08-20		5.8		0.4	0.4		4.2	0.5	6.5
1970-08-21		4.0		0.2	0.2		3.8	0.3	6.0
1970-08-22		4.3		0.3	0.3		3.6	0.3	5.7
1970-08-23	7.4	5.9	5.9		5.9		3.3	0.9	5.4
1970-08-24	0.1	4.2	1.6	0.1	1.7	1.5	3.3	0.6	11.9
1970-08-25		6.3		0.3	0.3	0	3.2	0.9	11.4
合计	8.8		8.8	12.0	20.8			13.2	

从表 3-1 与表 3-2 计算结果看,三层蒸发模型计算的蒸发量最大,二层次之,一层最小。从上列模型的计算结构和蒸发物理机制看,二层模型简化了深层结构,忽略了植物根系对土壤水分的扩散作用,导致蒸发量计算值比三层模型蒸发量小。在久旱之后,当 WL 很小且持续无雨时,用二层蒸发模型算出的蒸发量常是偏小的。一层蒸发模型中,既没有考虑深层蒸发与植物根系扩散作用,也没有考虑充分供水时应按蒸发能力蒸发,使得计算的蒸发量偏小更多。

应当指出,不论三层模型或二层、一层模型,都是对蒸发物理过程作了近似概化,在具体应用中,要注意结合流域的实际情况选用模型,以计算结果优劣确定选用何种模型。

3.4 实测径流分析

流域降雨产流量关系的建立是以实测资料为依据,常用的资料有降雨量、蒸发量和河道流量,具体应用中还需作变换计算。例如,把一次洪水流量过程转换为一次洪水的径流深,或计算次洪的直接径流深和地下径流深等。为此,需进行实测径流的分析计算。

3.4.1 退水曲线分析

图3-4为常见的流域出口断面的实测流量过程和流域平均降雨量过程,流量过程呈现前后洪水首尾相接。流域出口断面流量由不同水源的径流成分组成,并因其运动路径和受流域调蓄作用的不同,使出口断面流量过程特征上互有差异。地面径流由坡面直接汇入河网,运动速度快,形成的流量过程呈陡涨陡落,是涨洪和洪峰附近流量过程的主体成分,地下径流是由渗透到潜水面的水流缓慢流出,运动速度慢,汇流时间长,变化平缓,是洪水退水尾部段流量的主体成分,且常延续至后继洪水过程中;壤中流出流过程的特征介于上述两者之间。在降雨产流量计算和流域汇流水源划分中,有时把壤中流进一步划分为两部分:快速部分壤中流与地面径流合在一起,称为直接径流;而慢速部分则与地下径流合并,统称为地下径流。

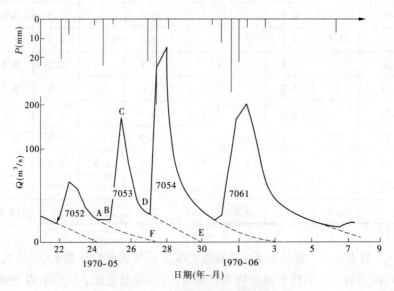

图3-4 实测流量过程示意图

地下水退水的滞延性强,历时长,在分割复式洪水过程以计算次洪总径流深或分割洪水的地下径流时,为确定流域退水曲线,都要深入分析流域的退水特性和退水规律。

3.4.1.1 退水指数方程

退水曲线常用以下指数方程表示

$$Q_t = Q_0 e^{-t/K} \tag{3-11}$$

式中 Q_0、Q_t——起始退水流量和 t 时刻的流量;

K——常数,由下式定义

$$W_t = KQ_t \tag{3-12}$$

式中　W_t——t 时刻的蓄量。

式(3-12)表明,当泄流流量恒定为 Q_t 时,K 是泄完蓄水量 W_t 所需的时间。由于蓄量分布在流域上,距出口断面的距离远近不同,汇流时间不等,其平均汇流时间应等于 K。从这意义上讲,K 值可解释为流域水流平均汇流时间。K 值经过推导又可表示为

$$K = -1/\ln CG \tag{3-13}$$

式中　CG——常系数,反映流域退水速率的快慢,所以又称消退系数。

3.4.1.2　流域综合退水曲线

因退水规律接近指数变化,故可用半对数坐标纸作图,呈直线,便于定线。具体步骤如下:

(1)将各次洪水的退水过程点绘在半对数坐标纸上。

(2)用透明的半对数坐标图纸,作左右水平移动,把原半对数纸上的过程线逐次绘于透明纸上,移动位置以各次退水尾部段尽可能重合为准,由此可得组合退水曲线,如图 3-5(a)所示。

(3)由图 3-5(a)可知,低水部重合的直线即为地下水退水曲线,此直线可适当向两端延长。对上部的各分叉线取其平均线(多呈折线状),即构成流域平均退水曲线。

(4)实际应用中,图 3-5(a)的组合退水曲线常与退水曲线结合使用,后者如图 3-5(b)所示。

在制作了流域退水曲线后,即可用于分割各次洪水过程线,计算次洪总径流深。

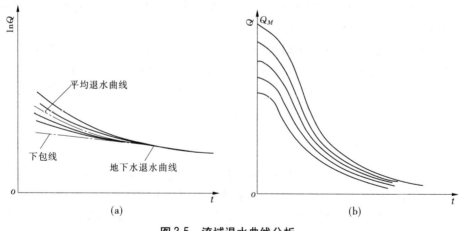

图 3-5　流域退水曲线分析

3.4.2　次洪径流深计算

流域退水曲线确定后,可以用来分割各次洪水过程线,计算次洪径流深。

一次洪水的总径流深应是图 3-6 所示的由 $ABCDEF$ 包围的面积,其中 CD 段是按退水曲线由 BC 段外延确定。计算次洪总径流深的流量过程可以是日平均流量,也可以是瞬时流量过程,视预报方案的需要而定。一般,集水面积大的流域,可用日平均流量过程。

常用的次洪总径流深计算方法有平割法和蓄泄关系法。

如果待分割洪水的起涨流量小于后继洪水的起涨流量,可先用流域平均退水曲线将退水过程延长到与起涨流量相等值,如图3-6中的 D 点,则量取 ABCDEF 面积作为本次洪水的径流量,其径流深 R_0 计算式为

$$R_0 = \sum_{i=1}^{n-1} 3.6 Q_i \Delta t / A \tag{3-14}$$

式中 A ——集水面积,km^2。

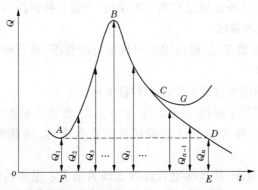

图3-6 次洪总径流深平割法示意图

蓄泄关系法先是建立退水段流量与相应的退水径流深之间的相关关系,并点绘它们的关系曲线,然后用面积包围法计算次洪径流深。

由上述可知,不论是平割法还是蓄泄关系法,都用相同的流域平均退水曲线划分洪水过程,即认为所有洪水的退水规律相同。当本次洪水的起涨点(前次洪水退水)流量的退水规律与本次洪水的退水规律不相同时,会导致较大误差。例如,前次洪水退水段的地下径流比重小、退水快,而本次洪水退水段的地下径流比重大、退水慢,若采用相同的平均退水曲线分割,会使次洪径流深计算值偏小;反之,会使径流深偏大。为避免这类误差,在编制降雨产流量预报方案时,尽量选择一些前后起涨点都低、流量相差不大的洪水,或对起涨点高的复峰洪水不作分割,作为复式洪水处理。

3.4.3 径流成分划分

实际工作中,除研究一次降雨量与相应的径流深之间的定量关系外,往往还需分析、研究径流深的不同径流成分及其组成比例,为此要进行不同径流成分的划分。最基本、常用的是分割直接径流和地下径流。洪水过程的直接径流终止点,如图3-7中的 B 点,然后用斜线连接起涨点与终止点,则斜线 AB 上部为直接径流,下部为地下径流。

直接径流终止点可用流域地下水退水曲线来确定,使退水曲线与流量过程线退水尾部重合,而流量过程与退水曲线的分叉点即视为直接径流终止点。实际工作中也有用经验方法,即通过对实测资料的分析后,确定洪峰时间(或主雨停止时刻)到直接径流终止点的时距 N(见图3-7),并且认为同一流域的 N 值为常数。显然,N 值与流域面积、下垫面产流与汇流特性以及降雨分布等有关,当 N 与这些因素的关系不稳定时,该法的效果不及退水曲线方法。

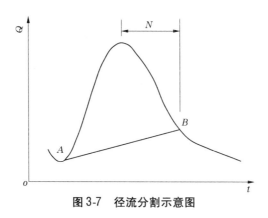

图 3-7 径流分割示意图

3.5 降雨径流经验相关法

通常说的前期雨量指数模型(Antecedent Precipitation Index Model)又称 API 模型,由五变数降雨径流相关图发展形成,其实用的表达形式是传统的降雨径流相关图,故又称降雨径流经验相关法。

用前期雨量指数和降雨量计算产流量始于 20 世纪 40 年代。1969 年,西纳(Sittner)等提出了模拟地下径流方法的建议,配合单位线汇流计算方法即构成了可模拟流域降雨径流过程的"连续 API 模型"。API 属于多输入、单输出的静态系统数学模型,主要用于一次洪水径流量计算,我国在 20 世经 70 年代前应用甚广,目前也还有一些应用,且该模型的合轴相关图作图方法很有特点,本节对该模型及作图方法作简要介绍。

3.5.1 相关图的建立

API 模型是以流域降雨产流的物理机理为基础,以主要影响因素作为参变量,建立降雨量 P 与产流量 R 之间定量的相关关系。常用的参变数有前期雨量指数 P_a(反映前期土湿)、季节(或用月份、周次,反映洪水发生时间的因素)和降雨历时 T(或降雨强度)等,也有采用反映雨型、暴雨中心位置等的因素。

生产上较早使用的是如图 3-8 所示的三变数相关图,即

$$R = f(P, P_a) \tag{3-15}$$

图 3-8 的特征是:①P_a 曲线簇在 45°直线的左上侧,P_a 值越大,越靠近 45°线,即降雨损失量越小;②每一条 P_a 等值线都存在一个转折点,转折点以上的关系线呈 45°直线,转折点以下为曲线;③P_a 直线段之间的水平间距相等。

由上述可知,P_a 对降雨径流关系的影响最大,一般用经验公式计算

$$P_{a,t} = kP_{t-1} + k^2 P_{t-2} + \cdots + k^n P_{t-n} \tag{3-16}$$

式中 $P_{a,t}$——t 日上午 8 时的前期降雨指数;

n——影响本次径流的前期降雨天数,常取 15 d 左右;

k——常系数,一般可取 0.85 左右。

三变数相关图制作简单,就是按照变数值 P_i 和 R_i 的相关点绘于坐标图上,并标明各

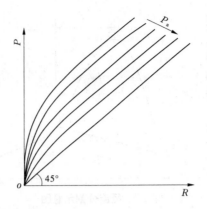

图 3-8　$P \sim P_a \sim R$ 关系曲线示意图

点的参变量 P_a 值,然后根据参变量的发布规律及降雨产流的基本原理绘制 P_a 等值线簇即可,如图 3-8 所示。

如果考虑的影响因素多一些,同样可绘制四变数或五变数的相关图,图形绘制过程相对复杂些,一般预报精度要优于三变数相关图的结果。

3.5.2　相关图讨论

相关图以时不变的降雨径流关系为基础,方法具有经验性。建立相关图需要有足够数量和充分代表性的观测资料(建立其他水文模型也需要),这里的代表性包括以下几个方面:

(1)洪水量级代表性,即选取大、中、小不同量级的洪水,大洪水可以适当多选。

(2)洪水发生季节代表性,以选取主汛期洪水为主,还应考虑非主汛期的一些洪水,高寒地区流域,特别要考虑春、夏、秋、冬四个季节的代表性洪水,以反映封冻、融雪等因素对水流的影响。

(3)雨型代表性,选取的代表性洪水要包括由各种降雨特性所形成的洪水,如锋面雨,台风雨,雷雨,不同雨强、不同降雨历时、不同降雨中心位置降雨及全流域降雨或局部降雨等。

(4)前期条件代表性,选择的洪水不仅要有主汛期,也要包括汛初、汛末和非汛期,还要考虑连续降雨、干旱等的各种前期气候条件。

点绘相关图时常会发现部分点据经调整后仍偏离相关线,这时要仔细分析其原因,不可轻易舍弃。首先要检查点据的原始资料是否有误,包括雨量、蒸发量和流量,蒸发观测特别要注意器皿前后是否一致,流量观测特别要注意位置和水位—流量关系线精度。其次要检查水文要素值(如 P、P_a、R 等)的分析计算是否合理,有无错误,例如 P_a 计算中的常系数 k 和影响天数 n 的选择是否合适,径流分割方法是否妥当,流域退水曲线是否稳定等。再次要分析采用的相关因素是否都有效,如果分析发现影响不大,一定要舍弃该因子后重新制作相关图。最后还要分析相关关系是否还受其他因素的影响,如果发现有新的重要影响因子也一定要引进,这样会使相关图关系更加符合实际,预报效果更好。

3.6 蓄满产流

蓄满产流是产流机制的一种概化,其基本假设为:在任一地点上,土壤含水量达到蓄满(即达到田间持水量)前,降雨量全部补充土壤含水量,不产流;当土壤蓄满后,其后续降雨量全部产生径流。这种产流机制比较接近或符合土壤缺水量不大的湿润地区。在该类地区,一场较大的降雨常易使全流域土壤含水量达到蓄满。倘若一场降雨不能使全流域蓄满,或在一场降雨过程中,全流域尚未蓄满之前,流域内也能观测到有径流。这是由于前期气候、下垫面等的空间分布不均匀,导致流域土壤缺水量空间不均匀。

3.6.1 流域蓄水容量曲线

由于在其他条件相同情况下,缺水量小的地方降雨后易蓄满,先产流,因此一个流域的产流过程在空间上是不均匀的,在全流域蓄满前,存在部分地区蓄满而产流。一般可由流域蓄水容量曲线表征土壤缺水量空间分布的不均匀性。

流域蓄水容量曲线是将流域内各地点包气带的蓄水容量,按从小到大的顺序排列得到的一条蓄水容量与相应面积关系的统计曲线,如图 3-9 所示。图中纵坐标 WM' 为各地点包气带蓄水容量值,WMM 为其中最大值,一般都以 mm 表示,横坐标 α 为面积的相对值 f/F,F 是全流域面积,f 为流域内包气带蓄水容量小于或等于 WM' 的面积,曲线所围的面积 WM 为全流域平均的蓄水容量。

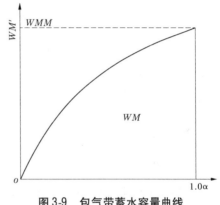

图 3-9 包气带蓄水容量曲线

包气带含水量中有一部分水量在最干旱的自然状况下也不可能被蒸发掉,因此上述的包气带蓄水容量是包气带中实际可变动的最大含水量,即包气带达到田间持水量时的含水量与最干旱时的含水量之差,也等于包气带最干旱时的缺水量,因此流域蓄水容量曲线也反映了流域包气带缺水容量分布特性。

据大量经验分析,蓄水容量曲线可由如下指数方程近似描述

$$\alpha = 1 - \left(1 - \frac{WM'}{WMM}\right)^b \qquad (3\text{-}17)$$

式中,b 是常数,反映了流域包气带蓄水容量分布的不均匀性,b 值越小表示越均匀,当 b = 0 时表示流域内包气带蓄水容量均匀不变,而 b 值越大表示越不均匀。

根据式(3-17),流域平均蓄水容量 WM 结果积分转换后为

$$WM = \frac{WMM}{1 + b} \qquad (3\text{-}18)$$

3.6.2 降雨产流量计算

3.6.2.1 初始土湿分布与计算

一般情况下,降雨前的初始土壤含水量不为零,这时初始土壤含水量在流域上的分布直接影响降雨产流量值。各次降雨前的初始土壤含水量分布是不相同的,但从多次平均的统计角度认为土湿分布规律也符合式(3-17)的变化。图3-10 中斜线所示面积为流域平均的初始土壤含水量 W,最大值为 a,全流域中有比例为 α_0 的面积上已蓄满,降在该面积上的雨量形成径流,降在比例为 $1-\alpha_0$ 面积上的降雨量不能全部形成径流,三者间满足

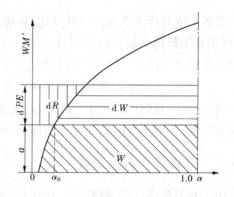

图 3-10 流域初始土湿分布与降雨产流量示意图

$$\alpha_0 = 1 - (1 - \frac{a}{WMM})^b \tag{3-19}$$

$$W = \int_0^a (1 - \alpha)\,\mathrm{d}WM' \tag{3-20}$$

积分式(3-20)得

$$W = WM\left[1 - (1 - \frac{a}{WMM})^{b+1}\right] \tag{3-21}$$

进一步解得

$$a = WMM\left[1 - (1 - \frac{W}{WM})^{\frac{1}{1+b}}\right] \tag{3-22}$$

这时扣除雨期蒸发后的时段雨量 $\mathrm{d}PE$,相应的产流量为 $\mathrm{d}R$,损失量为 $\mathrm{d}W$,当 $\mathrm{d}PE\to0$ 时,可求得土壤含水量为 W 时的流域产流比例,即

$$径流系数 = \frac{\mathrm{d}R}{\mathrm{d}PE}\bigg|_{\mathrm{d}PE\to0} = \alpha_0 = 产流面积(\%) \tag{3-23}$$

3.6.2.2 建立降雨径流关系

由图3-10可知,在初始土湿为 W 的条件下,降雨量 PE 的产流量可由下列计算式求得。在全流域蓄满前为

$$R = \int_a^{a+PE} \alpha\,\mathrm{d}WM' \quad (a + PE \leqslant WMM)$$

积分上式得

$$R = PE - WM(1 - \frac{a}{WMM})^{b+1} + WM(1 - \frac{PE + a}{WMM})^{1+b}$$

由式(3-22),上式简化为

$$R = PE + W - WM + WM(1 - \frac{PE + a}{WMM})^{b+1} \quad (a + PE \leqslant WMM) \tag{3-24}$$

在全流域蓄满后产流量为

$$R = PE - (WM - W) \quad (a + PE > WMM)$$
$$(3-25)$$

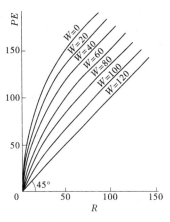

图 3-11　降雨—径流相关图

式（3-24）和式（3-25）是全流域蓄满前后的两个产流量计算公式。在手工作业计算中，为应用方便，常用降雨—径流相关图表示，见图3-11。

3.6.2.3　产流量计算

当有了 $R = f(PE, W)$ 关系曲线后，即可进行产流量计算，具体步骤如下：

（1）根据前期实测降雨量和蒸散发计算模式，推算得本次降雨时的初始流域土湿（W）。

（2）计算本次降雨的流域平均值 P，扣除雨期蒸发后得 PE 值。

（3）查图3-11得产流量计算值 R。

由上述可知，降雨产流量计算过程中，同时分析计算了土壤蓄水量的变化与流域蒸散发量，若流域蒸散发按三层模式计算时，产流量计算实例列于表3-3。表中参数值为：$WM = 120$ mm，$WUM = 15$ mm，$WLM = 85$ mm，$WDM = 20$ mm，蒸发折算系数 $K = 0.95$，$C = 0.14$。

表 3-3　蓄满产流模型产流量计算示例

t(d)	P	E_0	EP	EU	EL	ED	E	PE	WU	WL	WD	W	R
11		5.6	5.3		0.8		0.8	-0.8	0	2.2	20.0	22.2	
12		7.2	6.8		1.0		1.0	-1.0		1.4	20.0	21.4	
13		6.8	6.5		0.4	0.5	0.9	-0.9		0.4	20.0	20.4	
14		8.2	7.8			1.1	1.1	-1.1		0	19.5	19.5	
15		7.6	7.2			1.0	1.0	-1.0			18.4	18.4	
16	3.0	7.4	7.0	3.0		0.6	3.6	-0.6			17.4	17.4	
17	4.2	6.8	6.5	4.2		0.3	4.5	-0.3			16.8	16.8	
18	10.3	6.4	6.1	6.1			6.1	4.2			16.5	16.5	0.2
19	15.1	6.0	5.7	5.7			5.7	9.4	4.0		16.5	20.5	0.5
20		6.2	5.9	5.9			5.9	-5.9	12.9		16.5	29.4	
21	63.2	3.0	2.8	2.8			2.8	60.4	7.0		16.5	23.5	7.5
22	56.8	2.7	2.6	2.6			2.6	54.2	15.0	44.9	16.5	76.4	17.6
23	23.5	3.4	3.2	3.2			3.2	20.3	15.0	81.5	16.5	113.0	13.3
24	1.2	4.2	4.0	4.0			4.0	-2.8	15.0	85.0	20.0	120.0	
25		5.8	5.5	5.5			5.5	-5.5	12.2	85.0	20.0	117.2	
26		7.4	7.0	6.7	0.3		7.0	-7.0	6.7	85.0	20.0	111.7	
合计	177.3			49.7	2.5	3.5	55.7	121.6					39.1

校核：$\sum E = \sum EU + EL + ED = 49.7 + 2.5 + 3.5 = 55.7$；$\sum PE = \sum P - \sum E = 177.3 - 55.7 = 121.6$；$\sum R = \sum PE - (W_2 - W_1) = 121.6 - 82.5 = 39.1$。

3.6.3　水源划分

由于流域的调蓄作用不同，各径流成分在流量过程线上的反映是不一样的。在实际工作中，常需按各种径流成分分别进行计算或模拟，因而需要对产流量进行水源划分。

通过稳渗率可划分产流量中的直接径流和地下径流。当土壤含水量达到饱和时,毛管势梯度值很小,可以忽略;水流垂向运动通量主要取决于水力传导度,其值稳定于一个常数值,即稳定下渗率。

前面介绍了实测流量过程的径流分割方法和次洪地下径流深 RG 的计算方法。若已知次洪的净雨历时为 T,则次洪的稳定下渗率 f_c 可由式(3-26)计算而得

$$f_c = RG/T \qquad (3-26)$$

由于一次洪水的降雨和下垫面土壤含水量的时空变化,在全流域蓄满前,只有部分流域面积达到蓄满,产生径流。在这部分产流面积上,如果时段降雨量小于稳定下渗率,雨量下渗率必小于稳渗值。因此,式(3-26)中净雨历时 T 的直接统计是很难的,实用中也就难以用式(3-26)来推求 f_c。

图 3-12 为一次洪水的降雨产流水源划分过程示意图。设该流域的实际稳渗值为 f_c,由图 3-12 可知,第一时段降雨量 PE 小于 f_c,没有直接径流产生,该时段的降雨量除补充土壤水分外,还产生了地下径流,即:

直接径流 $\qquad\qquad r_{s1} = 0 \qquad\qquad\qquad\qquad (3-27)$

地下径流 $\qquad\qquad r_{g1} = r_1 = PE_1 r_1 / PE_1 = PE_1 a_1 \qquad (3-28)$

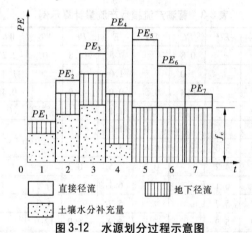

图 3-12　水源划分过程示意图

a_1 是蓄满产流模式定义的第 1 时段降雨的产流面积(%)。第 2 时段 PE_2 大于 f_c,在产流面积 a_2 上的产流量为 $PE_2 a_2$,其水源分量为:

地下径流 $\qquad\qquad r_{g2} = f_c a_2 = f_c \dfrac{r_2}{PE_2} \qquad\qquad (3-29)$

直接径流 $\qquad\qquad r_{s2} = r_2 - r_{g2} = (PE_2 - f_c) \dfrac{r_2}{PE_2} \qquad (3-30)$

土壤水分增量 $\qquad\qquad \Delta W_2 = PE_2 (1 - a_2) \qquad\qquad (3-31)$

依此类推,可得第 3、第 4 时段降雨量的水源分量为:

地下径流 $\qquad\qquad r_{gi} = f_c a_i = f_c \dfrac{r_i}{PE_i} \qquad i = 3,4 \qquad (3-32)$

直接径流 $\qquad\qquad r_{si} = r_i - r_{gi} = (PE_i - f_c) \dfrac{r_i}{PE_i} \qquad i = 3,4 \qquad (3-33)$

根据图3-12的降雨过程,到了第5、第6、第7时段,全流域已蓄满,产流面积 $a = 1.0$,PE_i 全部形成径流,即:

地下径流 $$r_{gi} = f_c \quad i = 5,6,7 \tag{3-34}$$

直接径流 $$r_{si} = r_i - r_{gi} = (PE_i - f_c) \quad i = 5,6,7 \tag{3-35}$$

由此根据 f_c 和 PE_i 的大小比较可求得次洪的各水源分量为:

总地下径流 $$RG = \sum_i f_c \frac{r_i}{PE_i} + \sum_i r_i \quad (PE_i > f_c) \tag{3-36}$$

总直接径流 $$RS = \sum (PE_i - f_c) \frac{r_i}{PE_i} \quad (PE_i \leqslant f_c) \tag{3-37}$$

由式(3-36)、式(3-37)可知,选定不同的 f_c 值,算得的径流成分是不同的。因此,为了使计算的水源分量与相应的实测量相符,可按本章前述方法把实测的次洪地下径流深 RG 代入式(3-36),就可得该次洪水的 f_c 值。表3-4是一次洪水的降雨径流统计,次洪地下径流总量为52.5 mm。

表3-4 f_c 计算示例

时 间 (月-日)	PE (mm)	r (mm)	r/PE	设 f_c 范围 (mm/d)	计算 f_c (mm/d)
06-04	1.6	1.0	0.62	$3.9 \leqslant f_c < 13.4$	16.6 ×
06-05	13.4	9.8	0.73		
06-06	39.1	37.7	0.96	$13.4 \leqslant f_c < 25.2$	17.8 √
06-07	25.2	25.2	1.0		
06-08	2.7	2.7	1.0		
06-09	0.2	0.2	1.0		
06-10	3.9	3.9	1.0		

首先设 f_c 变化范围为

$$3.9 \leqslant f_c < 13.4$$

则利用式(3-36)计算得

$$f_c = [52.5 - (1.0 + 2.7 + 0.2 + 3.9)]/(0.73 + 0.96 + 1.0) = 16.6(\text{mm/d})$$

计算所得 f_c 值与预定的范围不符,需要重新假设。设 f_c 变化范围为

$$13.4 \leqslant f_c < 25.2$$

$$f_c = [52.5 - (1.0 + 9.8 + 2.7 + 0.2 + 3.9)]/(0.96 + 1) = 17.8(\text{mm/d})$$

计算所得 f_c 值与预设的一致,则 f_c 为17.8 mm/d。

地面以下的径流由多种产流机制形成,在流域出口断面流量的退水过程线上常呈现这些水源的退水特征。其退水过程线退水坡度互不相同,但每段内变化相对较小,退水坡度的变化反映了退水段径流受流域调蓄作用的差异。根据径流试验观测和径流形成原理,一般退水分为明显的三段规律,对应的径流主要成分分别为地面、壤中和地下三种水源。三水源的划分情况更加复杂,其主体思路和前述方法类似,这里不再叙述。

3.6.4 产流量计算模型建立

在有资料的流域,建立流域产流量计算模型之前,要首先了解、分析流域的产流方式,再选择适当的数学模型,然后准备建立模型所需的资料,进行参数确定和模型检验。不同的产流方式反映了流域产流特性的差异。这里着重讨论蓄满产流模型在建模过程中需做的三大部分工作。

3.6.4.1 资料准备

流域内的水文、气象观测资料是建立产流模型的基础。据蓄满产流模型结构特征和水文、气象资料条件,常用的有日平均流量、日雨量和日蒸发量等资料。在源头流域,流量为流域出口断面的观测值。蒸发量尽量用流域内蒸发皿(必要时可借用邻近流域)的观测资料。降雨量一般取流域平均值,要求雨量站在流域上分布均匀,并有一定的密度;同时,要考虑地形对降雨的影响和暴雨中心经常出现地区的雨量站,以能控制流域平均雨量的精度。对代表性不好的雨量资料要避免使用。由于降雨量是产流量计算的重要依据,对有些雨型复杂的流域,还需通过站网论证、模型模拟和检验分析来修改雨量站的选择。

建立产流模型所用的水文、气象资料通常分别用于率定期和检验期。率定期的资料用来确定模型参数,在我国南方湿润地区,一般选连续的 5 ~ 10 年为宜,并要求包含丰水、平水、枯水三种代表年份(《水文情报预报规范》(GB/T 22482—2008)要求包含丰水、平水、枯水年份的至少 10 年资料)。检验期资料用来检验模型结构的合理性、有效性及分析外延误差等,一般选 2 ~ 3 年。

3.6.4.2 参数率定

以下简要介绍水文分析法与人工调试法。

1. 水文分析法

水文分析法是根据模型参数的物理意义对水文观测资料作分析,并确定参数值。在蓄满产流模型中,这类参数主要有 K 和 WM,现分述如下。

1)蒸发折算系数 K 的估计

由已学的内容可知时段蒸发量可表示为

$$E_t = P_t - R_t + W_t - W_{t+1}$$

如果选择一个时段 T,能满足该时段初和时段末时刻全流域蓄满;该时段内的蒸发均发生在上层,也就是按蒸发能力蒸发,式(3-38)可以用来直接估算 K 值,即

$$K = \frac{\sum\limits_{t=t_1}^{t_2} P_t - \sum\limits_{t=t_1}^{t_2} R_t}{\sum\limits_{t=t_1}^{t_2} E_{0,t}} \tag{3-38}$$

式(3-38)表明,在时段 T 内,有了观测的降雨和蒸发量资料,即可直接累加求得总量,但是累积 T 时段径流量却不能够直接获得,必须要通过实测径流资料对流量过程线分割分析才能得到。这种方法一般可用来推求流域的平均蒸发系数 K 值。

2)WM 值的估计

参数 WM 反映了流域平均的最大缺水量,根据这一物理意义,$WM = \max(W_t) -$

$\min(W_t)$,可从历史资料中选择前期十分干燥(土壤含水量很小,可忽略)的一场降雨大洪水过程直接利用水量平衡方程估计 WM 值。也可以找寻历年特别干旱的年份实地测量土壤含水量的值来进行校核估计值。一般在湿润地区由水量平衡方程计算的 WM 值偏小,计算时应该引起注意。

2. 人工调试法

模型的参数率定过程一般可由图3-13来描述。

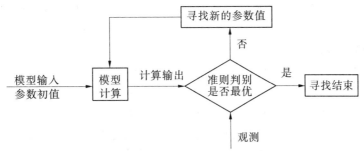

图3-13 模型参数率定框图

从图3-13可以看出,模型参数率定过程包括四个基本步骤:①参数初值估计;②模型计算;③结果判别比较;④寻找新的参数值。

参数的初始值一般是根据经验知识估计的,如前面讨论的水文分析法确定的参数值或移用相似流域采用的模型参数值作为初始值等。

模型计算是根据模型的输入值、已给的参数值和模型的程序,计算模型的输出值。然后把计算结果与实测值作比较分析,判断是否满足计算要求。如果已符合要求,所给的参数值即为所求,参数率定结束;否则,根据计算结果和误差分析修改参数值继续重复上述率定过程,直至满足计算精度。

用人工调试法率定模型参数的过程中,关键是要根据计算值与实测值的偏差,使这个偏差更小,更符合资料情况的参数,确定出蓄满产流计算模型共有 6 个参数:K、WM、WUM、WLM、b 和 C。其中,K 值最灵敏,该参数值的改变,影响初始土壤含水量和雨期蒸发,导致计算产流量的改变。一般 K 值增大,蒸发量增大,产流量减少;K 值减小,蒸发量降低,产流量增大。

流域土壤含水容量分布曲线指数 b 是反映流域下垫面不均匀程度的参数,b 值越大表示流域越不均匀。b 值的改变对降雨初期全流域已蓄满的洪水无影响;对降雨初期流域未蓄满但降雨末期蓄满的洪水,只影响产流的时程分配,不影响计算总量;对降雨初期与降雨末期均未全流域蓄满的小洪水,既影响时程分配又影响总量。因此,作确定 b 值的合理性分析时,常选用降雨末期未蓄满的洪水资料。

WM 是个气候参数,代表流域内气候的干旱程度和影响土壤水分变化的土层深度。该参数在模型中不很灵敏,在水量平衡计算中起作用的是 ΔW。但 WM 值不能取得过小,以免计算中出现负值。该值在湿润地区为 100 ~ 150 mm,半干旱地区为 140 ~ 200 mm,干旱地区为 200 ~ 300 mm,此外还应视流域的具体情况而定。

WUM 与作物根系土层厚度有关,其值大多变化在 5 ~ 20 mm。WLM 与包气带的土层结构和物理特性有关,其值为 60 ~ 90 mm(湿润地区),在许多情况下,南方湿润地区可用

WUM + *WLM* = 100 mm 来约束,许多情况下 *WUM* 和 *WLM* 可取 20 mm 和 80 mm,这两值的改变对蒸发量有一定的影响,一般 *WUM* 要比 *WLM* 灵敏些,*WLM* 增大,蒸发量增大,反之亦然。

C 是反映深根植物作用的参数,决定深层蒸发。在南方湿润地区的湿润年份,该参数不起作用;遇干旱年份,因蒸发量有一定的增加,*C* 值作用增大。该参数在半干旱流域的作用要大些。根据经验,*C* 值一般在 0.1～0.2 变化。

对无资料流域建立降雨产流量计算模型时,可按上述的分析方法,利用模型参数的区域性规律或邻近相似流域的水文、气象、地理等特征,经分析、移植,确定参数值。

3.6.4.3　模型检验分析

在确定参数值后,还要对模型作应用前的检验分析。适用水文预报的水文模型大多属概念性模型,结构的提出、观测资料样本的选择和模型数值确定,有许多的假定、简化和多种误差,这些会给模型应用带来多大影响,需作具体分析。

产流模型误差一般有资料误差、模型结构误差和参数确定误差三类。参数确定误差在参数率定中讨论,这里着重讨论资料误差和模型结构误差的检验分析。

资料误差包括原始资料误差和资料统计分析误差。前者主要指观测误差,资料整编误差和资料刊印、数据储存中的误差等,除很明显的差错外,这类误差一般很难修正。资料统计分析误差主要有流域平均雨量和次洪实测径流深计算等误差。

流域平均雨量计算中,存在雨量站点的代表性误差和计算方法的误差。雨量站一般布设在人口较密集的沿河两岸,坡面上和近分水岭处稀少,这对地形变化剧烈的山区,常会带来较大的误差。

生产上计算面平均雨量,常用的方法有算术平均法、泰森多边形法和等雨量线法。其中,等雨量线法应用不多,前两种方法计算比较简单,但也受到降雨时空分布的影响,相对而言等雨量线法计算流域平均雨量较为精确。

次洪径流深计算中的主要误差来自采用统一的退水曲线划分洪水,忽略了不同洪水退水段的径流组成成分间的差异。提高退水方案精度可减少次洪径流深计算的误差。

影响模型结构误差的因素较多,主要是设计的模型结构与流域的实际产流过程和规律不完全相符。现以湿润地区蓄满产流模型为例作简略分析。

(1)蒸散发规律的时变性影响。新安江模型采用的三层蒸发模式,蒸发折算系数等参数是时不变的,而实际中经常是变化的,通常夏季和冬季、汛期和枯水期差异较大,特别高寒地区封冻期和非封冻期蒸发计算结构完全不同。

(2)地表坑洼截流影响。新安江模型没有专门考虑地表坑洼、农业活动和水利工程引起的截流,而每个流域内都有一些水田、塘、坝和中小型水库甚至大型水库,在这些因素影响较大的流域,不考虑地表坑洼截流会引起大的误差。特别是我国的华南地区,有些流域农田占流域面积的比例大,春天插秧季节水田会拦截水流使产流模型计算偏大,而夏秋季节水稻成熟期水田又会排泄水流使产流模型计算偏小。对于黄河中游流域,不仅拦截水流的中小型水利工程多,还有许多水土保持工程措施,能拦截的水流量相当惊人,甚至超过年平均产流量。

(3)超渗产流影响。有局部超渗产流时,因与蓄满产流机制不同而造成误差(多发生在汛初和久旱后下大雨,计算值偏小)。

(4)集总模型的不均匀产流设计模式与降雨分布很不均匀时的局部产流不相同。

例如:某流域 $WM = 100$ mm,全流域分甲、乙两区,面积相同,甲区降雨量 $P = 130$ mm,乙区降雨量 $P = 10$ mm,设初始土湿为 $W = 60$ mm,按全流域平均计算全面积产流,得 $\overline{P} = 70$ mm,产流量 $R = 30$ mm。若按分区计算,甲区为全面积产流,$P = 130$ mm,$R = 90$ mm,乙区为局部蓄满产流,$P = 10$ mm,查 $P \sim W \sim R$ 关系图,得 $R = 4$ mm,则流域平均 $R = 47$ mm,大于集总模型计算值。由此例说明,在流域面积较大、降雨分布不均匀时,宜先划分计算单元,按单元计算产流量后再求流域平均径流深。这样,不仅可以考虑降雨分布不均匀的影响,还可考虑下垫面因素不均匀的影响。

人类的频繁活动主要会影响下渗损失项。当流域内有一定数量的中小型水库,这些水库蓄泄运用以及水田用水、放水时都会影响产流计算。如久旱后的降雨量,因水库、农田的拦截蓄水,使实际产流量少于计算值;反之,久雨后降大雨,因水库泄水、农田放水使计算值偏小。总之,在设计产流模型结构时,应尽力符合流域产流的实际状况,对模型结构的检验和修改要在大量计算、分析的基础上谨慎处理。

分析、检查次洪产流计算结果有无系统误差,可点绘实测值与计算值的关系,若点据较均匀地分布在关系线两侧,正负偏差基本均衡,表示计算无系统偏差,否则要分析其原因。主要原因有:①雨量站代表性不强;②流域不闭合,与相邻流域之间有水量交换等;③参数值确定不合理等。

3.7 超渗产流

在干旱和半干旱地区,包气带土层厚,通常缺水量很大,经一场降雨后的补充不易达到田间持水量。或很难全流域蓄满,降雨产流量主要由雨强超过土壤入渗率的地面径流 RS 组成,地下径流量 RG 很小,这种产流方式叫做超渗产流。

3.7.1 超渗产流模型原理

超渗产流模型可表达为

$$\text{当 } PE \leq F \text{ 时} \quad RS = 0; \text{当 } PE \geq F \text{ 时} \quad RS = PE - F \tag{3-39}$$

式中　RS——时段地面径流量;

　　　PE——扣除蒸发后的时段降雨量;

　　　F——时段下渗量,均以 mm/Δt 计。

在干旱地区,一般降雨强度大、历时短,其雨期蒸发量常可忽略不计,则 PE 可由 P 代替。产流计算可简化为

$$\text{当 } P \leq F \text{ 时} \quad RS = 0; \text{当 } P \geq F \text{ 时} \quad RS = P - F \tag{3-40}$$

由式(3-40)知,超渗产流计算的关键是地面下渗率的确定。根据土壤非饱和水流运动理论,水流的垂向运动可由一维水动力方程描述。因该方程式结构复杂,难以直接应

用,在水文预报工作中,常用下渗方程代替,不同形式的下渗关系形成了不同的超渗产流计算方法。

3.7.2 下渗曲线

通常说的下渗曲线为充分供水条件下的下渗率随时间的变化曲线,又称下渗能力曲线或下渗容量曲线。目前常见的下渗关系表示方式有物理概念公式、经验下渗方程和经验相关关系图等。国内常用的下渗率公式有霍顿公式和菲利普公式,即

$$f_t = f_c + (f_m - f_c) e^{-kt} \tag{3-41}$$

$$f_t = A + Bt^{-\frac{1}{2}} \tag{3-42}$$

式中 f_t——t 时刻下渗率;

f_c——稳定下渗率;

f_m——最大下渗能力;

k、A、B——常参数。

只要确定了各参数值,式(3-41)和式(3-42)就可用于产流计算。式(3-41)中的时间变量 t 是从 $f=f_m$ 为起点计算,而每次降雨起始时刻的下渗率不都等于 f_m,故其起始时间不一定为零。设降雨开始时刻的下渗率为 f_0,则相应的 t_0 值为

$$t_0 = -\frac{1}{k}\ln\frac{f_0 - f_c}{f_m - f_c} \tag{3-43}$$

同时,由于下渗能力取决于土壤缺水量(即土壤含水量),而降雨过程中的各时段降雨量不一定都大于下渗率,之间存在自然时序与下渗曲线时序的差异。如果时段降雨量大于下渗率,那么时段入渗水量使土壤缺水量减少而导致下渗能力减小,其下渗曲线时序等同于自然时序增加一个时段;如果时段降雨量小于下渗率,时段实际入渗水量补充土壤水分小于下渗能力引起的相应量,下渗能力的下降量就不足一个时段。此时,下个时段开始下渗的时间可由土壤含水量来反推确定。例如,霍顿下渗曲线的累积量为

$$F_t = \int (f_c + (f_m - f_c) e^{-kt}) dt = f_c + \frac{1}{k}(f_m - f_c)(1 - e^{-kt}) \tag{3-44}$$

菲利普公式的累积下渗量为

$$F_t = 2B\sqrt{t} + At \tag{3-45}$$

当土壤含水量与 F_t 相等时,即可由式(3-44)或式(3-45)求得 t 值。但是,用式(3-44)和式(3-45)反求 t 很麻烦,使用也不便,实用中常采用土壤含水量与下渗率的关系求解,如图 3-14 所示。图中斜线部分的下渗累积量视做土壤含水量,只要土壤含水量确定了,就可求得相应的下渗率 f,且是唯一的,若雨强大于 f,即发生产流。由式(3-44)和式(3-41)可推导得

$$f_t = f_c + (f_m - f_c) e^{(f_m - f_c - kF_t)/f_c} \tag{3-46}$$

同理,由式(3-45)可求得菲利普的关系式

$$f_t = B^2(1 + \sqrt{1 + AF_t/B^2})/F_t + A \tag{3-47}$$

把土壤含水量 W 代入式(3-47)中的 F_t,即可求得 f_t。

表3-5是黑矾沟小流域1964年8月2日一场洪水的产流量计算实例,下渗方程采用菲利普公式,取$A=0.1$,$B=5.6$,实测径流深为9.1 mm。从计算结果看,菲利普下渗公式和所选的参数值对该次洪水的产流量计算是合适的。

表3-5 超渗产流计算

时间 (时:分)	P	W	f	ΔW	RS	时间 (时:分)	P	W	f	ΔW	RS
14:39		12.8				15:01	2.3	35.1	2.0	2.0	0.3
14:41	0.3	13.1	5.0	0.3	0	15:03	0.5	35.6	1.9	0.5	
14:43	0.6	13.7	4.9	0.6	0	15:05	0.5	36.1	1.9	0.5	
14:45	0.7	14.4	4.7	0.7	0	15:07	0.5	36.6	1.9	0.5	
14:47	2.7	17.1	4.5	2.7	0	15:09	0.5	37.1	1.9	0.5	
14:49	2.8	19.9	3.8	2.8	0	15:11	0.3	37.4	1.8	0.3	
14:51	3.4	23.2	3.3	3.3	0.1	15:13	0.3	37.7	1.8	0.3	
14:53	4.0	26.0	2.8	2.8	1.2	15:15	0.3	38.0	1.8	0.3	
14:55	4.0	28.6	2.6	2.6	1.4	15:17	0.1	38.1	1.8	0.1	
14:57	5.0	30.9	2.3	2.3	2.7	15:19	0.1	38.2	1.8	0.1	
14:59	5.0	33.1	2.2	2.2	2.8	合计	33.9			25.4	8.5

3.7.3 下渗曲线的制作

制作下渗曲线有手工计算与计算机计算两种计算分析方法,其基本原理相同。

3.7.3.1 水量平衡法推求下渗曲线

对于小流域,气候条件、植被、土壤等比较均匀、一致,用流域平均的下渗曲线计算流域的降雨产流量有较好的代表性和实用价值。流域平均的下渗曲线可用降雨径流资料根据下列水量平衡方程分析推导求得,即

$$\sum_{i=1}^{T} P_i - \sum_{t=1}^{T} TRQ_t = \sum_{t=1}^{T} f_t \Delta t + WS_t \qquad (3-48)$$

式中 TR——把流量转换成径流深的单位转换系数,mm·s/m^3;

Q——流域出口断面流量,m^3/s;

WS——流域地面与河槽的蓄水量,mm。

式(3-48)中,等式左边均为已知量,右边两项为未知量。在计算中,需先假设一条下渗曲线$f\sim t$,再由式(3-48)得WS_t过程,点绘$Q\sim WS$关系。根据地面径流汇流机理分析,其蓄量与泄量间呈线性关系,$Q\sim WS$应满足如下线性方程,即

$$WS_t = KS \cdot Q_t \qquad (3-49)$$

式中 KS——地面径流平均消退时间。

假如点绘的$Q\sim WS$关系接近一条直线,说明假设的下渗曲线合理,否则要重新假设

下渗曲线,直到 $Q \sim WS$ 接近直线。

3.7.3.2 菲利普下渗曲线的分析计算

根据超渗产流的概念,由水文观测资料可以计算出各次洪水的累积下渗量和下渗历时 T,选择 N 次洪水可得一组累积下渗量和相应的下渗历时 $(F_{t_1}, T_{F,1})$,$(F_{t_2}, T_{F,2})$,$\cdots$,$(F_{t_n}, T_{F,n})$ 及总累积量和下渗历时 F_p 和 T_i,当选择的多次洪水的初始土壤含水量很接近,则 $t_{0,i}$ 也接近。把各次洪水的 F_i 与 T_i 点绘在图上。但由于 $F \sim t$ 是曲线,外延时任意性很大,故可以采用菲利普下渗公式分析推求,即

$$F_i = A(t_0 + T_{F,i}) + 2B\sqrt{t_0 + T_{F,i}} \quad i = 1, 2, \cdots, n \tag{3-50}$$

假设不同的 t_0,用最小二乘法率定即可得式(3-35)中相应的参数 A 和 B,选择其中一个 t_0,使误差平方和 E 最小,其相应的参数值即为所求,即

$$E = \sum_{i=1}^{n} \left[F_i - \hat{A}(t_0 + T_{F,i}) - 2\hat{B}\sqrt{t_0 + T_{F,i}} \right]^2 \tag{3-51}$$

用这种方法分析下渗曲线时,要求所选的洪水的 W_0 值很接近,以免 t_0 不同带来误差。在统计的下渗历时 T 内,降雨强度也要大于下渗能力,否则 T 值要作修正。

3.7.3.3 经验下渗关系和霍顿下渗公式方法

经验下渗关系和霍顿下渗公式方法主要是选择一次降雨过程推求平均下渗率,对于多次洪水过程可得到一组平均下渗率、初始土湿和下渗量,分别点绘在图上可用来推导流域的下渗曲线。

该方法的误差主要来自 F_t 的计算,为减少误差,资料要选择降雨强度大、历时短的资料进行分析计算。

3.7.3.4 计算机率定下渗曲线参数

前面已介绍了蓄满产流模型参数率定的方法步骤。超渗产流下渗公式参数的计算机率定步骤原则上与此相同,只是参数不完全一致,故不再重复介绍。

建立了下渗公式或经验下渗关系后就可作产流量的分析计算。对时段 t 的初始土壤含水量为

$$W_t = W_{t-1} + P_{t-1} - R_{t-1} - E_{t-1} \tag{3-52}$$

其中,蒸发量 E 由前面介绍的蒸发量计算模式估计。根据建立的 $f \sim W$ 关系由 W_t 值求得 f_t 继而可计算产流量 R。框图3-14描述了超渗产流模型的计算步骤。

用计算机计算产流量时,经验下渗关系需转换为 $f = f(W)$ 关系。

超渗产流模型的结构较简单,应用较方便,但实际使用的效果不是很好。分析其原因,除蓄满产流模型中已述的一些误差原因外,降雨量的时段均化、地下径流和下渗率的空间变化等因素常常会给模型计算带来较大的误差。

雨强是超渗产流的决定因素,要求雨量的计算时段一定要短,如果时段比较长会带来均化误差。

超渗产流机制只计超渗地面径流,不考虑地下径流,实际上在干旱和半干旱地区的许多流域,存在一定比例的地下径流,忽略地下径流会带来误差,这是超渗产流模型的不完

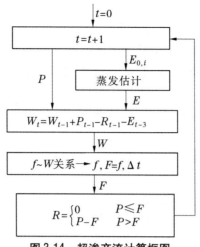

图 3-14 超渗产流计算框图

善之处。

3.8 混合产流

蓄满产流模型和超渗产流模型是两种典型的产流模式。湿润地区降雨产流主要以蓄满产流方式为主,干旱地区主要以超渗产流方式为主。有些时候同一流域的产流方式也会交叉出现。例如,一场洪水的前期是超渗产流,到后期呈蓄满产流。在较干旱地区,发生较长期连绵的低强度降雨后,其产流方式可呈蓄满产流。在较湿润地区,若久旱后遇雨强很大的暴雨,也会发生超渗产流。对多数流域而言,往往是两种产流方式并存,但其中一种产流方式是主要的、频繁发生的。

目前,尚未形成一套独立的混合产流模型,仅以蓄满产流和超渗产流两种模型为基础,开展混合产流计算方法研究。下面介绍两种混合产流量的计算方法。

(1)面积比例法。是混合产流量计算中的一种简单方法。该方法把流域划分为超渗产流面积和蓄满产流面积两部分,分别用超渗模型和蓄满模型计算产流量,然后按流域面积权重相加即为流域产流量。这种方法简单、概念直观,但实际应用效果不好,主要原因是超渗产流和蓄满产流的面积比例是随气候条件的改变而变化的,用固定比例值必然会影响计算精度。

(2)垂向混合法。是把超渗产流和蓄满产流在垂向上进行组合的一种混合产流计算方法,显而易见,在垂向混合产流计算中,地面径流取决于雨强和前期土湿,可用超渗产流计算模型,地面以下径流取决于前期土壤含水量和下渗水量,属于蓄满产流计算模式。垂向混合产流计算法中的蓄满产流和超渗产流的流域面积比例是随前期土壤含水量和下渗水量的变化而变化的。

复习思考题

1. 由降雨或融雪到水流汇集到河流出口断面的整个物理过程,称为径流形成过程,该过程可概化为_____、_____和_____。

2. 区域平均降水量常用的计算方法有_____、_____和_____。

3. 对于同一流域,两次降雨的流域平均降雨量 P 和降雨开始时的流域平均土壤含水量 W_0 均相同,但是两次降雨的空间分布不同,比较两次降雨的产流量,应该是_____。

4. 我国北方干旱地区和南方湿润地区的产流方式分别以_____和_____为主。

5. 流域蓄水容量曲线指数 B 值反映了_____,比较山区和平原的 B 值,一般来说应是山区_____平原地区。

6. 流域最大蓄水量 WM 是指_____。

7. 久旱无雨后降了一场大雨,流域平均降雨量 $P = 123$ mm,相应的径流深 $R = 30$ mm,雨间蒸发量 $E = 3$ mm,流域蓄水容量 $WM =$ _____。

8. 流域蒸发能力 E_p 是指_____折算而得。

9. 根据流域退水方案可以从实测的流量过程线上将_____分割出来。

10. 在蓄满产流模型的参数中,对模型计算结果影响最大的参数是_____。

11. 在蓄满产流的条件下,径流的水源组成与雨强_____。

12. 在超渗产流条件下,已知降雨过程 $P(t)$ 和初始流域平均土壤含水量 W_0,为能直接推求净雨过程,必须具备_____。

13. 蓄满产流和超渗产流各有哪些特点? 为什么?

14. 为什么要进行产流方式的论证? 如何论证?

15. 为什么要制作流域地下水退水方案? 如何制作?

16. 如何利用地下水退水方案划分次洪水? 如何计算次洪径流量?

17. 流域蓄水容量曲线反映了流域的什么情况?

18. 蓄满产流模型参数 WM 的物理意义是什么? 如何确定 WM?

19. 怎样从实测降雨径流资料中分析出 f_c? 怎样用 f_c 去划分直接径流和地下径流?

20. 试简述建立蓄满产流模型的主要步骤。

第4章　流域汇流

【学习指导】本章主要研究流域的净雨沿地表和地下汇入河网,并经河网汇集形成流域出口断面径流过程的计算方法。第3章流域产流所介绍的一些概念和方法是本章汇流计算的基础。

学习本章的基本要求:①熟悉流域汇流的过程;②掌握流域汇流的基本概念:流域汇流、等流时线、单位线;③掌握单位线的推求方法及应用;④熟悉单位线的时段转换;⑤了解地下径流汇流计算方法。重、难点是时段单位线的分析和地表径流的汇流计算。

4.1　汇流概述

降落在流域上的雨水,从各处向流域出口断面汇集的过程称为流域汇流。降雨经过产流阶段扣除损失后形成净雨,从净雨量到形成流域出口断面的流量过程经历了坡地汇流和河网汇流两个阶段,其汇流特性有很大差别。坡地汇流一般又可分为地面径流汇流、壤中径流汇流和地下径流汇流等汇流形式。在坡地汇流阶段,地面径流沿坡面向河槽汇入过程中,流速较大且流程较短,因而汇流历时短,往往只有几十分钟。坡地地面径流属于明渠水流,壤中径流和地下径流汇流则属于渗流。由于坡地地下径流要通过土层中各种孔隙再汇入河网,流速比地面径流小得多,汇流时间也较长,常以日、月计,出流过程缓慢。壤中径流汇流特性介于地面径流与地下径流之间。各种水源的径流进入河网后,即开始河网汇流阶段。在这一阶段,各种水源的径流汇集在一起,受到相同的河槽水力条件的制约,从低一级河流汇入高一级河流,从上游到下游,最后汇集到流域出口断面。但因注入河网的地点不同,流经河网所受的调蓄作用也不同,且干、支流洪水波之间的相互干扰,使河网汇流更为复杂。河网中的汇流速度比坡地大得多,但由于河网汇流路径长,所以汇流时间也较长,其汇流时间与流域面积大小有关。值得一提的是,上述两个汇流阶段,在实际降雨过程中并无明显的分界,而是交替进行的。

水文学研究流域汇流的目的,是寻找将流域上降雨过程转变成流域出口断面流量过程的方法。即研究流域上的净雨如何转化为流域出口断面的流量过程。在流域汇流计算中,首先要区分水源,其次是要处理好各种水源因流速变化引起的非线性现象以及因降雨量在流域上分布不均导致各处水源入流不均对流域汇流的影响。在实际预报时,由于预报的对象及流域条件不同,方法的侧重点会有所不同。超渗产流的流域,以地面径流为主,但对于蓄满产流流域,壤中流与地下径流丰富,水源问题突出。流域越大,降雨及下垫面的不均一性越剧烈,对于小流域,有可能将流域作为整体进行计算,但对于大流域,往往需划分单元以考虑其间的不均匀性。自电子计算机技术用于水文预报工作后,通过建立流域水文模型使降雨产流量与流域汇流的计算处理得更细致,物理概念更清楚,计算方法也日趋完善。总之,在水文预报实际工作中,在选择汇流计算方法和技术途径时,应视流域的条件和预报对象的具体情况而定。

4.2 等流时线法

1948 年,维里卡诺夫提出了等流时线的概念,推导出描述流域出口断面流量的组成公式,即

$$Q(t) = \int_0^t i(t-\tau) \frac{\partial F(\tau)}{\partial \tau} d\tau \tag{4-1}$$

式中 $i(t-\tau)$ ——$t-\tau$ 时刻净雨的强度;

$\frac{\partial F(\tau)}{\partial \tau}$ ——流域的汇流曲线或等流时面积分配曲线,$\frac{\partial F(\tau)}{\partial \tau} = u(\tau)$;

τ ——流域内净雨的汇流时间;

t ——等流时面积上 $t-\tau$ 时刻形成的净雨到达流域出口断面的时间。

由式(4-1)可知,流域出口断面的流量过程取决于产流过程和汇流曲线。当已知流域内降雨形成的净雨过程,则汇流计算的关键就是确定汇流曲线。只要确定出流域的汇流曲线,就可以推求出口断面的流量过程。常用的汇流曲线有等流时线、单位线、瞬时单位线、地貌单位线等。

4.2.1 等流时线的基本概念

在流域上,把净雨汇流历时相等的点连成一组等值线,叫做等流时线。假设流域中水流汇集速度分布均匀,即汇流速度 C 为常数,则其各点所形成的净雨到达出口断面的时间仅取决于其离出口断面的距离,取时段长为 Δt,令两条等流时线间的时距 $\Delta t = \Delta \tau$,则两条等流时线的间距 $\Delta L = \Delta \tau \cdot C$,据此可从流域的出口断面开始沿河流轴线向上游逐段量取,绘制出等流时线,如图 4-1(a)所示。相邻两条等流时线之间的面积称为等流时面积。按等流时线的概念,同一等流时线上的净雨,经过相同的汇流时间,能同时到达流域出口断面。同一时刻降落在等流时面积上的雨水,能在对应的两等流时线的时距内相继到达出口断面。

如果以等流时面积为纵坐标,以净雨到达出口断面的时间为横坐标,则可绘制等流时面积分配曲线,如图 4-1(b)所示。

等流时线法的流量计算式为

$$Q_t = \frac{1}{\Delta t} \sum_{i=1}^n h_{t-i+1} \Delta F_i \tag{4-2}$$

式中 h ——时段净雨量,mm;

i ——流域被等流时线划分的块数。

式(4-2)是(4-1)的离散形式,推流计算宜于列表进行。计算中,由于等流时面积以 km^2 计,时段净雨量以 mm 计,出口断面流量以 m^3/s 计,因此必须注意单位换算。计算实例见表 4-1 和图 4-2。

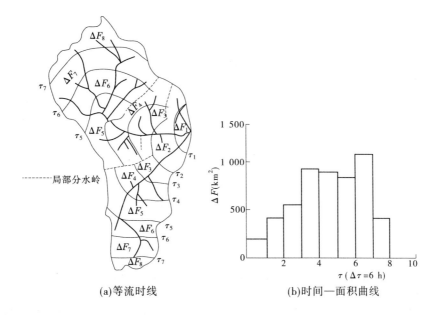

(a)等流时线　　　　　　　　　(b)时间—面积曲线

图 4-1　等流时线和时间—面积曲线(衢县)

表 4-1　等流时线法推求出口流量计算(衢县)

时间 (日 T 时)	时段 $\Delta t = 3$ h	h(mm)	ΔF (km²)	$h \cdot \Delta F$(×10⁶m³)						$Q \cdot \Delta t$ (×10⁶m³)	$Q_{d计算}$ (m³/s)	$Q_{d实测}$ (m³/s)
				10.0	18.4	11.8	10.0	6.5	3.0			
25T10	1	10.0	210	2.10						2.10	194	80
25T13	2	18.4	430	4.30	3.86					8.16	756	202
25T16	3	11.8	550	5.50	7.91	2.48				15.89	1 471	740
25T19	4	10.0	930	9.30	10.12	5.07	2.10			26.59	2 462	1 040
25T22	5	6.5	890	8.90	17.11	6.49	4.30	1.37		38.17	3 534	1 710
26T01	6	3.0	820	8.20	16.38	10.97	5.50	2.80	0.63	44.48	4 118	2 640
26T04	7		1 050	10.50	15.09	10.50	9.30	3.58	1.29	50.26	4 653	3 380
26T07	8		410	4.10	19.32	9.68	8.90	6.05	1.65	49.69	4 601	3 590
26T10	9				7.54	12.39	8.20	5.79	2.79	36.71	3 399	3 350
26T13	10					4.84	10.50	5.33	2.67	23.34	2 161	2 650
26T16	11						4.10	6.83	2.46	13.39	1 239	2 130
26T19	12							2.67	3.15	5.82	538	1 630
26T22	13								1.23	1.23	114	1 370
27T01	14											1 050
27T04	15											910
27T07	16											700
27T10	17											620
27T13	18											470

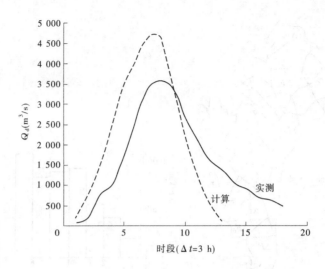

图 4-2　等流时线法计算出流量和实测出流量对比(衢县)

等流时线法的要点是确定汇流速度 C，调整 C 值即可改变出流量过程。也可沿河网采用不同 C 值，即 ΔL 不为常数，但 C 不随时间而变。由于涨落水都取同一值，且实际工作中多以洪峰附近的流速值为主要依据确定 C 值，其计算结果往往是涨洪段偏大、提前，落洪段偏小、偏陡，退率大，如图 4-2 所示。造成这种系统误差的主要原因是没有考虑河网槽蓄的调节作用。

等流时线法把流域内降雨的空间分布和流域形态同流域出口断面流量组成联系起来，表示了其间的成因关系，也有利于对降雨空间分布不均匀的处理。怎样处理槽蓄的调节作用是等流时线法能用于实际时需要解决的一个关键性问题。

4.2.2　克拉克(C. O. Clark)法

1945 年，克拉克提出流域调蓄作用可以分两步来模拟：首先按面积—时间曲线调节，然后按单一线性水库调节，由图 4-3 可见，克拉克模型实际上是面积—时间曲线和单一线性水库串联而成的模型，是对等流时线作调蓄改正的一种处理方法。只要给出了面积—时间曲线的具体函数表达式，就可以求出克拉克模型的瞬时单位线表达式。

线性水库的时段水量平衡方程为

$$\frac{I_1 + I_2}{2}\Delta t - \frac{Q_1 + Q_2}{2}\Delta t = W_2 - W_1 \tag{4-3}$$

式中　I_1、I_2——线性水库时段初、末的入库流量，$\mathrm{m^3/s}$；

　　　Q_1、Q_2——线性水库时段初、末的出库流量，$\mathrm{m^3/s}$；

　　　W_1、W_2——线性水库时段初、末的蓄水量，$\mathrm{m^3}$；

　　　Δt——线性水库的计算时段，h。

已知 $W_1 = KQ_1$，$W_2 = KQ_2$，令 $I_1 = I_2 = I$，代入式(4-3)可得

$$\frac{I_1 + I_2}{2}\Delta t - \frac{Q_1 + Q_2}{2}\Delta t = KQ_2 - KQ_1$$

$$Q_2 = \frac{0.5\Delta t}{K + 0.5\Delta t}I_1 + \frac{0.5\Delta t}{K + 0.5\Delta t}I_2 + \frac{K - 0.5\Delta t}{K + 0.5\Delta t}Q_1 \right\} \quad (4\text{-}4)$$

$$Q_2 = C_0 I_1 + C_1 I_2 + C_2 Q_1 = 2C_0 I + C_2 Q_1$$

K——线性水库蓄量参数,为常数。

其中,$C_0 = C_1 = \dfrac{0.5\Delta t}{K + 0.5\Delta t}$;$C_2 = \dfrac{K - 0.5\Delta t}{K + 0.5\Delta t}$。

由式(4-4)即可求得经线性水库调蓄后的出流过程 $Q(t)$。

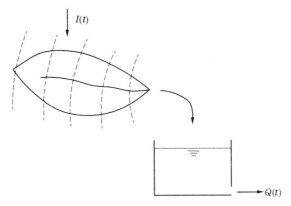

图 4-3　克拉克模型图

4.3　单位线法

单位线法是由谢尔曼(Le Roy. K. Sherman)于 1932 年提出的,又称谢尔曼单位线,由地面径流和壤中流(总称直接径流)形成的单位线。该单位线在我国洪水预报的汇流计算中应用广泛,效果较好。

4.3.1　单位线的基本概念

单位线的定义是:在给定的流域上,单位时段内时空分布均匀的一个单位地面净雨量,在流域出口断面形成的地面径流过程线,记为 UH。单位净雨量常取 10 mm,单位时段视流域的大小可取 1 h、3 h、6 h、12 h 等。

当由实际降雨量和流量过程线分析、推求单位线时,由于实际的净雨量不一定正好是一个单位和一个时段,所以分析时需作以下两条假定:

(1)倍比假定。如果单位时段内净雨深不是一个单位,而是 n 个单位,则它所形成的流量过程线是单位线纵坐标的 n 倍。

(2)叠加假定。如果净雨历时不是一个时段而是 m 个时段,则形成的流量过程是各时段净雨所形成的部分流量过程错开时段的叠加。

由以上假定可写出流域出口断面地面径流流量过程线的表达式为

$$Q_{d,i} = \sum_{j=1}^{m} \gamma_{d,j} q_{i-j+1} \quad (1 \leqslant i - j + 1 \leqslant m) \tag{4-5}$$

式中　Q_d——流域出口断面各时刻流量值,m^3/s;

　　　γ_d——各时段净雨量,mm;

　　　q_{i-j+1}——单位线各时刻纵坐标,m^3/s;

　　　j——净雨时段数,$j = 1,2,\cdots,m$;

　　　i——单位线时段数,$i = 1,2,\cdots,n$。

　　控制单位线形状的指标有单位线洪峰流量 q_p、洪峰滞时 T_p 和单位线总历时 T,常称为单位线三要素,如图4-4 所示。

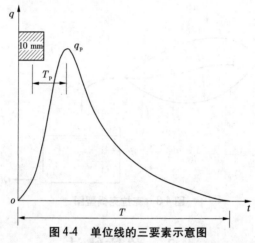

图4-4　单位线的三要素示意图

单位线法推求流域出口断面地面径流过程线示意图见图4-5。

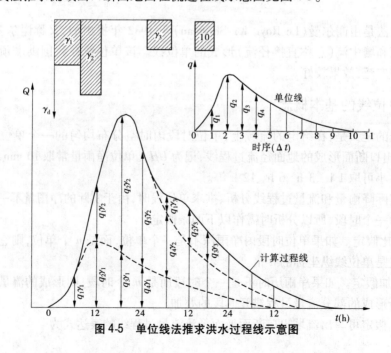

图4-5　单位线法推求洪水过程线示意图

4.3.2 单位线的推求

4.3.2.1 时段单位线

单位线可利用实测的降雨径流资料来推求。一般选择时空分布较均匀,历时较短的降雨形成的单峰洪水来分析。在分析之前,要先求出出口断面的地面径流过程和净雨过程。根据地面净雨过程及对应的地面径流流量过程线,就可推求单位线。常用的方法有分析法、试错法、最小二乘法等。

1. 分析法

由式(4-5)可知

$$Q_{d,1} = \gamma_{d,1}q_1 \tag{4-6}$$

$$Q_{d,2} = \gamma_{d,1}q_2 + \gamma_{d,2}q_1 \tag{4-7}$$

$$Q_{d,3} = \gamma_{d,1}q_3 + \gamma_{d,2}q_2 + \gamma_{d,3}q_1 \tag{4-8}$$

$$\vdots$$

因式(4-5)是一个多元线性方程组,求解方程组可得 $q_1, q_2, q_3 \cdots$ 的数值。由式(4-6)可解得 $q_1 = \dfrac{Q_{d,1}}{\gamma_{d,1}}$,将 q_1 代入式(4-7),可得 $q_2 = \dfrac{Q_{d,2} - \gamma_{d,2}q_1}{\gamma_{d,1}}$,再将 q_1、q_2 代入式(4-8),可得 $q_3 = \dfrac{Q_{d,3} - \gamma_{d,2}q_2 - \gamma_{d,3}q_1}{\gamma_{d,1}}$,如此递推,可得

$$q_i = \frac{Q_{d,i} - \sum_{j=2}^{m} \gamma_{d,j}q_{i-j+1}}{\gamma_{d,1}} \tag{4-9}$$

式中　i——单位线时段数,$i = 1, 2, \cdots, n$,若 Q_d 的时段数为 L,$n = L - m + 1$;

　　　j——净雨时段数,$j = 2, 3, \cdots, m$。

【例 4-1】　某流域实测流量资料分割地下径流后的地面径流过程及推算出的地面净雨过程见表 4-2,该流域面积 $F = 10\ 048\ \text{km}^2$,试用分析法确定单位线。

表 4-2　分析法求单位线计算

时间 (月-日 T 时)	单位线 时段数 ($\Delta t = 12\ \text{h}$)	地面径流量 Q_d (m^3/s)	净雨量 γ_d (mm)	净雨量 15.7 mm 产生的径流 (m^3/s)	净雨量 5.9 mm 产生的径流 (m^3/s)	单位线纵高 q(m^3/s)	修正单位线 q (m^3/s)
①	②	③	④	⑤	⑥	⑦	⑧
09-24T09	0	0	0	0		0	0
09-24T21	1	120	15.7	120	0	76	76
09-25T09	2	275	5.9	230	45	146	146

时间 （月-日 T 时）	单位线 时段数 （$\Delta t = 12$ h）	地面径流量 Q_d （m³/s）	净雨量 γ_d （mm）	净雨量 15.7 mm 产生的径流 （m³/s）	净雨量 5.9 mm 产生的径流 （m³/s）	单位线纵高 q（m³/s）	修正单位线 q （m³/s）
①	②	③	④	⑤	⑥	⑦	⑧
09-25T21	3	737		651	86	414	414
09-26T09	4	1 085		841	244	535	523
09-26T21	5	840		524	316	334	345
09-27T09	6	575		378	197	241	241
09-27T21	7	389		247	142	157	157
09-28T09	8	261		168	93	107	110
09-28T21	9	180		117	63	74	73
09-29T09	10	128		84	44	54	52
09-29T21	11	95		63	32	40	42
09-30T09	12	73		49	24	31	37
09-30T21	13	55		37	18	23	31
10-01T09	14	40		26	14	17	26
10-01T21	15	29		19	10	12	21
10-02T09	16	19		2	7	8	16
10-02T21	17	12		8	4	5	10
10-03T09	18	6		3	3	2	5
10-03T21	19	1		0	1	0	0
10-04T09	20	0		0			
合计						2 278	2 326

说明：本例题净雨时段数 $m = 2$，第一时段净雨量 $\gamma_{d,1} = 15.7$ mm，第 2 时段净雨量 $\gamma_{d,2} = 5.9$ mm。地面流量过程时段数 $I = 20$，计算时段 $\Delta t = 12$ h，第一时段末地面径流量 $Q_{d,1} =$

$120\ \mathrm{m^3/s}$,由公式 $q_1 = \dfrac{Q_{d,1}}{\gamma_{d,1}} = \dfrac{120}{15.7/10} = 76\ (\mathrm{m^3/s})$,即为单位线第 1 时段末的纵坐标值,填在第⑦栏。由单位线的叠加假定,可得净雨量 15.7 mm 在第 1 时段末产生的径流量为 $120 - 0 = 120\ (\mathrm{m^3/s})$,即第③栏 – 第⑥栏填在第⑤栏。第 1 时段末的值即是第 2 时段初的已知量,第 2 时段末地面径流量 $Q_{d,2} = 275\ \mathrm{m^3/s}$,由单位线的倍比假定,可得净雨量 5.9 mm 在第 2 时段末产生的径流量为 $\dfrac{5.9}{10} \times 76 = 45\,(\mathrm{m^3/s})$,填在第⑥栏;净雨量 15.7 mm 在第 2 时段末产生的径流量为 $275 - 45 = 230\,(\mathrm{m^3/s})$,填在第⑤栏;单位线第 2 时段末的纵坐标值 $q_2 = \dfrac{Q_{d,2} - \gamma_{d,2}q_1}{\gamma_{d,1}} = \dfrac{275 - (5.9/10) \times 76}{15.7/10} = \dfrac{230}{1.57} = 146\,(\mathrm{m^3/s})$,填在第⑦栏。依次类推,由上一时段末的第⑦栏 q 值计算本时段末的第⑥栏值,再计算本时段末的第⑤栏值,最后计算本时段末的第⑦栏 q 值,即可填完全部数值,求得的单位线的计算结果见表 4-2 第⑦栏。检查单位线是否是 10 mm 净雨量所形成, $\gamma_d = \dfrac{1}{F} \sum q(t) \Delta t = \dfrac{1\,000}{10\,048 \times 10^6} \times 2\,278 \times 12 \times 3\,600 = 9.8\,(\mathrm{mm})$ 不足 10 mm,故必须修正。检验之前,先将第①栏与第⑦栏数值绘成过程线,修匀成光滑曲线,读出各时刻纵坐标高填在第⑧栏,则修正后单位线的地面径流深 $\gamma_d = \dfrac{1}{F} \sum q(t) \Delta t = \dfrac{1\,000}{10\,048 \times 10^6} \times 2\,326 \times 12 \times 3\,600 = 10\,(\mathrm{mm})$,不必再作修正。利用第①栏与第⑧栏数值绘成的过程线 $q \sim t$ 即是代表该流域汇流模型的单位线。

该法虽比较简单,但因流域汇流并非严格遵循倍比假定和叠加假定,实测资料及推算的净雨量也具有一定的误差,所以分析法求出的单位线纵坐标有时会呈现锯齿状,甚至出现负值。这时要以单位线的总量 10 mm、单峰和过程线光滑为控制条件来修正纵坐标。

2. 试错法

试错法的原理是:先假定一条单位线,根据假定的单位线推算流量过程,根据流量计算的误差修改假定的单位线,再推算流量过程,这样迭代下去直至误差达到允许范围。

科林(W. T. Collins)曾提出过一个有迭代含义的试错计算法:先假定一条单位线,计算除最大时段净雨外所有其他时段净雨的流量过程,从总的流量过程中减去这部分流量,得出最大净雨量形成的流量过程,进而得到最大时段净雨的单位线,若与原假设的单位线不符,将这个单位线与假定单位线平均得到第二条假定单位线,重复上面的过程,这样迭代下去直至两单位线符合,计算实例见表 4-3 和图 4-6。

实际工作中常用试错法。该法适用于实际洪水过程由多时段净雨所形成的情况,特别适用于有一个时段净雨量特大的情况,这种情况计算收敛得较快。试错法得出的单位线是唯一的,但不一定是最优的。

3. 最小二乘法

最小二乘法又称为矩阵法。当净雨时段数大于 1 时,分析法的解不唯一。最小二乘法根据误差平方和最小的原则寻求线性方程组的最优解,解决了单位线解不唯一的问题。

表 4-3　科林法求单位线计算实例（南河开峰谷站）

时段 Δt (6 h)	时间 t (日T时)	时段净雨量 γ_d (mm)	实测地面径流量 Q_d (m³/s)	1.8 mm 的径流量 $Q_{d,1}$ (m³/s)	10.3 mm 的径流量 $Q_{d,2}$ (m³/s)	3.4 mm 的径流量 $Q_{d,4}$ (m³/s)	1.6 mm 的径流量 $Q_{d,5}$ (m³/s)	各部分径流量之和 $\Sigma Q_{d,i}$ (m³/s)	第⑨栏径流量的均值 (m³/s)	14.7 mm 的径流量 $Q_{d,3}$ (m³/s)	试算的 UH q'_t (m³/s)	假定的 UH q_t (m³/s)	平均的 UH q_t (m³/s)	调整的 UH q_t (m³/s)
0	02T11			0				0		0				
1	02T17	1.8		0	0			0	0	0				
2	02T23	10.3		54	0			54	0	0	0	0	0	0
3	03T05	14.7	230	162	309	0		471	262	−32	−22	0	−11	0
4	03T11	3.4	1 120	65	927	0	0	992	732	388	264	300	282	380
5	03T17	1.6	1 970	41	371	102	0	514	753	1 217	828	900	864	1 000
6	03T23		1 340	31	237	306	48	622	568	772	525	360	443	340
7	04T05		843	23	175	122	144	464	543	305	207	230	219	190
8	04T11		600	18	134	78	58	288	376	224	152	170	161	140
9	04T17		440	14	103	58	37	212	250	190	129	130	130	110
10	04T23		320	11	82	44	27	164	188	132	90	100	95	90
11	05T05		230	7	62	34	21	124	144	86	59	80	70	70
12	05T11		180	5	41	27	16	89	106	74	50	60	55	50
13	05T17		140	4	31	20	13	68	78	62	42	40	41	30
14	05T23		110	2	21	14	10	47	58	52	35	30	33	20
15	06T05		80		10	10	6	26	36	44	30	20	25	10
16	06T11		50			7	5	12	19	31	21	10	16	0
17	06T17		40			3	3	6	9	31	21		11	0
18	06T23		20				2	2	4	16	11		6	
19	07T05		0				0	0	0	0	0		0	

最小二乘法推求单位线,可得到误差最小的唯一解。但是与分析法相同,仍可能出现单位线呈锯齿状或出现负值的不合理现象,所以有时对求出的单位线仍需修正。

4.3.2.2　瞬时单位线

瞬时单位线是纳希(J. E. Nash)于 1957 年提出来的。所谓瞬时单位线,是指流域上分布均匀,历时趋于无穷小,强度趋于无穷大,总量为一个单位的地面净雨在流域出口断面形成的地面径流过程线。即为瞬时净雨所形成的地面径流过程线,纵坐标常以 $u(t)$ 表示。瞬时单位线是把流域的调蓄作用概化为 n 个调蓄作用相同的串联水库的调节作用,如图 4-7 所示,并假定每个水库都符合线性蓄泄关系。根据水库的蓄泄关系和连续方程推导出含有两个参数的瞬时单位线的基本方程式为

$$u(t) = \frac{1}{K\Gamma(n)}\left(\frac{t}{K}\right)^{n-1}\mathrm{e}^{-\frac{t}{k}} \qquad (4\text{-}10)$$

式中　$u(t)$——t 时刻瞬时单位线的纵坐标,是时间 t 的函数;

n——反映流域调蓄能力的参数,相当于水库的个数或水库的调节次数;

$\Gamma(n)$——以 n 为自变量的伽玛函数;

K——线性水库的蓄泄系数,相当于流域汇流时间的参数;

e——自然对数的底,$\mathrm{e} = 2.718\,28$。

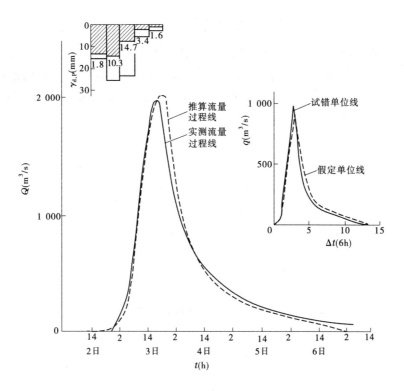

图 4-6　南河开峰谷站试错法求单位线示意图

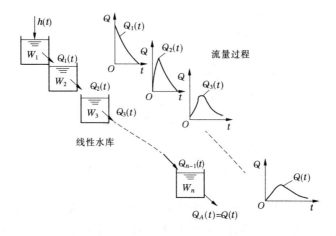

图 4-7　纳希流域汇流模型示意图

式(4-10)就是纳希瞬时单位线方程式,其中 n、K 为参数。当 n、K 一定时,便可绘出瞬时单位线,如图 4-8 所示,它表示流域上在瞬时($\Delta t \to 0$)降 1 个水量的净雨在出口断面形成的流量过程线。其横坐标代表时间,具有时间因次,纵坐标代表流量,具有抽象的因次 $1/\mathrm{d}t$。按水量平衡原理,瞬时单位线和时间轴所包围的面积应等于 1 个水量,即

$$\int_0^\infty u(t)\,\mathrm{d}t = 1 \qquad\qquad (4\text{-}11)$$

瞬时单位线的形状取决于代表流域调蓄特性的参数 n 和 K。当 K 值一定时，n 值由小而大，单位线变化由剧烈而趋平缓，洪峰滞后且减小。当 n 值一定时，K 值由小而大，单位线由尖瘦逐渐展开，洪峰滞后且减小。图 4-9 是 $K=4$ 时不同 n 值的瞬时单位线，图 4-10 是 $n=3$ 时不同 K 值的瞬时单位线。

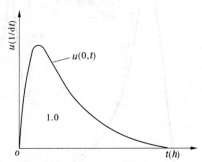

图 4-8　瞬时单位线示意图

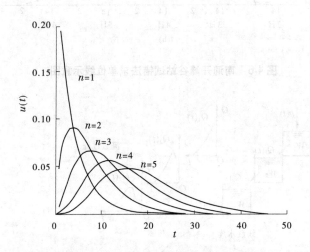

图 4-9　$K=4$ 时不同 n 值的瞬时单位线

用瞬时单位线作流域的汇流模型，来推求一场暴雨所形成的地面径流过程时，只需用各个瞬时净雨与 $u(t)$ 相乘，并按时序叠加起来，再加上相应的地下径流，即为出口断面的流量过程线。

瞬时单位线自提出以来，在各国的水文预报中得到了广泛的应用。与时段单位线相比，它明显的优势是由两个参数决定单位线的形状，不会出现单位线呈锯齿跳动或流量小于零的不合理现象，只需调整参数即可改变单位线，对使用计算机自动化率定模型参数特别方便。

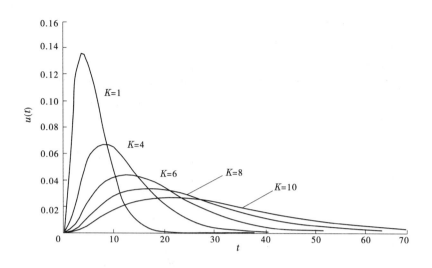

图 4-10　$n=3$ 时不同 K 值的瞬时单位线

4.3.3　单位线的时段转换

在应用单位线进行汇流计算时,常常因净雨量时段长和单位线的时段长不一致而引起误差。例如,净雨量时段短,所用的单位线时段长,则推求的洪水洪峰偏低,反之偏高。解决上述问题的方法就是用 S 曲线对原单位线进行时段转换。

假定流域上净雨持续不断,且每一时段净雨均为一个单位,在流域出口断面形成的流量过程线,如图 4-11(a)中虚线所示,该曲线称为 S 曲线。显然,S 曲线在某时刻的纵坐标就等于连续若干个 10 mm 净雨所形成的单位线在该时刻的纵坐标值之和,或者说 S 曲线的纵坐标就是单位线纵坐标沿时程的累积曲线,即

$$S(t) = \sum_{j=1}^{k} q_j(\Delta t, t) \tag{4-12}$$

式中　$S(t)$——第 k 个时段末($t=k\Delta t$)S 曲线的纵坐标,$\mathrm{m^3/s}$;

　　　q_j——时段为 Δt 单位线第 j 个时段末的纵坐标,$\mathrm{m^3/s}$;

　　　Δt——单位线时段,h。

若已知某时段的单位线,就可以用式(4-12)求 S 曲线,有了 S 曲线就可以进行单位线不同时段的转换。例如,要将已知时段为 Δt_0 的单位线 $q(\Delta t, t)$ 转换成时段为 Δt 的单位线 $q(\Delta t, t)$,只需要将 $S(t)$ 曲线向右平移 Δt,得另一条起始时刻为 Δt 的 $S(t-\Delta t)$ 曲线,如图 4-11(b)所示。这两条 S 曲线的纵坐标差 $S(t) - S(t-\Delta t)$,代表 Δt 时段内强度为 $\dfrac{10}{\Delta t_0}$ 的净雨所形成的流量过程线。由单位线的倍比假定,则转换后的单位线为:

$$q(\Delta t, t) = \frac{\Delta t_0}{\Delta t} [S(t) - S(t - \Delta t)] \tag{4-13}$$

式中　$q(\Delta t, t)$——转换后时段为 Δt 的单位线;

　　　Δt_0——原单位线时段长;

$S(t)$——时段 Δt_0 的 S 曲线；

$S(t-\Delta t)$——后移 Δt 的 S 曲线。

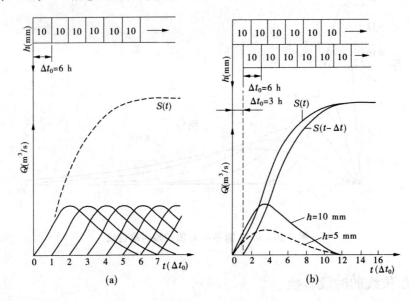

图 4-11　单位线的时段转换

【例 4-2】　试将表 4-4 时段为 6 h 的单位线转换为时段为 3 h 和 9 h 的单位线。计算过程见表 4-4。先根据已知单位线推求 S 曲线，再进行不同时段的转换。

表 4-4　单位时段转换计算

时间 t	原单位线 ($\Delta t_0 = 6$ h)		$S(t)$ (含内插)	$S(t-3)$	$S(t)-S(t-3)$	单位线 ($\Delta t = 3$ h)		$S(t-9)$	$S(t)-S(t-9)$	单位线 ($\Delta t = 9$ h)	
	时序	$q(t)$				时序	$q(t)$			时序	$q(t)$
0	0	0	0		0	0	0			0	0
3			25	0	25	1	50				
6	1	76	76	25	51	2	102				
9			155	76	79	3	158	0	155	1	103
12	2	209	285	155	130	4	260				
15			500	285	215	5	430				
18	3	616	901	500	401	6	802	155	746	2	497
21			1 161	901	260	7	520				
24	4	489	1 390	1 161	229	8	458				
27			1 585	1 390	195	9	390	901	684	3	456
30	5	356	1 746	1 585	161	10	322				

时间 t	原单位线 (Δt₀=6 h)		S(t) (含内插)	S(t-3)	S(t) - S(t-3)	单位线 (Δt=3 h)		S(t-9)	S(t) - S(t-9)	单位线 (Δt=9 h)	
	时序	q(t)				时序	q(t)			时序	q(t)
33			1 883	1 746	137	11	274				
36	6	235	1 981	1 883	98	12	196	1 585	396	4	264
39			2 066	1 981	85	13	170				
42	7	160	2 141	2 066	75	14	150				
45			2 204	2 141	63	15	126	1 981	223	5	149
48	8	110	2 251	2 204	47	16	94				
51			2 296	2 251	45	17	90				
54	9	78	2 329	2 296	33	18	66	2 204	125	6	83
57			2 358	2 329	29	19	58				
60	10	50	2 379	2 358	21	20	42				
63			2 400	2 379	21	21	42	2 329	71	7	47
66	11	35	2 414	2 400	14	22	28				
69			2 428	2 414	14	23	28				
72	12	23	2 437	2 428	9	24	18	2 400	37	8	25
75			2 445	2 437	8	25	16				
78	13	12	2 449	2 445	4	26	8				
81			2 449	2 449	0	27	0	2 437	12	9	8
84	14	0	2 449	2 449	0						
87			2 449								
90			2 449					2 449	0	10	0

4.3.4 单位线的应用

有了某流域的单位线,就有了该流域形成洪水的汇流模型。根据产流计算方法推求净雨过程,再用单位线推求地面径流过程。将此过程加上相应的地下径流过程,即可求得流域出口断面的流量过程。

【例 4-3】 某流域一场降雨产生 3 个时段净雨,且已知流域 $\Delta t = 6$ h 的单位线,见表 4-5,试推求流域出口断面流量过程。

表 4-5　单位线法时段计算($F = 3\ 391\ \text{km}^2$)

时　间 （日 T 时）	地面净雨 h （mm）	单位线 $q(t)$ （m^3/s）	部分地面径流 $\frac{h}{10}q(t)$			地面径流 $Q_s(t)$ （m^3/s）	地下径流 $Q_g(t)$ （m^3/s）	出口断面流量过程 $Q(t)$ （m^3/s）
			$h_1 = 19.7$	$h_2 = 9.0$	$h_3 = 7.0$			
23T08		0	0			0	20	20
23T14	19.7	44	87	0		87	24	111
23T20	9.0	182	358	40	0	398	24	422
24T02	7.0	333	656	164	31	851	24	875
24T08		281	554	300	127	981	30	1 011
24T14		226	445	253	233	931	30	961
24T20		156	307	203	197	707	30	737
25T02		121	238	140	158	536	26	562
25T08		83	164	109	109	382	26	408
25T14		60	118	75	85	278	26	304
25T20		40	79	54	58	191	26	217
26T02		23	45	36	42	123	24	147
26T08		11	22	21	28	71	24	95
26T14		6	12	10	16	38	24	62
26T20		4	8	5	8	21	22	43
27T02		0	0	4	4	8	22	30
27T08				0	3	3	20	23
27T14					0	0	20	20

4.4　地下径流汇流计算

　　下渗的雨水有一部分渗透到地下潜水面,然后沿水力坡降最大的方向汇入河网,最后汇至流域出口断面,形成地下径流过程。许多资料分析表明,地下水的贮水结构可视为一个线性水库,即地下水的蓄量与其出流量的关系为线性函数。下渗的净雨量为其入流量,经地下水库调节后的出流量就是出口断面的地下径流出流量。因此,常用以水量平衡方程和线性水库的蓄泄关系为基础的水文学方法,即线性水库演算法进行地下径流汇流计算。

　　由于地下水的水面比降很平缓,可认为其涨落洪蓄泄关系相同,则地下径流的水量平衡方程和蓄泄关系可表示为

$$I_{\text{g}} - Q_{\text{g}} - E_{\text{g}} = \frac{\mathrm{d}W_{\text{g}}}{\mathrm{d}t} \tag{4-14}$$

$$W_{\text{g}} = K_{\text{g}}Q_{\text{g}} \tag{4-15}$$

式中 I_{g}——地下水库的入流量，m^3/s；

Q_{g}——地下水库的出流量，m^3/s；

E_{g}——地下水库的蒸发量，m^3/s；

W_{g}——地下水库的蓄水量，m^3；

K_{g}——地下水库的蓄泄常数，h。

若用有限差分法求解式(4-14)和式(4-15)，则可得地下汇流计算的基本公式为

$$Q_{\text{g},2} = \frac{K_{\text{g}} - 0.5\Delta t}{K_{\text{g}} + 0.5\Delta t}Q_{\text{g},1} + \frac{0.5\Delta t}{K_{\text{g}} + 0.5\Delta t}(\overline{I}_{\text{g}} - \overline{E}_{\text{g}}) \tag{4-16}$$

式中 Q_{g}、$Q_{\text{g},2}$——时段初、末地下径流出流量，m^3/s；

$\overline{I}_{\text{g}}$——时段 Δt 内地下径流的入流量，m^3/s，$\overline{I}_{\text{g}} - \overline{E}_{\text{g}} = \dfrac{1\,000 \times RG \times F}{3\,600 \times \Delta t} = \dfrac{0.278 \times RG \times F}{\Delta t}$；

F——流域面积，km^2；

RG——时段 Δt 内地下净雨量，mm；

$\overline{E}_{\text{g}}$——时段 Δt 内地下水库蒸发量的平均值，m^3/s；

Δt——计算时段，h。

根据式(4-16)逐时段进行计算，就可以求出地下径流的出流过程。

对蓄满产流的情况，应分别推求出地面、地下径流的出流过程。

【例4-4】 湿润地区某流域，流域面积 $F = 5\,290\ \mathrm{km}^2$。由多次退水过程分析得 $K_{\text{g}} = 228\ \mathrm{h}$。1985 年 4 月该流域发生一场洪水，起涨流量 50 m^3/s，计算时段 $\Delta t = 6\ \mathrm{h}$。通过产流计算求得该次暴雨产生的地下净雨过程 RG 如表4-6所示。试计算该次洪水地下径流的出流过程。

表 4-6 地下径流汇流计算

时间 （月-日 T 时）	地下净雨 $RG(\mathrm{mm})$	$6.366RG$ （m^3/s）	$0.974Q_{\text{g},1}$ （m^3/s）	$Q_{\text{g},2}$ （m^3/s）
04-16T14				50
04-16T20	3.3	21	49	70
04-17T02	8.1	52	68	120
04-17T08	8.1	52	117	169
04-17T14	3.2	20	164	184
04-17T20			180	180
04-18T02			175	175
⋮			⋮	⋮

将 $F = 5\ 290\ \text{km}^2, K_g = 228\ \text{h}, \Delta t = 6\ \text{h}$ 代入式(4-14),得该流域地下径流的演算式为

$$Q_{g,2} = \frac{0.278 \times 5\ 290}{228 + 0.5 \times 6}RG + \frac{228 - 0.5 \times 6}{228 + 0.5 \times 6}Q_{g,1}$$

$$= 6.366RG + 0.974Q_{g,1}$$

取第 1 时段起始流量 $Q_{g,1} = 50\ \text{m}^3/\text{s}$,逐时段连续演算,结果见表 4-6。

4.5 流域汇流的其他问题

流域汇流系统并不是一个严格的线性系统,而是一个非线性系统。当流域的非线性作用明显影响汇流计算成果时,必须根据具体情况对非线性问题进行处理。

单位线的形状影响和决定着流域出口断面洪水过程线的形状。单位线的基本假定事实上并不完全符合实际。单位线是非线性系统,因此一个流域不同场次洪水分析的单位线并不相同。例如,流域的汇流速度随净雨强度而变,净雨强度小,汇流速度慢,用这样的地面流量过程分析的单位线,其底宽较长,峰形平缓;若净雨强度大,则汇流速度快,所分析的单位线峰形尖瘦,底宽较短,峰现时间早,如图 4-12 所示。

流域上净雨分布不均匀,也会影响单位线的形状。当暴雨中心在下游,汇流路径短,河槽调蓄作用小,则分析所得的单位线峰值较高,峰现时间早;暴雨中心在上游,则单位线峰值较低,峰现时间推后,如图 4-13 所示。遇到上述情况,一般按洪水的大小和暴雨中心位置分别确定单位线,将流域分为若干块单元流域,分别对各子流域进行汇流计算。在实际工作中根据具体情况选用单位线。

此外,不同水源比例组成的洪水求出的单位线的形状也不同。在划分地面、地下径流成分时,如有较大误差,也会使推算出的单位线具有较大的误差。当流域单位线受水源比重影响显著时,应该进行水源划分,地面径流、地下径流分别采用不同的单位线进行汇流计算。

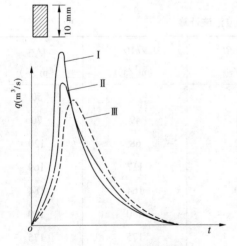

I—净雨强度为 8 mm/h;II—净雨强度为 5 mm/h;

III—净雨强度为 2 mm/h

图 4-12　不同净雨强度单位线

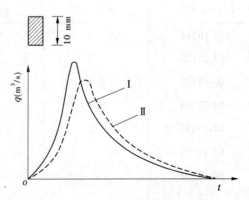

I—暴雨中心在下游;II—暴雨中心在上游

图 4-13　不同暴雨中心位置的单位线

复习思考题

1.为什么要进行流域的汇流计算？流域的汇流计算主要有哪几种方法？

2.何谓等流时线,简述等流时线法汇流计算的方法步骤。

3.简述时段单位线的定义及其基本假定。

4.等流时线法和单位线法进行汇流计算,两者有何区别？

5.什么叫 S 曲线？如何用 S 曲线进行单位线的时段转换？

6.某流域面积为 $75.6~km^2$,两个时段的净雨所形成的地面径流过程如表 4-7 所示,分析本次洪水单位时段 $\Delta t = 3~h$,单位净雨深为 $10~mm$ 的单位线。

表 4-7 某流域一次地面净雨的地面径流过程

时段($\Delta t = 3$ h)	0	3	6	9	12	15	18
地面净雨(mm)	20	30					
地面径流量(m^3/s)	0	20	90	130	80	30	0

7.已知某流域单位时段 $\Delta t = 6~h$,单位净雨深 $10~mm$ 的单位线如表 4-8 所示,一场降雨有两个时段净雨,分别为 $25~mm$ 和 $35~mm$,推求其地面径流过程线。

表 4-8 某流域 6 h 10 mm 单位线

时段($\Delta t = 6$ h)	0	1	2	3	4	5	6	7	8
单位线 q(m^3/s)	0	430	630	400	270	180	100	40	0

8.某流域面积 $F = 5~290~km^2$ 的地区,由多次退水过程分析得 $K_g = 49.5~h$。1973 年 5 月该流域发生一场洪水,起涨流量 $9.4~m^3/s$,计算时段 $\Delta t = 24~h$。通过产流计算,求得该次暴雨产生的地下净雨过程 RG 如表 4-9 所示。试计算该次洪水地下径流的出流过程。

表 4-9 地下净雨过程

时间(月-日)	05-04	05-05	05-06	05-07	05-08	05-09
地下净雨 RG(mm)	0	17.8	5.9	85.9	37	9.6
时间(月-日)	05-10	05-11	05-12	05-13	05-14	05-15
地下净雨 RG(mm)	91.7	90.2	14.1	7.4	0	0

第5章　流域水文模型

【学习指导】流域水文模型是现代实时洪水预报调度系统的核心部分,是提高预报精度和增长预见期的关键技术;对于水资源可持续利用,流域水文模型是水资源评价、开发、利用和管理的理论基础;对于水环境和生态系统保护,流域水文模型是构建面污染模型和生态评价模型的主要平台。本章主要介绍了新安江模型、萨克拉门托流域水文模型和陕北模型。

学习重点:了解现代水文模型的发展和分类;掌握新安江模型的计算流程及每个分部结构的计算方法;掌握萨克拉门托流域水文模型的基本结构和参数的确定方法;理解陕北模型的基本结构和参数的确定方法。

流域水文模型在进行水文规律研究和解决生产实际问题中起着重要的作用。随着现代科学技术的飞速发展,以计算机和通信为核心的信息技术在水文水资源及水利工程科学领域的广泛应用,使流域水文模型的研究得以迅速发展。对于防洪减灾,流域水文模型是现代实时洪水预报调度系统的核心部分,是提高预报精度和增长预见期的关键技术;对于水资源可持续利用,流域水文模型是水资源评价、开发、利用和管理的理论基础;对于水环境和生态系统保护,流域水文模型是构建源面污染模型和生态评价模型的主要平台。流域水文模型还是分析研究气候变化和人类活动对洪水、水资源和水环境影响的有效工具。因此,流域水文模型的开发研究具有广泛的科学意义和实际应用价值。

5.1　流域水文模型介绍

5.1.1　水文模型概述

自然界中的水文现象是众多因素相互作用的复杂过程,水文现象虽然发生在地表范围内,但与大气圈、岩石圈、生物圈都有着十分密切的关系,属于综合性的自然现象,水文科学属于地学范畴。迄今为止,人们还不可能对所有水文现象的有关要素进行实际观测,不能用严格的物理定律来描述水文现象各要素间的因果关系,还有许多问题未解决,严格的水文规律有待人们去认识和探索。

随着对水文现象及其各要素间因果关系认识水平的逐步提高和研究的不断深入,人们将复杂的水文现象加以概化,即忽略次要因素与随机因素,保留主要因素和具有基本规律的部分,据此建立具有一定物理意义的数学物理模型,并在计算机上实现,这种仿水文现象称为水文模拟。被模拟的水文现象称为原型,模拟则是对原型的种种数学、物理和逻辑的概化。所以,流域水文模型是模拟流域水文过程所建立的数学结构,水文模拟首先就是要开发研制一个水文模型。

5.1.2　水文模型分类

目前,国内外开发研制的水文模型众多,结构各异,分类方法也有所不同。纵观这些分类方法,大致可以归纳为以下几类。

5.1.2.1　按模型构建的基础分类

按模型构建的基础分类,流域水文模型可分为物理模型、概念性模型和黑箱子模型三类。若一个模型的每一个关系式均是严格地以物理定律为基础,则该模型是物理模型;若一个模型的结构、参数具有物理意义,但其结构不是严格地以物理定律为基础,则该模型是概念性模型;若一个模型的关系式无任何物理意义,则该模型是黑箱子模型。

1.物理模型

根据物理或力学上的一些基本定律对水文现象进行描述的模型称为物理模型。其特点是对水文现象的描述机制清楚,具有物理严密性,通用性好,预测和外延能力强。但由于模型的结构复杂,应用上不可避免地要遇到求解非线性数学难题和估计初始值、边界值和参数值的困难。受人们对水文现象认识水平、水文现象及其边界条件的复杂性和原始资料的局限性与可靠性等因素的限制,现阶段完全物理化的物理模型应用于流域水文模拟还存在很大的难度。

2.概念性模型

以物理成因机制作为基础,对水文现象提出假设、概化和数学模拟的模型称为概念性模型。其特点是模型结构较物理模型简单,具有一定的物理成因机制,易于推广应用,当假设条件与实际情况相近、概化合理时,预测效果好,但通用性较物理模型差。随着人们对水文现象认识水平的不断提高,物理成因机制的逐步物理化,概念性模型可以发展为物理模型。概念性模型既可以描述自然界中水循环的全过程,称为全程模型;也可以描述水循环的子过程,称为分量(或分层)模型,如蒸散发模型、产流模型、水源划分模型、汇流模型等。

3.黑箱子模型

主要依靠数学方法来确定水文现象各影响因素间关系描述的模型称为黑箱子模型。其特点是模型结构简单,易研究、掌握和推广应用。但因其结构和参数缺少成因机制,模型的通用性和外延能力差,有时可能会得出与通常物理意义上不同的结果。

5.1.2.2　按对流域水文过程描述的离散程度分类

按对流域水文过程描述的离散程度分类,流域水文模型可分为集总式模型、分布式模型和半分布式模型三类。一般来说,概念性模型和黑箱子模型是集总式模型,而物理模型是分布式模型。

1.集总式模型

集总式模型最基本的特征是将流域作为一个整体来描述或模拟降雨径流形成过程。不同的集总式模型尽管可能具有不同的模型结构和特征参数,但模型本身大多数都不具备从机理上考虑降雨和下垫面条件空间分布不均匀对流域降雨径流形成影响的功能。与集总式模型相反,若考虑流域内各处地质、地貌、土壤、植被、降水等要素的不均匀性,将流域划分为若干个小单元,每个小单元上用一组参数反映其流域特征,以小单元作为水文模拟的基本单元,小单元出口与流域出口用河网连接,并通过河网汇流得到全流域的总输出过程,则该模型称为分散性模型。

2. 分布式模型

分布式模型最基本的特征是按流域各处气候信息(如降水)和下垫面特性(如地形、土壤、植被、土地利用)要素信息的不同,将流域划分为若干小单元,在每个单元上用一组参数反映其流域特征,具有从机理上考虑降雨和下垫面条件空间分布不均匀对流域降雨径流形成影响的功能。根据模型的结构和性质,分布式模型大致可分为以下两类:

(1)构建于概念性模型基础上的分布式模型,简称为分布式概念模型或准分布式模型或松散耦合型分布式模型。其主要特点是在每一个水文模拟的小单元上应用概念性集总式模型来计算净雨量,再进行汇流演算,计算出流域出口断面的流量过程。如构建于新安江模型基础上的分布式模型,构建于 CLS 模型基础上的分布式模型等。

(2)以物理方程为基础的分布式模型,简称为分布式物理模型或紧密耦合型分布式模型。其主要特点是在每一个水文模拟的小单元上应用连续方程和运动方程来构建相邻模拟单元之间的时空关系,应用数值计算方法求解。典型的有 SHE 模型及它的变形、TOPKAPI 模型、DBSIN 模型、WetSpa 模型。以物理方程为基础的分布式模型又可以分为以水动力学原理为主要基础和以水文学原理为主要基础两类。SHE 模型属于前者,而DBSIN 模型属于后者。

3. 半分布式模型

半分布式模型是介于集总式模型和分布式模型之间的一种模型。其典型代表是以地形为水文过程空间变异性基础的 TOPMODEL。由于 TOPMODEL 和 TOPKAPI 模型既不同于分布式概念模型的结构,又不同于分布式物理模型的结构,国内外一些学者称其为具有一定物理基础的半分布式模型。

5.1.2.3 其他分类

1. 按数学处理方法分类

按数学处理方法分类,流域水文模型可分为确定性模型和随机模型。若模型中每一个结构的关系都是确定的,则该模型是确定性模型,否则是随机模型。确定性模型表示各确定因素之间的关系,随机模型则表示各不确定因素或随机因素间的概率关系,两者的数学处理方法不同。

2. 按模型结构分类

按模型结构分类,流域水文模型可分为线性模型和非线性模型。若模型描述的自变量之间的关系既满足叠加性又满足均匀性则该模型是线性模型;虽然满足叠加性但不满足均匀性,或者既不满足叠加性也不满足均匀性,则该模型是非线性模型。

3. 按模型参数分类

按模型参数分类,流域水文模型可分为时不变模型和时变模型。若模型的各参数不随时间变化,则该模型是时不变模型;反之,若模型的参数中至少有一个随时间而变,则该模型是时变模型。

5.2 蓄满产流流域水文模型

从上节的介绍可知,流域水文模型的种类很多,但目前在水文学科领域研究时间最长、影响最大、发展最快、付之实用的主要还是概念性流域水文模型。

下面主要介绍国内比较典型的蓄满产流流域水文模型——新安江模型。

5.2.1 新安江流域水文模型

1973 年,河海大学赵人俊领导的研究组在编制新安江洪水预报方案时,汇集了当时在产汇流理论方面的研究成果,并结合大流域洪水预报的特点,设计了国内第一个完整的流域水文模型——新安江流域水文模型,以下简称新安江模型。最初研制的是二水源新安江模型,20 世纪 80 年代中期,借鉴山坡水文学的概念和国内外产汇流理论的研究成果,提出了三水源新安江模型。三水源新安江模型蒸散发计算采用三层模型;产流计算采用蓄满产流模型;用自由水蓄水库结构将总径流划分为地表径流、壤中流和地下径流 3 种;流域汇流计算采用线性水库;河道汇流采用马斯京根分段连续演算或滞后演算法。

5.2.2 模型结构

为了考虑降水和流域下垫面分布不均匀的影响,新安江模型的结构设计为分散性的,分为蒸散发计算、产流计算、分水源计算和汇流计算 4 个层次结构。每块单元流域的计算流程如图 5-1 所示。

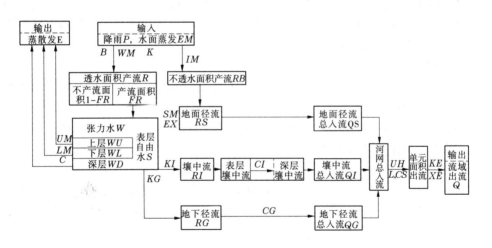

图 5-1 三水源新安江模型计算流程图

图 5-1 中,方框外为参数,方框内为状态变量。输入为实测降雨量过程 $P(t)$ 和蒸发皿蒸发过程 $EM(t)$,输出为流域出口断面流量过程 $Q(t)$ 和流域实际蒸散发过程 $E(t)$。有关模型参数将在下节详尽讨论。模型各层次结构的功能、计算采用的方法和相应参数见表 5-1。

表 5-1　新安江模型各层次结构的功能、计算采用的方法和相应参数

层次	功能		方法	参数
第一层次	蒸散发计算		三层模型	KC、UM、LM、C
第二层次	产流计算		蓄满产流	WM、B、IM
第三层次	水源划分	二水源	稳定下渗率	f_c
		三水源	自由水蓄水库	SM、EX、KG、KI
第四层次	汇流计算	坡面汇流	单位线或线性水库或滞后演算法	UH 或 CI、CG、CS、L
		河道汇流	马斯京根或滞后演算法	KE、XE 或 CS、L

5.2.3　模型计算

5.2.3.1　流域分块

为了考虑降雨分布和下垫面分布的不均匀性,采用自然流域划分法或泰森多边形法将计算流域划分为 N 块单元流域,在每块单元流域内至少有一个雨量站;单元流域大小适当,使得每块单元流域上的降雨分布相对比较均匀,并尽可能使单元流域与自然流域的地形、地貌和水系特征相一致,以便于充分利用小流域的实测水文资料以及对某些具体问题进行分析处理;若流域内有水文站或大中型水库,通常将水文站或大中型水库以上的集水面积单独作为一块单元流域;单元流域出口与流域出口用河网连接。

对划分好的每块单元流域分别进行蒸散发计算、产流计算、水源划分计算和汇流计算,得到单元流域出口的流量过程;对单元流域出口的流量过程进行出口以下的河道汇流计算,得到该单元流域在全流域出口的流量过程;将每块单元流域在全流域出口的流量过程线性叠加,即为全流域出口总的流量过程。

5.2.3.2　蒸散发计算

流域蒸散发在流域水量平衡中起着重要的作用。植物截流、地面填洼水量及土壤蓄水量的消退都耗于蒸散发。据资料统计,湿润地区的年蒸散发量约占年降水量的50%,在干旱地区约占90%。因为流域内基本都没有蒸散发的实测值,所以只能采用间接的方法来推求。蒸散发计算成果正确与否将直接影响模型产流计算成果。国内外理论和试验研究证实,土壤蒸散发过程大体上可以划分为三个基本阶段,土壤含水量供水充分的稳定蒸散发阶段,蒸散发随土壤含水量变化而变化的变比例蒸散发阶段和常系数深层蒸散发扩散阶段。土壤蒸散发过程的不同阶段不仅反映了不同的物理现象,而且也揭示了不同阶段蒸散发量的变化规律。

在新安江模型中,流域蒸散发计算没有考虑流域内土壤含水量在面上分布的不均匀性,而是按土壤垂向分布的不均匀性将土层分为三层,用三层蒸散发模型计算蒸散发量。参数有流域平均张力水容量 WM(mm)、上层张力水容量 UM(mm)、下层张力水容量 LM(mm)、深层张力水容量 DM(mm)、蒸散发折算系数 KC 和深层蒸散发扩散系数 C,计算公式如下

$$WM = UM + LM + DM \tag{5-1}$$

$$W = WU + WL + WD \tag{5-2}$$

$$E = EU + EL + ED \tag{5-3}$$

$$EP = KC \cdot EM \tag{5-4}$$

式中　W——总的张力水蓄量,mm;

　　　WU——上层张力水蓄量,mm;

　　　WL——下层张力水蓄量,mm;

　　　WD——深层张力水蓄量,mm;

　　　E——总的蒸散发量,mm;

　　　EU——上层蒸散发量,mm;

　　　EL——下层蒸散发量,mm;

　　　ED——深层蒸散发量,mm;

　　　EP——蒸散发能力,mm。

具体计算为:

若 $P + WU \geqslant EP$,则 $EU = EP, EL = 0, ED = 0$

若 $P + WU < EP$,则 $EU = P + WU$

若 $WL > C \cdot LM$,则 $EL = (EP - EU)\dfrac{WL}{WLM}, ED = 0$

若 $WL < C \cdot LM$ 且 $WL \geqslant C \cdot (EP - EU)$,则 $EL = C(EP - EU), ED = 0$

若 $WL < C \cdot (EP - EU)$,则 $EL = WL, ED = C(EP - EU) - WL$

5.2.3.3　产流计算

产流计算中采用蓄满产流模型。蓄满是指包气带的土壤含水量达到田间持水量。蓄满产流是指降水在满足田间持水量以前不产流,所有的降水都被土壤所吸收;降水在满足田间持水量以后,所有的降水(扣除同期蒸发量)都产流。其概念就是设想流域具有一定的蓄水能力,当这种蓄水能力满足以后,全部降水变为径流,产流表现为蓄量控制的特点。湿润地区产流的蓄量控制特点,解决了产流计算在这些地区处理雨强和入渗动态过程的问题;而降雨径流理论关系的建立,解决了考虑流域降雨不均匀的分布式产流计算问题。

按照蓄满产流的概念,采用蓄水容量—面积分配曲线来考虑土壤缺水量分布不均匀的问题。所谓蓄水容量—面积分配曲线是指部分产流面积随蓄水容量而变化的累计频率曲线。应用蓄水容量—面积分配曲线可以确定降雨空间分布均匀情况下蓄满产流的总径流量。实践表明,对于闭合流域,流域蓄水容量—面积分配曲线采用抛物线形为宜,为计算简便,假定不透水面积 $IM = 0$,其线型为

$$\frac{f}{F} = 1 - \left(1 - \frac{W'}{WMM}\right)^b \tag{5-5}$$

式中　f——产流面积,km^2;

　　　F——全流域面积,km^2;

　　　W'——流域单点蓄水容量,mm;

　　　WMM——流域单点最大蓄水容量,mm;

　　　b——蓄水容量—面积分配曲线的指数。

流域蓄水容量—面积分配曲线及其与降雨径流相互转换关系见图5-2。

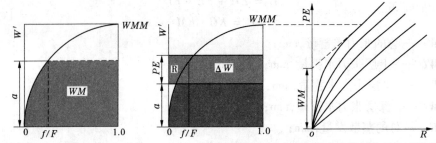

(a)流域蓄水容量—面积分配曲线   (b)流域蓄水容量—面积分配曲线与降雨径流关系

图5-2 流域蓄水容量—面积分配曲线与降雨径流间关系

由式(5-5)和图5-2(b),W_0 计算公式为

$$W_0 = \int_0^A \left(1 - \frac{f}{F}\right) \mathrm{d}W' = \int_0^A \left(1 - \frac{W'}{WMM}\right)^b \mathrm{d}W' \tag{5-6}$$

对式(5-6)积分得

$$W_0 = \frac{WMM}{b+1}\left[1 - \left(1 - \frac{a}{WMM}\right)^{b+1}\right] \tag{5-7}$$

由图5-2(a)知,当 $a = WMM$ 时,$W_0 = WM$,将其带入式(5-7)得

$$WM = \frac{WMM}{b+1} \tag{5-8}$$

与 W_0 值相应的纵坐标值 a 为

$$a = WMM\left[1 - \left(1 - \frac{W_0}{WM}\right)^{\frac{1}{1+b}}\right] \tag{5-9}$$

设扣除雨期蒸发后的降雨量为 PE,则总径流量 R 的计算公式为

$$R = \int_a^{PE+a} \frac{f}{F}\mathrm{d}W' = \int_a^{PE+a}\left[1 - \left(1 - \frac{W'}{WMM}\right)^b\right]\mathrm{d}W' \tag{5-10}$$

若 $PE + a < WMM$,即局部产流时

$$R = PE - WM\left[\left(1 - \frac{a}{WMM}\right)^{1+b} - \left(1 - \frac{PE+a}{WMM}\right)^{1+b}\right] \tag{5-11}$$

将式(5-7)带入式(5-11)得

$$R = PE - (WM - W_0) + WM\left(1 - \frac{PE+A}{WMM}\right)^{1+B} \tag{5-12}$$

若 $PE + a \geqslant WMM$,即全流域产流时

$$R = PE - (WM - W_0) \tag{5-13}$$

式中　W_0——流域初始土壤蓄水量,mm;

　　　WM——流域平均最大蓄水容量,mm;

　　　R——总径流量,mm;

　　　其余符号意义同前。

式(5-12)、式(5-13)表明,在蓄满产流模式下,总径流量 R 是降水量 P、雨期蒸散发量

E 和流域初始土壤蓄水量 W_0 的函数,即 $R = \varphi(PE, W_0)$。当 $PE + a < WMM$,即局部产流时,径流系数 $dR/d(PE) = \varphi(PE, \frac{f}{F})$;当 $PE + a \geqslant WMM$,即全流域产流时,$dR/d(PE) = 1.0$。

由式(5-5)可知,只需事先给定流域平均最大蓄水容量 WM 和流域蓄水容量—面积分配曲线指数 b 便可建立以 W_0 为参数的降雨径流关系。

5.2.3.4 水源划分

按蓄满产流模型计算出的总径流量 R 中包括了各种径流成分,由于各种水源的汇流规律和汇流速度不相同,采用的计算方法也不同。因此,必须进行水源划分。

1. 二水源的水源划分结构

霍顿(Horton)的产流概念认为,当包气带土壤含水量达到田间持水量后,稳定下渗量成为地下径流量 RG,其余成为地面径流 RS。二水源的水源划分结构就是根据霍顿的产流概念,用稳定下渗率 f_c 进行水源划分的,其计算公式为:

当 $PE \geqslant f_c$ 时

$$RG = f_c \frac{f}{F} = f_c \frac{R}{PE} \tag{5-14}$$

$$RS = R - RG \tag{5-15}$$

当 $PE < f_c$ 时

$$RS = 0, RG = R \tag{5-16}$$

则一次洪水过程总的地下径流量为

$$RG = \sum_{PE \geqslant f_c} f_c \frac{R}{PE} + \sum_{PE < f_c} R \tag{5-17}$$

式中 f_c——Δt 时段内的稳定下渗率,$mm/\Delta t$;

其余符号意义同前。

从上可知,只要知道了 f_c,就可将总径流量 R 划分为地面径流 RS 和地下径流量 RG。水源划分的关键是确定流域的稳定下渗率 f_c。最常用的方法是在流量过程线上找出地面径流的终止点,据此分割出地下径流 RG,然后用试算法求出 f_c。

二水源的水源划分结构简单,计算与应用方便。但方法经验性强,因为用一般分割地下径流的方法所分割出来的地面径流实际上常常包括了大部分壤中流。国内外学者研究成果表明,雨水至地面径流终止点之间的历时,实际上比较接近于壤中流的退水历时,远远大于地面径流的退水历时。所以,稳定下渗率 f_c 的界面就不是在地面,而是在上层和下层之间。存在的主要问题是:①用 f_c 划分水源是建立在包气带岩土结构为水平方向空间分布均匀的基础上,这假定往往与实际情况不符。②用 f_c 划分水源没有考虑包气带的调蓄作用,某些流域实际计算结果表明,壤中流的坡面调蓄作用有时比地面径流大得多;f_c 直接进入地下水库没有考虑坡面垂向调节作用,即包气带的调蓄作用;由于地表径流和壤中流的汇流规律和汇流速度不同,两者合在一起采用同一种方法进行计算,常常会引起汇流的非线性变化。③对许多流域资料的分析表明,即使是同一流域,各次洪水所分析出的 f_c 也不相同,而且有的时候变化还很大,很难进行地区综合和在时空上外延,应用时任意性大,常造成较大误差。

2.三水源的水源划分结构

三水源的水源划分结构借鉴了山坡水文学的概念,去掉了 f_c,用自由水蓄水库结构解决水源划分问题。自由水蓄水库结构见图 5-3。

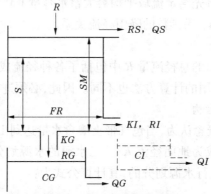

图 5-3　自由水蓄水库结构

自由水蓄水库结构考虑了包气带的垂向调蓄作用。按蓄满产流模型计算出的总径流量 R,先进入自由水蓄水库调蓄,再划分水源。从图 5-3 可见,产流面积上自由水蓄水库设置了两个出口,一个为旁侧出口,形成壤中流 RI;另一个为向下出口,形成地下径流 RG。根据蓄满产流的概念,只有在产流面积 FR 上才可能产生径流,而产流面积是变化的,所以自由水蓄水库的底宽 FR 也是变化的。在图 5-3 中还设置了一个壤中流水库,该水库用于壤中流受调蓄作用大的流域,也就是将划分出来的壤中流再进行一次调蓄计算。该水库一般是不需要的,故在图中用虚线表示。图中,KG 为流域自由水蓄水容量对地下径流的出流系数;KI 为流域自由水蓄水容量对壤中流的出流系数。

由于饱和坡面流的产流面积是不断变化的,所以在产流面积 FR 上自由水蓄水容量分布是不均匀的。三水源水源划分结构是采用类似于流域蓄水容量—面积分配曲线的流域自由水蓄水容量—面积分配曲线来考虑流域内自由水蓄水容量分布不均匀的问题。所谓流域自由水蓄水容量—面积分配曲线是指部分产流面积随自由水蓄水容量而变化的累积频率曲线。流域自由水蓄水容量—面积分配曲线的线型为

$$\frac{f}{F} = 1 - \left(1 - \frac{S'}{MS}\right)^{EX} \tag{5-18}$$

式中　S'——流域单点自由水蓄水容量,mm;

　　　MS——流域单点最大的自由水蓄水容量,mm;

　　　EX——流域自由水蓄水容量—面积分配曲线的方次;

　　　其余符号意义同前。

流域自由水蓄水容量—面积分配曲线与各水源的关系描述见图 5-4。

由式(5-18)和图 5-4,S_0 计算公式为

$$S_0 = \int_0^{AU} \left(1 - \frac{f}{F}\right) dS' = \int_0^{AU} \left(1 - \frac{S'}{MS}\right)^{EX} dS' \tag{5-19}$$

对式(5-19)积分得

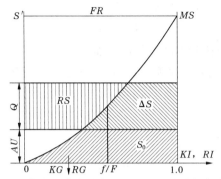

图 5-4 流域自由水蓄水容量—面积分配曲线与各水源关系

$$S_0 = \frac{MS}{EX + 1}\left[1 - \left(1 - \frac{AU}{MS}\right)^{EX+1}\right] \tag{5-20}$$

当 $AU = MS$ 时，$S_0 = SM$，将其代入式(5-20)得

$$SM = \frac{MS}{EX + 1} \tag{5-21}$$

根据式(5-21)可求得流域单点最大的自由水蓄水容量 MS 为

$$MS = SM(1 + EX) \tag{5-22}$$

与 S_0 值相应得纵坐标值 AU 为

$$AU = MS\left[1 - \left(1 - \frac{S_0}{SM}\right)^{\frac{1}{1+EX}}\right] \tag{5-23}$$

产流面积 FR 为

$$FR = \frac{R}{PE} \tag{5-24}$$

为了考虑上时段和本时段产流面积不同引起的 AU 变化，包为民提出如下转换公式

$$AU = MS\left[1 - \left(1 - \frac{S_0 \cdot \dfrac{FR_0}{FR}}{SM}\right)^{\frac{1}{1+EX}}\right] \tag{5-25}$$

当 $PE + AU < MS$ 时，地面径流 RS 为

$$RS = FR\left[PE + S_0 \cdot \frac{FR_0}{FR} - SM + SM\left(1 - \frac{PE + AU}{MS}\right)^{EX+1}\right] \tag{5-26}$$

当 $PE + AU \geqslant MS$ 时，地面径流 RS 为

$$RS = FR\left(PE + S_0 \cdot \frac{FR_0}{FR} - SM\right) \tag{5-27}$$

本时段的自由水蓄量为

$$S = S_0 \cdot \frac{FR_0}{FR} + \frac{R - RS}{FR} \tag{5-28}$$

相应的壤中流和地下径流为

$$\begin{aligned} RI &= KI \cdot S \cdot FR \\ RG &= KG \cdot S \cdot FR \end{aligned} \tag{5-29}$$

本时段末即下一时段初的自由水蓄量为

$$S_0 = S(1 - KI - KG) \tag{5-30}$$

式中　FR_0、FR——上一时段和本时段的产流面积。

　　在对自由水蓄水库进行水量平衡计算时,通常是将产流量 R 作为时段初的入流量进入自由水蓄水库,而实际上它是在时段内均匀进入的,这就会造成向前差分的误差。这种误差有时会很大,需要认真对待和解决。解决的方法是:每个计算时段的入流量 R,按 5 mm 为一段划分为 N 段,即

$$N = \text{int}\left(\frac{R}{5} + 1\right) \tag{5-31}$$

　　将计算时段 Δt 划分为 N 段,按 $\Delta t' = \dfrac{\Delta t}{N}$ 作为时段长进行水量平衡计算,这样处理就可以大大地减小因差分所造成的误差。

　　由于产流面积 FR 是随着自由水蓄水容量的变化而变化的,当计算时段长改变以后,它也要作相应的改变。改变后,计算时段和产流面积分别用 $\Delta t'$ 和 $FR_{\frac{\Delta t}{N}}$ 表示,则

$$FR_{\frac{\Delta t}{N}} = 1 - (1 - FR)^{\frac{\Delta t'}{\Delta t}} = 1 - (1 - FR)^{\frac{1}{N}} \tag{5-32}$$

　　由于自由水蓄水库的蓄水量对地下水的出流系数 KG、对壤中流的出流系数 KI、地下水消退系数 CG 和壤中流消退系数 CI 都是以日(24 h)为时段长定义的,当计算时段长改变以后,它们都要作相应的改变。若将 1 d 划分为 D 个计算时段,时段的参数值以 $KG_{\Delta t}$ 和 $KI_{\Delta t}$ 表示,则

$$KI_{\Delta t} = \frac{1 - \left[1 - (KI + KG)\right]^{\frac{1}{D}}}{1 + \dfrac{KG}{KI}} \tag{5-33}$$

$$KG_{\Delta t} = KI_{\Delta t} \cdot \frac{KG}{KI} \tag{5-34}$$

　　计算时段改变后,$KG_{\Delta t}$ 和 $KI_{\Delta t}$ 要满足以下两个关系式,即

$$KI_{\Delta t} + KG_{\Delta t} = 1 - \left[1 - (KI + KG)\right]^{\frac{1}{D}} \tag{5-35}$$

$$\frac{KG_{\Delta t}}{KI_{\Delta t}} = \frac{KG}{KI} \tag{5-36}$$

5.2.3.5　汇流计算

1.二水源汇流计算

1)地面径流汇流

地面径流汇流采用单位线法,计算公式为

$$QS_t = RS_t * UH \tag{5-37}$$

式中　QS_t——地面径流,m^3/s;

　　　RS_t——地面径流量,mm;

　　　UH——时段单位线,m^3/s;

　　　$*$——卷积运算符。

2)地下径流汇流

地下径流汇流可采用线性水库或滞后演算法模拟。当采用线性水库时,计算公式为

$$QG_t = CG \cdot QG_{t-1} + (1 - CG) \cdot RG_t \cdot U \tag{5-38}$$

式中 QG——地下径流,m^3/s;

CG——消退系数;

RG——地下径流量,mm;

U——单位换算系数,$U = \dfrac{\text{流域面积}\ F(km^2)}{3.6\Delta t(h)}$。

3)单元面积河网总入流

单元面积河网总入流为地面径流与地下径流出流之和,计算公式为

$$QT_t = QS_t + QG_t \tag{5-39}$$

式中 QT——单元面积河网总入流,m^3/s。

4)单元面积河网汇流

单元面积河网汇流可采用线性水库或滞后演算法计算。当采用滞后演算法时,计算公式为

$$Q_t = CR \cdot Q_{t-1} + (1 - CR) \cdot QT_{t-1} \tag{5-40}$$

式中 Q——单元面积出口流量,m^3/s;

CR——河网蓄水消退系数;

L——滞后时间,h。

需要指出的是,单元面积河网汇流计算在很多情况下可以简化。这是由于单元流域的面积一般不大而且其河道较短,对水流运动的调蓄作用通常较小,将这种调蓄作用合并在前面所述的地面径流和地下径流中一起考虑所带来的误差通常可以忽略。只有在单元流域面积较大或流域坡面汇流极其复杂的情况下,才考虑单元面积内的河网汇流。

5)单元面积以下河道汇流

从单元面积以下到流域出口是河道汇流阶段。河道汇流计算采用马斯京根分段连续演算法。参数有槽蓄系数 $KE(h)$ 和流量比重因素 XE,各单元河段的参数取相同值。为了保证马斯京根法的两个线性条件,每个单元河段取 $KE \approx \Delta t$。已知 KE、XE 和 Δt,求出 C_0、C_1 和 C_2,即可用下式进行河道演算

$$Q_t = C_0 I_t + C_1 I_{t-1} + C_2 Q_{t-1} \tag{5-41}$$

式中 Q、I——出流和入流,m^3/s。

2. 三水源汇流计算

1)地表径流汇流

地表径流的坡地汇流可以采用单位线,也可以采用线性水库,采用单位线的计算公式见式(5-37),采用线性水库的计算公式为

$$QS_t = CS \cdot QS_{t-1} + (1 - CS) \cdot RS_t \cdot U \tag{5-42}$$

式中 QS——地表径流,m^3/s;

CS——地面径流消退系数;

RS——地表径流量,mm。

2)壤中流汇流

表层自由水侧向流动,出流后成为表层壤中流进入河网。若土层较厚,表层自由水还可以渗入到深层土,经过深层土的调蓄作用才进入河网。壤中流汇流可采用线性水库或滞后演算法计算。当采用线性水库时,计算公式为

$$QI_t = CI \cdot QI_{t-1} + (1 - CI) \cdot RI_t \cdot U \tag{5-43}$$

式中 QI——壤中流,$\mathrm{m^3/s}$;

CI——消退系数;

RI——壤中流径流量,mm。

3)地下径流汇流

地下径流汇流采用线性水库时,计算公式与式(5-38)相同。

4)单元面积河网总入流

单元面积河网总入流为

$$QT_t = QS_t + QI_t + QG_t \tag{5-44}$$

5)单元面积河网汇流

单元面积河网汇流采用滞后演算法时,计算公式与式(5-40)相同。

6)单元面积以下河道汇流

单元面积以下河道汇流与二水源计算方法相同。

5.2.4 模型参数概念

流域水文模型大多数都是基于对流域尺度上实测响应的解释来构建的,包括模型中所考虑的因素、描述方式和结构组成。影响流域降雨径流形成过程的因素众多,由于各因素所起的作用、描述或概化的方式及结构组成不同,所包含的参数也不同。按参数所具有的意义,模型参数可分为物理参数和经验参数;按参数是否随时间变化,模型参数可分为时变参数和时不变参数;按参数在流域降雨径流形成过程中所起的作用,模型参数可分为蒸散发参数、产流参数、分水源参数和汇流参数;按参数对模型计算精度影响程度的大小,模型参数可分为敏感性参数和不敏感性参数;按参数确定方法,模型参数可分为直接量测参数、试验分析参数和率定参数。

流域水文模型中所包含的参数大致可分为以下3类:

(1)具有明确物理意义的参数。可直接量测或用物理试验和物理关系推求。

(2)纯经验参数。可以通过实测水文资料、气象资料及其他有关的资料反求。

(3)具有一定物理意义的经验参数。可以先根据其物理意义确定参数值的大致范围,然后用实测水文、气象资料及其他有关的资料确定其具体数值。

对于第2、第3类参数的确定,一般可将其化为无约束条件或有约束条件的最优化问题求解。

5.2.5 模型参数概念分析方法

新安江模型是一个通过长期实践和在对水文规律认识的基础上建立起来的一个概念

性水文模型。模型大多数参数都具有明确的物理意义,它们在一定程度上反映了流域的基本水文特征和降雨径流形成的物理过程。因此,原则上可以按其物理意义通过实测、试验、比拟等方法来确定。但由于模型是在假设、概化和判断的基础上建立起来的,加上水文要素又十分复杂,在当前的观测技术条件下,人们在准确获得一个流域内水循环诸要素的时空变化值方面虽然取得了令人鼓舞的进展,但还存在相当大的困难。因此,实践中人们常采用参数的概念分析方法,即首先按实测值或参数的物理意义初定参数初值范围;然后根据输入,通过模型计算输出;再将输出过程与实测过程进行比较,作优化调试;根据特定的目标准则(有约束条件)确定参数的最优值。下面介绍新安江模型各参数的概念分析方法。

5.2.5.1　蒸散发能力折算系数 KC

蒸散发能力折算系数 KC 主要反映流域平均高程与蒸发站高程之间差别的影响和蒸发皿蒸散发与陆面蒸散发间差别的影响。蒸散发能力的地区分布大体上反映了气候和自然地理条件的影响,具有较为明显的区域性规律。在缺乏实测资料或者资料质量较差时,可以移用邻近地区的蒸散发能力与气象要素间的一些经验公式,由气象要素来推求流域蒸散发能力。由于资料等方面的原因,在实际模拟计算中 KC 值往往变化很大,最后需经模型调试并验证后确定。

5.2.5.2　流域平均张力水容量 WM

流域平均张力水容量 WM 表示流域干旱程度,分为上层 UM、下层 LM 和深层 DM 三层。WM 可以根据前期特别干旱,久旱以后发生的、降雨特别大的、使全流域产流的历史降雨径流资料来确定。根据一次降水过程的水量平衡方程 $\sum P - \sum E - \sum R = W_2 - W_1$,降雨前特别干旱,可认为流域的蓄水量近似为 0,即 $W_1 \approx 0$,降雨后可认为流域已经蓄满,即 $W_2 \approx WM$,则本次洪水的总损失量 $WM \approx \sum P - \sum E - \sum R$ 就可以计算出。可选择多场历史降雨径流资料进行计算。如果难以寻找到这样的历史降雨径流资料,则可寻找久旱以后的几次降雨径流过程估算 WM 值,最后需经模型调试后确定。根据经验,南方湿润地区 WM 为 120~150 mm,半湿润地区 WM 为 150~200 mm。UM 为上层张力水蓄水容量,它包括了植物截留量。在植被和土壤发育一般的流域,其值可取为 20 mm;在植被和土壤发育较差的流域,其值可取小些;如果研究流域的植被和土壤发育较好,则其值可取大些。LM 为下层张力水蓄水容量。其值可取为 60~90 mm。根据试验,在此范围内蒸散发大约与土湿成正比。DM 为深层张力水蓄水容量,$DM = WM - UM - LM$。

WM 在模型中相对不敏感。WM 不影响流域蒸散发计算,对蒸散发计算起主要作用的是 UM 和 LM。WM 只表示流域蓄满的标准,在水量平衡中起作用的是流域相对缺水量 $WM - W_0$。但 WM 取值不能太大或者太小。若 WM 取值太小,则在产流计算中 W_0 就有可能出现负值,若出现这种情况,流域蓄水容量—面积分布曲线就变得无任何意义,也使得产流计算无法进行。若 WM 取值太大,会影响计算产流过程分布,这将对确定流域蓄水容量—面积分布曲线指数 B 值带来困难。因此,所采用的 WM 值只要在产流计算中不出现负值就可以不再作调试了。

5.2.5.3　流域蓄水容量—面积分布曲线指数 B

流域蓄水容量—面积分布曲线指数 B 值反映划分单元流域张力水蓄水分布的不均

匀程度。在一般情况下,其取值与单元流域面积有关。在山丘区,若单元流域面积较小,只有几平方千米,则 $B = 0.1$ 左右;若单元流域面积中等,有几百到一千平方千米,则 $B = 0.2 \sim 0.3$;若单元流域面积有几千平方千米,则 $B = 0.4$ 左右。

5.2.5.4　不透水面积占全流域面积的比例 IM

不透水面积占全流域面积的比例 IM 值可由大比例尺的地形图,通过地理信息系统(GIS)现代技术量测出来。也可用历史上干旱期小洪水资料来分析。干旱期降了一场小雨,此时所产生的小洪水认为完全是不透水面积上产生的,求出此场洪水的径流系数,该值就是 IM。在天然流域,$IM = 0.01 \sim 0.02$。随着人类活动影响的日益加剧和城镇化建设进程的加快,该值有明显增大的趋势,在都市和沼泽地区该值可能很大。

5.2.5.5　深层蒸散发扩散系数 C

深层蒸散发扩散系数 C 值主要取决于流域内深根植物的覆盖面积。对该值目前尚缺乏深入研究,根据现有经验,在南方多林地区,$C = 0.15 \sim 0.20$;在北方半湿润地区,$C = 0.09 \sim 0.15$。

5.2.5.6　自由水蓄水容量 SM

自由水蓄水容量 SM 反映表土蓄水能力,其值受降雨资料时段均化的影响明显。当以日(24 h)作为时段长时,在土层很薄的山区,其值为 10 mm 或更小一些;而在土深林茂透水性很强的流域,其值可取 50 mm 或更大一些;一般流域为 $10 \sim 20$ mm。当计算时段长减小时,SM 要加大。这个参数对地面径流和地下径流的比重起着决定性作用,因此很重要。水源划分不但取决于表土的蓄水能力,而且与蓄水的层次深浅有关。当蓄水能力小,则溢出多,RS 大,且多蓄于浅层,多产生 RI,少产生 RG;反之,当蓄水能力大,则溢出少,RS 少,蓄水除浅层外还能到深层,能产生较多的 RG,而产生的 RI 则变化不大。所以,SM 大,则地下径流所占比重相对大,地面径流所占比重相对小,洪峰流量相对小;反之,SM 小,则地面径流所占比重相对大,地下径流所占比重相对小,洪峰流量相对大。

5.2.5.7　自由水蓄水容量—面积分布曲线指数 EX

自由水蓄水容量—面积分布曲线指数 EX 值反映流域自由水蓄水分布的不均匀程度,在山坡水文学中,它大体上反映了饱和坡面流产流面积的发展过程。由于目前对此参数的研究尚不多,难于定量。鉴于饱和坡面流由坡脚向坡上发展时,产流面积的增加逐渐减慢,故认为 EX 应大于 1.0,一般 $EX = 1.0 \sim 1.5$。

5.2.5.8　自由水蓄水库对地下水和壤中流的日出流系数 $KG + KI$

自由水蓄水库对地下水的日出流系数 KG 的大小反映基岩和深层土壤的渗透性,对壤中流的日出流系数 KI 的大小反映表土的渗透性。在模型中,这两个出流系数是并联的,其和 $KG + KI$ 代表出流的快慢,其比值 KG/KI 代表地下径流与壤中流的比。对于一个特定流域,它们都是常数。$1 - (KG + KI)$ 为消退系数,它决定了直接径流的退水快慢,见图 5-5。

中等流域退水历时一般在 3 d 左右,故取 $KG = KI = 0.7$;若退水历时为 2 d,则取 $KG + KI = 0.8$;若退水历时远大于 3 d,表示深层壤中流在起作用,应考虑用壤中流消退系数 CI 来解决。

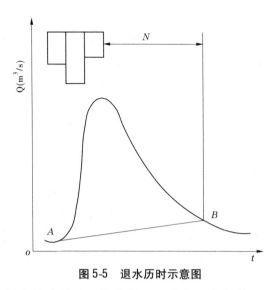

图 5-5　退水历时示意图

可用历史洪水资料中的流量过程线分割地下水方法来粗估，$KG/KI = RG/RI$。不同流域的 KG/KI 比值可以相差很大。

5.2.5.9　地下水消退系数 CG

地下水消退系数 CG 可根据枯季地下径流的退水规律来推求，$CG = Q_{t+\Delta t}/Q_t$。当枯季地下径流退水很慢时，也可以用旬平均或月平均流量进行估算。在不同地区、不同流域，该值变化较大，若以日（24 h）作为计算时段长，则 $CG = 0.950 \sim 0.998$，大致相当于消退历时为 20 ~ 500 d。

5.2.5.10　壤中流消退系数 CI

若无壤中流，则壤中流消退系数 $CI \to 0$；若壤中流丰富，则 $CI \to 0.9$，相当于汇流时间为 10 d。CI 可根据退水段的第一个拐点（地面径流终止点）与第二个拐点（壤中流终止点）之间的退水段流量过程来分析确定。但由于这两个拐点难以准确确定，即使这两个拐点确定好了，两拐点间的退水流量也只是以壤中流为主要成分，还包含一定比例的地下径流形成的流量，因此分析确定的 CI 值通常还要通过模型模拟来检验。

5.2.5.11　河网单位线 UH

河网单位线 UH 值取决于河网的地貌特征，一般用经验方法推求。

5.2.5.12　地面径流消退系数 CS

地面径流消退系数 CS 可根据洪峰流量与退水段的第一个拐点（地面径流终止点）之间的退水段流量过程来分析确定。但由于这部分退水流量也只是以地面径流为主，可能还包含一定比例的壤中流形成的流量。因此，分析确定的 CS 值通常还要通过模型模拟来检验。

5.2.5.13　河网蓄水消退系数 CR

河网蓄水消退系数 CR 代表坦化作用，其值取决于河网的地貌条件，可通过河网地貌推求。因与时段长短有关，其值应视河道特征和洪水特性而定。

5.2.5.14　滞后时间 L

滞后时间 L 代表平移作用,其值取决于河网的地貌条件,可通过河网地貌推求。

5.2.5.15　马斯京根法参数 KE、XE

马斯京根法参数 KE、XE 值取决于河道特征和水力特性,可根据河道的水力特性采用水力学方法或水文学方法推求。

5.2.6　参数率定

原则上,任何模型的任一参数都可通过参数率定方法确定。然而,模型参数的率定是一个十分复杂和困难的问题。流域水文模型除模型的结构要合理外,模型参数的率定也是一个十分重要的环节。新安江模型的参数大都具有明确的物理意义,因此它们的参数值原则上可根据其物理意义直接定量。但由于缺乏降雨径流形成过程中各要素的实测与试验过程,故在实际应用中只能依据出口断面的实测流量过程,用系统识别的方法推求。由于参数多,信息量少,就会产生参数的相关性、不稳定性和不唯一性问题。下面就新安江模型参数的敏感性、相关性、人机交互率定和自动率定作一些讨论。

5.2.6.1　参数的敏感性分析

所谓参数的敏感性,是指将待考察的参数增加或减少一个适当的数量,再进行模型模拟计算,观察它对模拟结果和目标函数变化的影响程度,也称参数的灵敏度。参数改变后的模拟结果比参数改变前的模拟结果改变越大,则说明此参数越敏感(灵敏);反之,若参数改变后的模拟结果与参数改变前的模拟结果基本不变,则说明此参数反应迟钝、不敏感。敏感性参数,其数量稍有变化对输出的影响就很大;反应迟钝的参数,对输出影响不大,有的参数在湿润季节敏感,在干旱季节不敏感,而有的参数则反之;有的参数在高水时敏感,低水时不敏感,而有的参数则反之等。对敏感性高的参数应仔细分析,认真优选,对不敏感的参数可粗略一些或根据一般经验固定下来,不参加优选。

新安江模型参数可分蒸散发计算、产流计算、分水源计算和汇流计算四类(或四个层次),各层次参数见表5-2,表中提及的各参数的取值仅供参考。在应用中,应根据特定流域的具体情况来分析确定。

5.2.6.2　参数的相关性分析

模型参数的相关性问题历来是模型研究者关注的重点问题,模型中只要有相关程度较高的参数存在,其解就不稳定,也不唯一。为了解决参数相关性的问题,可按新安江模型的层次结构率定参数,每个层次分别采用不同目标函数的优化方法。

实际应用中发现,新安江模型有些参数之间的不独立性既存在于层次之内,也存在于层次之间。

5.2.6.3　人机交互率定

模型参数率定,就是根据特定的目标准则(或目标函数),调整一套参数值,使模型用这一套参数值计算出的结果在给定准则下最优。模型参数率定框图见图5-6。

由图5-6可见,模型参数率定包括估计参数初值、模型计算、根据确定的目标准则判断优或否、寻找新的参数值或参数寻找结束4个基本步骤。

表 5-2 新安江模型各层次参数

层次		参数符号	参数意义	敏感程度	取值范围
第一层次	蒸散发计算	KC	流域蒸散发折算系数	敏感	
		UM	上层张力水容量(mm)	不敏感	10~20
		LM	下层张力水容量(mm)	不敏感	60~90
		C	深层蒸散发折算系数	不敏感	0.10~0.20
第二层次	产流计算	WM	流域平均张力水容量(mm)	不敏感	120~200
		b	张力水蓄水容量曲线方次	不敏感	0.1~0.4
		IM	不透水面积占全流域面积的比例	不敏感	0.01~0.04
第三层次	水源划分	SM	表层自由水蓄水容量(mm)	敏感	
		EX	表层自由水蓄水容量曲线方次	不敏感	1.0~1.5
		KG	表层自由水蓄水库对地下水的日(24 h)出流系数	敏感	
		KI	表层自由水蓄水库对壤中流的日(24 h)出流系数	敏感	
第四层次	汇流计算	CI	壤中流消退系数	敏感	
		CG	地下水消退系数	敏感	
		CS(UH)	河网蓄水消退系数(单位线)	敏感	
		L	滞时(h)	敏感	
		KE	马斯京根法演算参数(h)	敏感	KE – At
		XE	马斯京根法演算参数	敏感	0~0.5

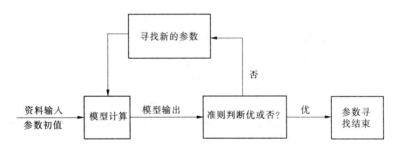

图 5-6 模型参数率定框图

模型参数率定的准则选择如下形式

$$\min_{\omega \in R^n} \left\{ F(\omega) = \sum |Y_{ci} - Y_{oi}|^j \right\} \tag{5-45}$$

式中 j——正整数,一般取 1 或 2;

ω——参数向量;

R^n——n 维的实数空间域;

Y_{ci}——模型计算值；

Y_{oi}——实测值。

参数率定就是选择一个参数向量 ω_p，使得 $F(\omega_p)$ 达到最小，即

$$|F(\omega_p) \leqslant F(\omega)|_{\omega \in R^n} \qquad (5\text{-}46)$$

不论模型的结构如何复杂，人机交互率定参数是一种现实可行的常用方法。人机交互率定参数的基本原则是，假定一组参数，在计算机上运算，比较计算值与实测值，分析对比，调整参数，使计算结果达到最优。

一些水文要素（如年径流量、次洪径流量、退水流量过程、洪峰等）只反映局部或个别的影响因素，对于模型来说则易于分析判断误差的来源，用这些特征值作为优选标准，称为分层次（或分部）优选。新安江模型可将分层次优选和整体优选相结合，率定各个参数值。其参数率定一般分为日模型和次洪模型两大部分。

模型的可靠性取决于模型研究中使用的水文资料的质量和代表性，日模型和次洪模型使用的水文气象资料应满足最低样本数量。

1. 日模型

对一般小流域，日模型调试可以不划分单元面积，用流域平均雨量作面雨量进行计算。较大流域，通常都划分单元面积进行计算。

通过日模型调试，可以确定第一、第二层次的参数，第三层次的部分参数（如 KG、KI、EX）及第四层次部分汇流参数（如 CG）等，可为次洪模型调试提供初始状态变量，如流域张力水蓄水量 W、WU、WL、WD，自由水蓄水量 S 及退水流量等。根据我国《水文情报预报规范》（GB/T 22482—2008），调试时通常以年径流量绝对误差 $|\Delta R|$ 最小及确定性系数 DC 最大为目标函数。

比较多年总径流量 R，这是最基本的水量平衡校核。如有误差，首先调整 KC 值，KC 是影响蒸发计算最敏感的参数，它控制着水量平衡。若发现季节性变化对流域蒸散发的影响很大，则应考虑按不同季节分别率定 KC 值。

比较每年的径流深。若干旱年份与湿润年份有明显的系统误差，可调整 UM 和 C 值。减小 UM 可使少雨季节的蒸散发量减小，而对很干旱的季节则影响不大。加大 C 值可使很干旱季节的蒸散发量增加，而对雨季则影响不大。

比较年内干旱季与湿润季之间的差别。在南方流域，主要分析伏旱季的蒸散发量计算是否正确。如伏旱季以后的初次洪水具有明显的系统误差，则应调整 UM 和 C 值。

比较枯季地下径流。若枯季地下径流有系统偏大或偏小，则应调整 KG 和 KI 值，即调整地下径流所占比重；若枯季地下径流的消退系数偏快或偏慢，则应调整 CG 以调整其退水的快慢。

参数 b 和 IM，在湿润地区并不敏感，可以通过比较小洪水的径流总量进行调整。

2. 次洪模型

次洪模型以 Δt 为时段长。新安江模型参数中有一些参数与时段长无关，如 KC、WM、UM、LM、DM、b、C、IM 和 EX。这些参数在日模型与次洪模型中可以通用。换言之，这类参数在日模型中调试好后，在次洪模型中就不需要再进行调试。有些参数则与时段长有关，如 SM、KG、KI、CG、CI、L、CS。其中，KG、KI、CG、CI 虽然与时段长有关，但它们在次洪

模型中的值与在日模型中的值存在一定的转化关系,实际上与日模型可以相互通用;L、CS 在日模型与次洪模型中不通用,需重新进行调试。SM 由于受降雨资料在时段内被均化的影响很大,时段愈短,所得的 SM 值愈正确;时段过长,如以日(24 h)作为时段长,则求得的 SM 值将显著减小。因此,SM 值在日模型与次洪模型中不通用。当 SM 改变后,KG 与 KI 也相应地要改变。根据经验,令日模型的参数为 SM_D、KG_D、KI_D,次洪水模型的参数为 $SM_{\Delta t}$、$KG_{\Delta t}$、$KI_{\Delta t}$,则由 $SM_D(KG_D + KI_D) = SM_{\Delta t}(KG_{\Delta t} + KI_{\Delta t})$ 和 $KG_D/KI_D = KG_{\Delta t}/KI_{\Delta t}$ 可解得

$$KG_{\Delta t} = KG_D \cdot SM_D/SM_{\Delta t} \tag{5-47}$$

$$KI_{\Delta t} = KI_D \cdot SM_D/SM_{\Delta t} \tag{5-48}$$

次洪模型在调试时通常以洪水总量、洪峰值、峰现时间按许可误差统计合格率最高和确定性系数 DC 最大为目标函数。

(1)比较洪水径流总量。影响计算次洪径流总量的主要因素除降雨外,就是流域初始蓄水量 W_0。有时需调整产流参数,在产流参数确定的情况下,可以通过调整水源的比重来改善次洪径流量。可调整 SM 和 KG,这两个参数值越大,地下径流的比重也就越大,次洪径流量就会减小。

(2)比较洪峰值。洪峰流量基本上由地面径流和壤中流组成,它主要取决于 SM、CS、CI 等参数。首先调整 SM,当 SM 确定后,可调整 CS、CI 参数,特别是 CS、CS 越小,计算洪峰越大。在以河道汇流为主的区间流域,特别是大河,也可调整参数 XE。

(3)比较峰现时间。主要调整 KE、河段数 n 和滞时 L。减小 KE 可使计算洪峰提前,否则相反;增大河段数 n 和滞时 L 可使计算洪峰滞后。

通过日模型和次洪模型调试,若发现某些参数不一致或明显不合理,应协调或调整这些参数后重新进行日模型和次洪模型的计算,优选出一组合理的、最佳的参数。

人机交互率定参数方法的主要特点是在寻找新的参数值时,根据人们的经验知识去判断、估计。显然,这种判断、估计不是唯一的,有时甚至可能是错误的。人机交互率定参数方法虽简单易行,但当无经验知识时,调试需要花费大量的计算机机时。

5.2.6.4 自动率定

模型参数自动率定的重要性是众所周知的。一个模型要应用,首要的问题是确定模型的参数值。在模型结构确定的条件下,模型应用成败的关键在于参数值的估计。参数值不正确,即使是合理的模型也难获得满意的结果。模型参数最优化估计的主要目的在于参数的自动估计,使模型能方便地被人们使用,节约时间,降低模型使用成本,并有利于模型的进一步研究和发展。

模型参数自动率定,就是在模型参数率定过程中,不需要人们的判断、估计。也就是说,当人们要率定某一个模型的参数时,只要给出模型参数的初始值,就能通过自动率定获得模型参数的最优值。具体地说,人们可以预先编制好一个参数自动寻优的计算机程序,使用者只要将程序、资料和参数初始值输入计算机,就可获得最优的模型参数值。

模型参数自动优选的方法很多,比较常用的有罗森布朗克(Rosenbrock)方法、改进的单纯形(Simplex)方法和基因(Genetic)方法。

参数自动率定虽然快速简便、省时省力,可以避免人为的主观偏见和误差。但对概念

性模型多参数的优选常有一定的困难,并往往导致不合理的结果,有时会出现计算误差最小的一组参数,其参数值或计算结果在水文意义上却是不合理的。所以,在概念性模型参数自动率定过程中,应尽可能地与模型结构、参数概念结合起来,尽可能地利用其结构概念、参数概念的有关信息,并充分满足参数物理概念的限制条件,加以约束,使得单纯的黑箱子数学寻优概念化。可以将人机交互率定和自动率定结合起来,将人机交互率定的参数作为第一次近似,然后进行自动率定。

5.2.7 模型评述

新安江模型的结构特点可以简单地归纳为以下几个方面:

(1)三分特点,即分单元计算产流、分水源坡面汇流和分阶段流域汇流;

(2)模型参数少且大多数具有明确的物理意义,容易确定;

(3)模型参数与流域自然条件的关系比较清楚,可以寻找到参数的区域规律;

(4)模型中未设超渗产流机制,适用于湿润与半湿润地区。

模型自1973年诞生以来的30多年中,不断改进并逐步扩大了应用范围,在湿润地区及某些特定条件下的非湿润地区应用广泛并获得成功;时间尺度从逐时发展到逐日和逐月;模型中流域蓄水容量分布不均匀的参数化处理已被国外一些大尺度水文模型所采用,模型的分布式形式在大尺度的水文模拟中也比较适度,具有较好的应用前景。

5.2.8 模型应用实例

用三水源新安江模型编制广东省新丰江水库入库洪水预报方案。

5.2.8.1 流域概况

新丰江水库位于广东省东江水系新丰江支流,坝址以上集水面积为 5 734 km²,其中干流青龙潭站以上流域面积为 1 600 km²,占全流域面积的 27.9%;支流忠信水顺天站以上流域面积为 1 357 km²,占全流域面积的 23.7%;其余部分面积为 2 777 km²,占全流域面积的 48.4%。流域水系及水文站、雨量站网分布见图 5-7。

流域受热带、亚热带天气系统影响,冬少严寒,夏少酷暑,气候暖热,雨量充沛。有两个多雨时期,4~6 月为前汛期,属锋面雨带降水,致洪暴雨主要由冷锋、静止锋及切变线、低涡等西风带引起;7~10 月为后汛期,主要受台风等低纬热带天气系统影响,致洪暴雨主要由热带气旋、台风等引起。每年 11 月至次年 3 月为枯季。暴雨成因主要是锋面雨,但台风雨也占一定比例。

实测多年平均降水量 1 800 mm,最大年降水量 25 176 mm,年径流系数为 0.5~0.6;降水年际间变化大,年内分配不均,4~6 月降水量约占全年降水量的 50%,4~9 月降水量约占全年降水量的 76%;年降雨天数为 120~160 d。暴雨走向为西北西—东南东,西南西—东北东,其分布以西南西较多,东西较少;暴雨出现次数 5~6 月最多,7~8 月次之。流域汇流时间一般为 24 h,有时更短。一次洪水过程一般为 6~8 d,洪峰持续时间约 5 h。

流域内多年平均气温 21.0 ℃,历年最高气温 40.5 ℃,最低气温 −3.8 ℃。流域内顺天站实测水面(80 cm 蒸发皿)多年平均蒸发量为 1 245 mm,7~8 月蒸发量最大。

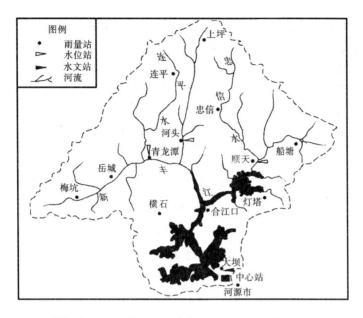

图 5-7　新丰江水库坝址流域水系及水文站、雨量站网分布

5.2.8.2　产流方式的论证

流域地处南方湿润地区,气候暖热,雨量充沛,年径流系数为 0.5 ~ 0.6;流域内植被良好,地下水埋深浅;一次洪水的流量过程陡涨缓落,持续时间 6 ~ 8 d。从流域的气象条件、下垫面条件和流量过程的分析知,该流域降雨径流关系具有蓄满产流的特点,可以按蓄满产流的理论与方法建立产流量预报方案。

5.2.8.3　选用资料

选用 1977 ~ 1984 年共计 8 年日资料和 15 场次洪水资料进行模型计算(其中 1977 ~ 1982 年作为率定期,1983 ~ 1984 年作为检验期)。资料包括流域内 13 个雨量站的逐日降雨和时段降雨资料、新丰江水库反演的逐日和时段流量过程、流域内顺天站 80 cm 套盆式蒸发皿逐日实测水面蒸发资料、水库有关的特征曲线资料、流域下垫面有关的特性资料。

5.2.8.4　流域划分

根据流域地形、地貌条件及布设的水情遥测站网。用泰森多边形法将新丰江水库坝址以上流域划分为 13 块单元面积,各单元面积的权重见表 5-3。

表 5-3　新丰江水库坝址以上流域各单元面积的权重

序号	1	2	3	4	5	6	7	8	9	10	11	12	13
站名	上坪	连平	河头	忠信	岳城	青龙潭	顺天	船塘	梅坑	横石	合江口	灯塔	大坝
权重	0.062	0.075	0.066	0.110	0.080	0.082	0.067	0.091	0.072	0.106	0.074	0.059	0.056

5.2.8.5　产汇流计算

对每块单元面积采用三水源新安江模型分别进行蒸散发计算、产流计算、水源划分和汇流计算,得到单元面积的出流过程;将单元面积的出流过程用马斯京根分段连续演算法进行出口以下的河道洪水演算,求得单元面积在流域出口的流量过程线;将每个单元面积在流域出口的流量过程线性叠加,即为新丰江水库坝址以上流域的入库洪水过程。

5.2.8.6 模型参数

先根据模型参数概念分析方法初定参数,然后根据特定的目标准则(或目标函数)率定参数。经率定后的日模型和次洪模型参数见表5-4。

表5-4 新丰江水库日模型和次洪模型参数

层次		参数符号	参数意义	日模型	次洪模型
第一层次	蒸散发计算	KC	流域蒸散发折算系数	0.74	0.74
		UM	上层张力水容量(mm)	20	20
		LM	下层张力水容量(mm)	80	80
		C	深层蒸散发折算系数	0.17	0.17
第二层次	产流计算	WM	流域平均张力水容量(mm)	160	160
		b	张力水蓄水容量曲线方次	0.3	0.3
		IM	不透水面积占全流域面积的比例	0.03	0.03
第三层次	水源划分	SM	表层自由水蓄水容量(mm)	35	42
		EX	表层自由水蓄水容量曲线方次	1.5	1.5
		KG	表层自由水蓄水库对地下水的日(24 h)出流系数	0.35	0.35
		KI	表层自由水蓄水库对壤中流的日(24 h)出流系数	0.35	0.35
第四层次	汇流计算	CI	壤中流消退系数	0.6	0.6
		CG	地下水消退系数	0.944	0.994
		$CS(UH)$	河网蓄水消退系数(单位线)	0.2	0.5
		L	滞时(h)	0	0
		KE	马斯京根法演算参数(h)	24	6
		XE	马斯京根法演算参数	0.42	0.42

5.2.8.7 模拟结果

日模型和次洪模型模拟结果及精度统计见表5-5、表5-6。

5.2.8.8 误差分析与问题讨论

1. 精度统计

从表5-5可见,年产流量绝对误差小于100 mm的有7次,占总数的87.5%,绝对误差小于20 mm的有3次,占总数的37.5%;所有年份产流量的相对误差均小于10%;确定性系数最大为0.826 8,最小为0.712 2,平均为0.774 0。

从表5-6中可见,次洪产流量绝对误差小于10 mm的有12次,占总数的80.0%,绝对误差最大为+17.5 mm;产流量的相对误差小于10%的有13次,占总数的86.7%;确定性系数最大为0.974 5,最小为0.921 1,平均为0.953 6。

表 5-5　新丰江水库日模型模拟结果及精度统计

年份	降雨量（mm）	计算径流量（mm）	实测径流量（mm）	误差（mm）	相对误差（%）	确定性系数
1977	1 520.9	837.2	831.1	−6.1	−0.73	0.769 7
1978	1 787.4	1 073.1	1 041.4	−31.7	−3.04	0.802 2
1979	1 741.0	1 077.2	1 090.6	+13.4	+1.23	0.826 8
1980	1 746.9	1 015.9	1 123.1	107.2	+9.55	0.753 8
1981	1 979.6	1 220.1	1 239.8	19.7	+1.59	0.815 8
1982	1 890.2	1 228.1	1 144.2	−83.9	−7.33	0.726 0
1983	2 552.6	1 982.5	1 918.9	−63.6	−3.31	0.785 3
1984	1 856.1	1 248.6	1 175.8	−72.8	−6.19	0.712 2
平均	1 884.3	1 210.3	1 195.6			0.774 0

表 5-6　新丰江水库次洪模型模拟结果及精度统计

洪号	降雨量（mm）	计算径流量（mm）	实测径流量（mm）	误差（mm）	相对误差（%）	确定性系数
770622	218.6	130.6	128.2	−2.4	−1.87	0.962 5
780605	128.4	81.4	87.1	+5.7	+6.54	0.947 9
790609	119.0	81.2	83.9	+2.7	+3.22	0.943 9
790923	133.8	71.7	68.4	−3.3	−4.82	0.968 0
800420	357.7	230.6	218.1	−12.5	−5.70	0.953 8
810527	211.9	125.4	121.5	−3.9	−3.21	0.972 1
810719	269.7	161.5	153.8	−7.7	−5.01	0.964 3
820504	117.8	63.5	61.8	−1.7	−2.75	0.926 1
820509	84.4	55.8	55.5	−0.3	−0.54	0.925 5
830324	165.3	126.3	143.8	+17.5	+12.2	0.921 1
830514	67.0	40.4	41.2	+0.8	+1.94	0.941 6
830519	90.7	50.1	52.6	+2.5	+4.75	0.973 9
830614	226.9	161.9	157.0	−4.9	−3.12	0.964 4
840425	138.9	95.3	89.1	−6.2	−6.96	0.974 5
840830	175.9	110.7	98.0	−12.7	−12.96	0.963 7
平均	167.1	105.8	104.0			0.953 6

精度统计表明，率定的模型参数基本上是合理的。

2.误差分析

影响流域降雨径流过程的因素很多，三水源新安江模型的结构与参数能够反映湿润地区降雨径流过程的主要规律与特点，因而能获得较好的精度。但是，模型本身及模型计算中有许多的概化会造成误差。造成新丰江水库入库洪水预报方案误差来源主要有以下几方面。

1）雨量站代表性的影响

新丰江水库坝址以上集水面积为 5 734 km²，计算中采用 13 个雨量站，平均站网密度为 441 km²/站，对于多年平均降雨来讲，基本上能控制降雨的空间分布。但是对不同的年份、不同时期及不同类型的洪水，其差别比较大。通过抽站法由 20 个站和 13 个站所计算出的流域年平均雨量表明，其差值有时候可以达到 63 mm，如 1980 年、1983 年丰水年。

对于次洪来说，同是前汛期或同是后汛期，20 个站和 13 个站所计算出的面平均雨量误差不是太大，但遭遇台风雨时，可能会产生较大误差。如 840830 次洪水是由台风雨造成的，由 23 个站和 13 个站所计算出的流域面平均雨量相差近 30 mm。所以，面平均雨量的计算误差是产流量误差的主要影响因素。

2）人类活动的影响

随着社会经济的快速发展，人类活动的影响加剧，流域内先后修建了一些中小型水库。这些中小型水库大多数没有固定的调度原则和调洪方式，干旱季节或汛初的时候，流域内的大小水利工程均需蓄水，因此会使实测的径流量偏小，如 800420、840425 次洪水；水库一旦遭遇超标准洪水或大洪水，为了确保自身安全就迅速泄洪，因此会使实测流量偏大，如 830324 次洪水。此次洪水虽然发生在汛初的 3 月份，但由于受气候变化的影响，2 月中旬广东省大部分地区就开始普降大到暴雨，提前进入汛期，致使流域内中小型水库几乎全部蓄满，一遇洪水就迅速泄洪。

3）实测流量过程的影响

由于新丰江水库没有入库水文站，其逐日和逐时段流量过程均是采用坝前水位通过水库水量平衡方程反演的。由于水位观测的误差，流量过程大多呈锯齿状而且变化剧烈，计算中未作任何修正。这也是造成日模型模拟确定性系数不高的主要原因。

4）模型参数的影响

模型参数是根据输入，通过模型计算输出，再将输出过程与实测过程进行比较，用系统识别的方法作优化调试的，上述所率定出的模型参数可能不是最优的。

3. 问题讨论

1）流域划分

根据新丰江水库坝址以上流域水系及水文站、雨量站网的分布特点，宜先按天然流域将其划分为青龙潭、河头、顺天和区间 4 块单元面积，然后在每一块单元面积内用泰森多边形法细分。这样可以更符合降雨空间分布实际情况，解决面雨量计算误差的问题。

2）实时校正

模型计算值与实测值（流量或水位）之间总是存在一定的误差。造成两者间误差的因素很多，若针对每一个单一因素是难于描述和预见的，一般是采用实时校正模型来解决。实时校正模型的种类很多，主要与选择的预报模型有关，常用的有卡尔曼滤波、时变参数、实时流量带入、马斯京根法矩阵解、自回归等模型和方法。可以充分利用流域内青龙潭、河头、顺天水文（或水位）站信息，对模型计算值进行实时校正。

3）水库动库容

新丰江水库的库面面积较大（约 138 km²），当发生大水时，水库的尾水可以到达合江口以上，加上又没有入库站，所以动库容对计算精度的影响不可忽视。可以通过水动力学的途径来解决。

5.3　超渗产流流域水文模型

5.3.1　萨克拉门托流域水文模型

萨克拉门托(Sacramento)流域水文模型,简称 SAC 模型,是美国国家天气局萨克拉门托预报中心的伯纳什(R. C. Burnash)和费雷尔(R. L. Ferral)以及加利福尼亚州水资源部的麦圭尔(R. A. Mcguire)于 20 世纪 60 年代末至 70 年代初研制的。SAC 模型类似于斯坦福模型(SWM),是一个连续模拟模型,包含了 SSARR 和 SWM 每个模拟相同过程的算法。1973 年开发完成了日流量模拟程序;1974 年被美国国家天气局作为标准土壤含水量计算模型;1975 年又进一步开发完成了 6 h 的模拟程序。SAC 模型虽然研制完成时间相对较晚,但其功能较为完善,模型研制者希望能适用于大中型流域,湿润地区和干旱地区。SAC 模型在美国的水文预报中广为应用,也是国内引进的水文模型中人们较为熟悉的模型之一。

5.3.1.1　模型结构

SAC 模型是集总式参数型的连续运算的确定性流域水文模型。模型以土壤水分的贮存、渗透、运移和蒸散发特性为基础,用一系列具有一定物理概念的数学表达式来描述径流形成的各个过程;模型中的每一个变量代表水文循环中一个相对独立的层次和特性;模型参数则是根据流域特性、降雨量和流量资料推求。模型基本结构框图见图 5-8。

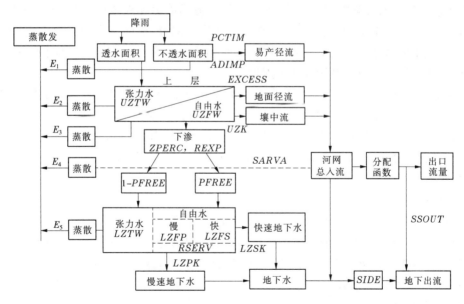

图 5-8　萨克拉门托模型(NWSRFS)基本结构框图

1.流域划分

按下垫面对降雨产流作用的不同,将全流域分为永久不透水面积 *PCTIM*、可变的不

透水面积 *ADIMP* 和透水面积 1 − *PCTIM* − *ADIMP*。

2. 土层划分

在透水面积上,根据土壤垂向分布的不均匀性将土层分为上土层和下土层。

3. 土壤水划分

根据土壤水分受力特性的不同,将每层土壤水分分为张力水和自由水两种。张力水消耗于蒸散发,自由水可以产流。

4. 水源划分及产流机制

1)水源划分

将水源划分为直接径流、地面径流、壤中流、快速地下水和慢速地下水。

2)产流机制

(1)直接径流。包括永久不透水面积上产生的直接径流和可变不透水面积上产生的直接径流两种。永久不透水面积上产生直接径流的机理是:降落在湖面、沼泽、河网等永久不透水面积上的降雨(不论其雨强大小)都产生直接径流。可变不透水面积上产生直接径流的机理是:随着降雨的延续,与河网毗连的那部分面积上的土壤逐渐湿润,而且上土层张力水达到饱和后,就增加了一部分不透水面积,增加的这部分不透水面积将产生直接径流。所以,产生直接径流的流域面积不一定是个常数。

(2)地面径流。当上土层土壤的张力水与自由水都饱和后,降雨强度又大于上土层向下土层的渗透率与壤中流出流率之和,则多余的降雨产生饱和坡面流,也就是地面径流。地面径流包括透水面积上的和可变的不透水面积上的两部分。

(3)壤中流。由于土壤垂向分布是不均匀的,一般上层为腐殖土层,而下层为风化土层,上土层一般具有较强的渗透能力,而下土层的渗透能力相对较弱,因此上下土层之间容易形成相对不透水层,上土层自由水来不及下渗的部分,横向流出形成壤中流,也就是上土层的供水能力超过了向下土层的渗透率而形成壤中流,它是上下土层间的一种饱和壤中流。壤中流的蓄泄关系用线性水库模拟。

(4)快速地下水。又称为附加地下水。下渗到下土层的水量按某一比例系数分配给下土层张力水和下土层自由水,而下土层自由水又分为浅层自由水和深层自由水,快速地下水由下土层中的浅层自由水蓄量消退产生,其蓄泄关系用线性水库模拟。

(5)慢速地下水。又称为基本地下水,由下土层中的深层自由水蓄量消退产生,其蓄泄关系用线性水库模拟。

5. 流域蒸散发

流域的蒸散发由透水面积上的上土层张力水蒸散发量 E_1、透水面积上的上土层自由水蒸散发量 E_2、透水面积上的下土层张力水蒸散发量 E_3、河道中的水面蒸发量 E_4 和不透水面积上的蒸散发量 E_5 五部分组成。蒸散发计算采用线性模型,它与张力水蓄量成正比,但上下土层的比例系数不相同。

5.3.1.2 模型计算

1. 蒸散发计算

流域的蒸散发能力 *EP* 由逐日的蒸发皿观测值经改正后求得。蒸散发与蒸散发能力和土壤含水量成正比。

1）上土层张力水蒸散发量

$$E_1 = \begin{cases} UZTWC & UZTWC < EP \\ EP \cdot \dfrac{UZTWC}{UZTWM} & UZTWC \geqslant EP \end{cases} \tag{5-49}$$

式中　$UZTWC$——上土层张力水蓄量，mm；

　　　$UZTWM$——上土层张力水容量，mm。

2）上土层自由水蒸散发量

$$E_2 = \begin{cases} 0 & EP - E_1 = 0 \\ EP - E_1 & UZFWC \geqslant EP - E_1 \\ UZFWC & UZFWC < EP - E_1 \end{cases} \tag{5-50}$$

式中　$UZFWC$——上土层自由水蓄量，mm。

3）下土层张力水蒸散发量

$$E_3 = (EP - E_1 - E_2)\frac{LZTWC}{UZTWM + LZTWM} \tag{5-51}$$

式中　$LZTWC$——下土层张力水蓄量，mm；

　　　$LZTWM$——下土层张力水容量，mm。

4）水面蒸发量

$$E_4 = \begin{cases} EP \cdot SARVA & SARVA \leqslant PCTIM \\ EP \cdot SARVA - (E_1 + E_2 + E_3) \cdot SP & SARVA > PCTIM \end{cases} \tag{5-52}$$

式中　$SARVA$——河网、湖泊及水生植物面积占全流域面积的比例；

　　　$SP = SARVA - PCTIM$。

5）可变不透水面积上的蒸散发量

$$E_5 = E_1 + (EP - E_1)\frac{ADIMC - UZTWC}{UZTWM + LZTWM} \tag{5-53}$$

式中　$ADIMC$——可变的不透水面积上的张力水蓄量，mm，$ADIMC = UZTWC + LZTWC$。

2. 产流量计算

1）直接径流

直接径流由永久不透水面积上形成的直接径流和可变不透水面积上形成的直接径流两部分组成。其中，永久不透水面积上的时段降雨量 P 形成的直接径流为

$$ROIMP = P \cdot PCTIM \tag{5-54}$$

可变的不透水面积上形成的直接径流为

$$ADDRO = PAV\left(\frac{ADIMC - UZTWC}{LZTWM}\right) \tag{5-55}$$

式中　PAV——有效降雨，mm。

$$总的直接径流量 = ROIMP + ADDRO \tag{5-56}$$

2）地面径流

上土层自由水已达到其容量值 $UZFWM$ 后，超过部分形成的地表径流为

$$ADSUR = PAV \cdot PAREA \tag{5-57}$$

式中　$PAREA$——透水面积占全流域的比例，$PAREA = 1 - (PCTIM + ADIMP)$。

3）壤中流

上土层自由水的侧向出流产生壤中流，假定出流与蓄量成线性关系，即

日出流量　　　　　　　$RI_D = UZFWC \cdot UZK \cdot PAREA$ (5-58)

时段出流量　　　　　$RI_{\Delta t} = UZFWC \left[1 - (1 - UZK)^{\frac{\Delta t}{24}} \right] PAREA$ (5-59)

式中　$UZFWC$——上土层自由水蓄量，mm；

　　　UZK——壤中流日出流系数；

　　　Δt——计算时段，h。

4）快速地下水

假定快速地下水出流量与蓄量成线性关系，即

日出流量　　　　　　　$RG_{SD} = LZFSC \cdot LZSK \cdot PAREA$ (5-60)

时段出流量　　　　　$RG_{S\Delta t} = LZFSC \left[1 - (1 - LZSK)^{\frac{\Delta t}{24}} \right] PAREA$ (5-61)

式中　$LZFSC$——下土层快速地下水蓄量，mm；

　　　$LZSK$——下土层快速地下水日出流系数。

5）慢速地下水

假定慢速地下水出流量与蓄量成线性关系，即

日出流量　　　　　　　$RG_{PD} = LZFPC \cdot LZPK \cdot PAREA$ (5-62)

时段出流量　　　　　$RG_{P\Delta t} = LZFPC \left[1 - (1 - LZPK)^{\frac{\Delta t}{24}} \right] PAREA$ (5-63)

式中　$LZFPC$——下土层慢速地下水蓄量，mm；

　　　$LZPK$——下土层慢速地下水日出流系数。

3. 下渗量计算

假定稳定下渗率 $PBASE$ 为下土层饱和时的下渗率，即

$$PBASE = LZFSM \cdot LZSLC + LZFPM \cdot LZPK$$ (5-64)

式中　$LZFSM$——下土层快速地下水容量，mm；

　　　$LZFPM$——下土层慢速地下水容量，mm。

实际稳定下渗能力与上土层自由水蓄量成正比，即

$$PERC = PBASE \cdot \frac{UZFWC}{UZFWM}$$ (5-65)

当下土层缺水时，缺水率为

$$DEFR = 1 - \frac{LZFPC + LZFSC + LZTWC}{LZFPM + LZFSM + LZTWM}$$ (5-66)

下渗率与下土层的缺水程度有关，当上土层饱和，而下土层最干旱时，下渗率最大。下渗率为

$$PERC = PBASE(1 + ZPERC \cdot DEFR^{REXP})$$ (5-67)

式中　$ZPERC$——与最大下渗率有关的参数；

　　　$DEFR$——下土层相对缺水量，mm；

　　　$REXP$——下渗曲线指数。

下渗曲线见图 5-9。

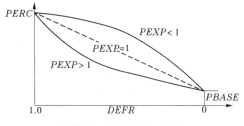

图 5-9　下渗曲线示意图

若上土层自由水并非充分供水,渗透率与上土层自由水的供水量有关,实际下渗率为

$$PERC = PBASE(1 + ZPERC \cdot DEFR^{REXP}) \frac{UZFWC}{UZFWM} \tag{5-68}$$

4. 下渗水量分配

下渗到下土层的水量还要进行分配。其中,$PERC \cdot PFREE$ 为进入下土层的自由水,而 $PERC(1 - PFREE)$ 为进入下土层的张力水。进入下土层的自由水,按快速自由水、慢速自由水的缺水程度进行分配。分配给慢速自由水的水量为

$$PERCP = (PERC \cdot PFREE)\xi \tag{5-69}$$

其中,$\xi = \dfrac{LZFPM}{LZFPM + LZFSM} \cdot \dfrac{2\left(1 - \dfrac{LZFPC}{LZFPM}\right)}{\left[\left(1 - \dfrac{LZFPC}{LZFPM}\right) + \left(1 - \dfrac{LZFSC}{LZFSM}\right)\right]}$。

分配给快速地下水的水量为

$$PERCS = (PERC \cdot PFREE) - PERCP \tag{5-70}$$

若渗透水量超过下土层的缺水量,将发生反馈,反馈水量增加上土层的自由水蓄量。反馈量为

$$CHECK = (PERC + LZFPC + LZFSC + LZTWC) - LPSW \tag{5-71}$$

其中,$LPSW = LZFPM + LZFSM + LZTWM$。

5. 限制与平衡校核

当上土层张力水含水率小于上土层自由水的含水率时,也就是 $\dfrac{UZFWC}{UZFWM} > \dfrac{UZTWC}{UZTWM}$ 时,自由水将补充张力水,使两者的含水率相等(两种蓄水量与它们的蓄水容量的比值相等而总蓄量不变),即

$$UZTWC = UZTWM \frac{UZTWC + UZFWC}{UZTWM + UZFWM} \tag{5-72}$$

$$UZFWC = UZFWM \frac{UZTWC + UZFWC}{UZTWM + UZFWM} \tag{5-73}$$

当 $\dfrac{LZTWC}{LZTWM} < \dfrac{LZFPC + LZFSC - SAVED + LZTWC}{LZFPM + LZFSM - SAVED + LZTWM}$ 时,也就是下土层张力水的含水率小于下土层总水量的含水率时,自由水将补充张力水,使两者的含水率相等。先由快速自由水补充张力水,不足部分由慢速自由水补充,即

$$DEL = \left(\frac{LZFPC + LZFSC - SAVED + LZTWC}{LZFPM + LZFSM - SAVED + LZTWM} - \frac{LZTWC}{LZTWM}\right)LZTWM \tag{5-74}$$

$$LZTWC = UZTWC + DEL, LZFSC - DEL \text{ 或 } LZFPC - DEL \quad (5\text{-}75)$$

式中 $SAVED$——不参与蒸散发的自由水蓄量,mm,$SAVED = RSEERV(LZFPM + LZFSM)$。

若下渗量 $PERC$ 超过下土层总缺水量时,以下土层饱和为限,其余留在上土层 $UZF-WC$ 中。若进入快速自由水的下渗量 $PERCS$ 超过其缺水量时,以快速自由水饱和为限,其余留在慢速 $LZFPC$ 中。每一个计算时段都作水量平衡校核,校核的误差放在 $UZFWC$ 中。

6. 流域汇流计算

模型将流域汇流计算分为坡面汇流和河网汇流两部分。计算出的直接径流和地面径流直接进入河网,而壤中流、快速地下水和慢速地下水用线性水库模拟。各种水源的总和扣除时段内的水面蒸发 E_4,即得河网总入流。河网汇流一般采用无因次单位线。当河道断面或水力特性变化较大时,模型研制者建议采用"分层的马斯京根法"作进一步的调蓄计算,但对如何分层和如何确定演算参数未作阐述。汇流部分使用者也可根据流域实际情况自行配置。

5.3.1.3 模型参数

萨克拉门托模型产流部分的主要参数见表5-7。

表5-7 萨克拉门托模型产流部分主要参数

类别	参数名	参数意义
直接径流	PCTIM	邻近河槽(包括河槽)不透水面积占全流域面积比例,称为永久不透水面积
	ADIMP	可变不透水面积占全流域面积的比例
	SARVA	河网、湖泊及水生植物面积占全流域面积的比例
蒸散发	UZTWM	上土层张力水容量(mm)
	LZTWM	下土层张力水容量(mm)
	RSERV	下土层自由水中不参与蒸散发的比例
	UZK	上土层自由水日出流系数
渗透	FZFWM	上土层自由水容量(mm)
	ZPERC	与最大下渗率有关的参数
	REXP	下渗函数中的指数
	PFREE	从上土层向下土层下渗的水量中补充自由水的比例
其他	LZFSM	下土层快速地下水容量(mm)
	LZSK	下土层快速地下水日出流系数
	LZFPM	下土层慢速地下水容量(mm)
	LZPK	下土层慢速地下水日出流系数
	SIDE	不闭合的地下水出流比例
	SSOUT	不闭合的地表水出流比例

1. 参数概念性分析

萨克拉门托模型参数较多,如果都靠计算机进行优选,其工作量极大,而且效果不一定好,结果也不一定合理。由于模型的大多数参数都有一定的物理意义,可以根据其概念用实测或试验资料分析。

(1)不透水面积占全流域的比例 PCTIM。如图 5-10 所示,根据夏季久旱后的一场小雨在出口断面形成的流量过程,扣除基流之后,可认为是由不透水面积上的降雨所形成的,计算径流系数,则 $PCTIM = R/PE$,主要取决于流域的下垫面特征。

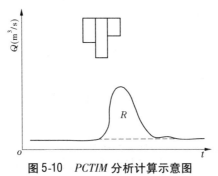

图 5-10 *PCTIM* 分析计算示意图

(2)变化的不透水面积占全流域的比例 ADIMP。根据冬季大水之后的一场小雨在出口断面产生的流量过程,计算径流系数,则 $ADIMP = R/PE - PCTIM$,主要取决于流域的下垫面特征。

(3)河网、湖泊及水生植物的面积占全流域的比例 SARVA。SARVA 可由大比例尺的地形图上量取或用地理信息系统(GIS)中的有关软件计算出,主要取决于流域的下垫面特征。

(4)上土层张力水容量 UZTWM。UZTWM 可看做最大初损。可选夏季久旱之后的降雨(这段时期地下水上升小)计算其次洪损失量,并取多次计算中的最大值作为 UZTWM,与流域植被、上土层土壤发育程度和地下水水位高低有关。

(5)下土层张力水容量 LZTWM。在湿润地区,LZTWM 一般取历史最大损失量与上土层张力水容量 LZTWM 之差,与流域植被和下土层土壤发育程度有关。

(6)下土层自由水中不蒸发的比例 RSERV。一般取 $RSERV = 0 \sim 0.3$。

(7)上土层自由水日出流系数 UZK。如图 5-11 所示,UZK 可由壤中流退水天数 N 进行粗估。认为壤中流经 N 天以后基本退完,用式(5-76)表示,即

$$(1 - UZK)^N = 0.1 \text{ 或 } UZK = 1 - \sqrt[N]{0.1} \tag{5-76}$$

UZK 与上土层土壤类型及其分布特征有关。

(8)上土层自由水容量 UZFWM。因为上土层自由水要向下土层渗透并产生壤中流,故此参数不能从实测资料中直接估算,一般可取 15 ~ 30 mm。它调节地面径流和壤中流的比例,与上土层土壤类型和分布特征有关。

(9)与最大下渗率有关的参数 ZPERC。ZPERC 与上、下土层土壤类型有关,主要靠优选或借用自然地理条件相似流域的数值。

(10)渗下函数中的指数 REXP。推求 REXP 方法与推求参数 ZPERC 相同,REXP 与

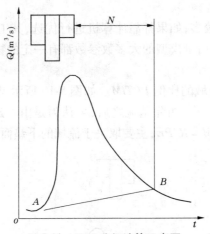

图 5-11　UZK 分析计算示意图

上、下土层土壤类型有关。

(11)从上土层向下土层渗透的水量中分配给自由水的比例系数 *PEREE*。*PEREE* 是一个变量,一般取 *PEREE* = 0.2 ~ 0.5,主要取决于地下水的丰富程度。

(12)快速地下水容量 *LZFSM*。在退水流量中扣除慢速地下水后,用类似于(14)中推求 *LZFPM* 的方法推求,*LZFSM* 主要取决于地下水的丰富程度。

(13)快速地下水日出流系数 *LZSK*。在退水流量中扣除慢速地下水后,可用类似于(15)中推求 *LZPK* 的方法推求 *LZSK*,*LZSK* 主要取决于地下水的丰富程度。

(14)慢速地下水容量 *LZFPM*。用最大慢速地下水流量 Q_G(mm/d)除以 *LZPK* 求得,即 *LZFPM* = Q_G/*LZPK*。*LZFPM* 与下土层土壤类型和分布特征有关。

(15)慢速地下水日出流系数 *LZPK*。如图 5-12 所示,选择枯季的退水流量后期,可认为是慢速地下水出流,即

$$LZPK = 1 - \left(\frac{Q_N}{Q_0}\right)^{\frac{1}{N}} \tag{5-77}$$

式中　Q_0——计算时期的起始流量,m³/s;

　　　Q_N——第 N 天的流量,m³/s。

LZPK 与下土层的土壤类型和分布特征有关。

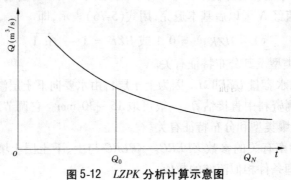

图 5-12　*LZPK* 分析计算示意图

（16）不闭合的地下水出流 $SIDE$。一般取 $SIDE=0$。

（17）不闭合的地面水出流 $SSOUT$。一般取 $SSOUT=0$。

2. 参数敏感性与独立性分析

萨克拉门托模型参数多，相互关系复杂，在应用实测流量过程线来分析参数时，会遇到较大的困难，因此分析各参数所起的作用及相互关系十分重要。下面主要讨论模型中产流部分 $UZTWM$、$UZFWM$、$LZTWM$、$LZFPM$、$LZFSM$、$ZPERC$、$REXP$、UZK、$LZPK$、$LZSK$、$PFREE$、$RSERV$ 等 12 个参数，其余次要参数及汇流参数不加讨论，可参阅有关参考文献。

用渗透性特别大的流域资料对有关下渗参数 $UZFWM$、$ZPERC$、$REXP$、$PFREE$ 进行了试验。对 $UZFWM$ 的试验表明：加大 $UZFWM$，就要减少 $UZFWC/UZFWM$，使 RG 减小，RI 增大，RS 减小。因此，$UZFWM$ 对水源划分产生的影响明显，对计算精度也有一定的影响，它是一个敏感性参数。对 $ZPERC$ 的试验表明：$ZPERC$ 只对 RI/RG 有一定的影响，它是一个相对不敏感参数。对 $REXP$ 的试验表明：加大 $REXP$，就会减少下渗，RG 减小，RI、RS 增大，它是一个敏感参数。对 $PFREE$ 的试验表明：$PFREE$ 在一般范围内相对不敏感，对水源划分的影响也不大，当 $PFREE$ 增加时，R、RG 要增加。

用渗透性中等的流域资料对有关蒸散发参数 $UZTWM$、$LZTWM$、$RSERV$、UZK 进行了试验。试验表明：有关蒸散发的 4 个参数除 UZK 对 RS、RI 有一定的影响外，其余参数对计算精度的影响不大，是相对不敏感参数。

模型中作用最大的参数是稳定下渗率 $PBASE$，它对下渗水量起着最大的作用，对地下径流（快速地下水和慢速地下水）的多少也起着重要作用。$PBASE$ 决定于 $LZFPM$、$LZFSM$、$LZPK$、$LZSK$ 等 4 个参数，牵连很多，相互不独立。用渗透性中等的流域资料对上述参数的试验表明：4 个参数可以在很大范围内变化而不影响精度，也就是说，它们不敏感，参数的解很不确定。主要原因是 $PBASE$ 与 $UZFWM$ 不变，RG 就基本不变；$LZFPM \cdot LZPK$ 与 $LZFSM \cdot LZSK$ 都不变，表示快速地下水和慢速地下水的比也基本不变；$UZFWM$ 与 UZK 不变，RS 与 RI 也基本不变。

3. 参数调试

（1）用人机交互优选，对比实测与计算流量过程线，比较其差别，调整参数，使模型大体上不存在系统误差。

（2）固定 $PBASE$，微调 $UZFWM$、$LZPK$、$LZFSM$、$LZSK$ 等 4 个参数，以确定快速自由水、慢速自由水之间的关系。微调以确定性系数 DC 为目标函数，重点在退水部分。

（3）微调 $UZFWM$，以调整地面径流、壤中流和地下径流之间的关系。

（4）必要时再对其余参数作微调。

（5）在确定上土层自由水、快速自由水、慢速自由水蓄量初始值时，应注意所给初始值经单位换算后应与起始实测流量相等。

5.3.1.4 模型评述

萨克拉门托模型的结构可以简单地归纳为以下几个方面：

（1）蓄满产流与超渗产流兼有，流域分单元和总径流分水源。

（2）模型参数虽有物理意义，但参数多，难于优选；产流计算复杂，汇流计算相对简单甚至可以根据需要自行配置。

（3）模型中设有超渗产流机制，可以根据不同的自然地理条件，采用不同的参数组合，描述不同的产流机制，在湿润与半湿润地区以蓄满产流为主，在干旱与半干旱地区以超渗产流为主，其适应范围广。

（4）模型参数的独立性差，最优解很不唯一，参数的自动优选问题很难解决。

5.3.1.5　计算实例

【例 5-1】已知某流域集水面积为 $100 \ km^2$，永久不透水面积 $PCTIM$ 占全流域的比例为 0.02，可变不透水面积 $ADIMP$ 占全流域的比例为 0.03，上土层自由水蓄量 $UZKWC = 10.0 \ mm$，壤中流日出流系数 $UZK = 0.6$，快速地下水蓄量 $LZFSC = 8.0 \ mm$，快速地下水日出流系数 $LZSK = 0.3$，慢速地下水蓄量 $LZFPC = 6.0 \ mm$，慢速地下水日出流系数 $LZPK = 0.4$。试计算 $\Delta t = 3 \ h$ 时的壤中流、快速地下水和慢速地下水出流（径流量）。

解：（1）透水面积占全流域的比例

$$PEREA = (1 - PCTIM - ADIMP) = 1.0 - 0.02 - 0.03 = 0.95$$

（2）3 h 壤中流出流

$$\begin{aligned}
RI_{3h} &= UZFWC[1 - (1 - UZK)^{\frac{\Delta t}{24}}]PAREA \\
&= 10.0 \times [1 - (1 - 0.6)^{\frac{3}{24}}] \times 0.95 \\
&= 1.06 \ (mm)
\end{aligned}$$

（3）3 h 快速地下水流出流

$$\begin{aligned}
RG_{S3h} &= LZFSC[1 - (1 - LZSK)^{\frac{\Delta t}{24}})PAREA \\
&= 8.0 \times [1 - (1 - 0.3)^{\frac{3}{24}}] \times 0.95 \\
&= 0.331 \ (mm)
\end{aligned}$$

（4）3 h 慢速地下水流出流

$$\begin{aligned}
RG_{P3h} &= LZFPC[1 - (1 - LZPK)^{\frac{\Delta t}{24}}]PAREA \\
&= 6.0 \times [1 - (1 - 0.4)^{\frac{3}{24}}] \times 0.95 \\
&= 0.353 \ (mm)
\end{aligned}$$

5.3.2　陕北模型

在我国黄土高原地区，自然地理条件复杂，暴雨时空分布极不均匀，雨量站及水文站网密度又十分稀疏，长期以来给该地区暴雨洪水计算带来很多的困难。河海大学赵人俊等学者选择水文站网较密、资料观测精度较高的陕北子洲径流实验站，分析了人工积水试验下渗规律，探讨了子洲径流实验站、团山沟径流实验站及流域的产流计算问题，提出陕北降雨径流模型（简称陕北模型）。陕北模型适用于干旱地区或者是以超渗产流为主的地区。

5.3.2.1　模型结构

为了考虑降雨分布和下垫面分布的不均匀性，尤其是地面下渗能力的不均匀性，将流域划分为若干块单元面积；在每块单元面积内又分为不透水面积 FB 和透水面积（1 - FB）。在透水面积上，降雨量 i 扣除蒸散发量 E 后，用霍顿（Horton）下渗公式和流域下渗能力分配曲线计算径流量 R_1；在不透水面积上，降雨 i 扣除蒸散发 E，产生径流量 R_2；一次降雨产生的流域总的径流量 $R = R_1 + R_2$。各单元面积的坡地汇流计算采用线性水库或滞后演算法。河道汇流计算采用马斯京根分段连续演算法。将各单元面积到达出口断面的流量过程线性叠加即为流域出口断面总的流量过程，模型结构框图见图 5-13。

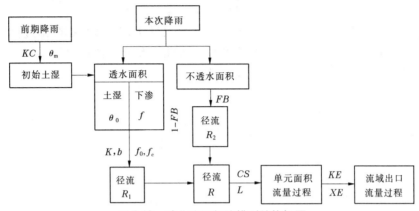

图 5-13　陕北降雨径流模型结构框图

5.3.2.2　产流量计算

在干旱地区，由于雨量稀少，地下水埋藏较深，因此包气带一般较厚。例如，在陕北黄土丘陵地区，由于雨量稀少，多年平均降水量在 500 mm 以下，地下水埋深较深，包气带厚度可达几十至上百米，其下部常为干土。一般性降雨很难使整个包气带达到田间持水量，也几乎没有重力水渗透到地下水面而产生地下径流。加之区内植被较差，土质贫瘠密实，下渗能力较小，雨强超过下渗能力的可能性很大，因此干旱地区的降雨产流方式以超渗产流为主。

1. 经验的 $f \sim \theta$ 曲线

超渗产流的产流机制是：雨强超过地面下渗能力产生地面径流。因此，在进行产流量计算时，除水量平衡方程外，还需确定降雨过程中的实际地面下渗能力，以便与降雨强度进行比较，即

$$RS = \begin{cases} 0 & i < f \\ i - f & i \geqslant f \end{cases} \tag{5-78}$$

式中　RS——计算时段内的地面径流量，mm；

　　　i——降雨强度，mm/min；

　　　f——地面下渗能力，mm/min。

由式（5-78）可知，只要确定了一场降雨过程中任一时刻的雨强 i 与地面下渗能力 f，就能计算出这场降雨的地面径流量 RS。雨强 i 是实测的，关键的问题是如何求得任一时刻的地面下渗能力。

影响地面下渗能力的因素很多，由下渗理论可知，任一时刻的下渗能力取决于该时刻的土壤含水量 θ 及其垂向分布。因此，要准确地求出任一时刻的下渗能力不是一件容易的事情。若假设下渗能力只与土壤含水量有关，而与土壤含水量垂向分布无关，换言之，认为深层土壤含水量对下渗能力的影响不大，只考虑浅层土壤含水量。令影响下渗能力

的浅层土壤含水量为 θ,则

$$f = f(\theta) \tag{5-79}$$

而降水期间的下渗水量,可以看做土壤含水量的增量,即

$$\mathrm{d}\theta = \begin{cases} i\mathrm{d}t & i < f \\ f(\theta)\mathrm{d}t & i \geq f \end{cases} \tag{5-80}$$

因此,只要有了流域的 $f \sim \theta$ 曲线和初始土壤含水量 θ,就可以根据降雨过程推求出超渗产流过程。据式(5-79)、式(5-80)推求出的 $f \sim \theta$ 曲线和 $f \sim t$ 曲线见图5-14。$f \sim t$ 曲线和 $f \sim \theta$ 曲线两种关系曲线可以互相转换,见表5-8。

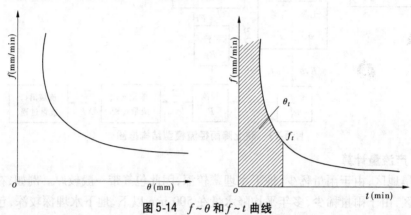

图 5-14 $f \sim \theta$ 和 $f \sim t$ 曲线

表 5-8 $f \sim t$ 和 $f \sim \theta$ 曲线相互转换

$f \sim t$ 曲线转换为 $f \sim \theta$ 曲线					$f \sim \theta$ 曲线转换为 $f \sim t$ 曲线				
t(min)	f(mm/min)	$\bar{f}$(mm/min)	$\Delta\theta$(mm)	θ(mm)	θ(mm)	f(mm/min)	$\bar{f}$(mm/min)	Δt(min)	t(min)
0	3.60			0	0	2.60			0
5	1.60	2.60	13.0	13.0	10.0	1.70	2.15	4.7	4.7
10	1.20	1.40	7.0	20.0	20.0	1.14	1.42	7.0	11.7
20	0.88	1.02	10.2	30.2	30.0	0.77	0.96	10.4	22.1
30	0.67	0.78	7.8	38.0	40.0	0.51	0.64	15.6	37.7
40	0.53	0.60	6.0	44.0	50.0	0.40	0.46	21.7	59.4
50	0.44	0.48	4.8	48.8	60.0	0.40	0.40	25.0	84.4
60	0.40	0.42	4.2	53.0					
70	0.40	0.40	4.0	57.0					

应用 $f \sim \theta$ 曲线计算超渗地面径流量的步骤为:

(1)根据降雨开始时的土壤含水量 θ_0 查 $f \sim \theta$ 曲线,得降雨开始时的地面下渗能力 f_0。

(2)假设时段内下渗能力呈线性变化,然后用试算法求出第一时段末的下渗能力 f_1。

（3）计算第一时段平均下渗能力 $\bar{f}_1 = \dfrac{f_0 + f_1}{2}$。

（4）将第一时段平均雨强 $\bar{i}_1$ 与第一时段平均下渗能力 $\bar{f}_1$ 进行比较，若 $\bar{i}_1 \leqslant \bar{f}_1$，则不产生地面径流，全部降雨量渗入土壤中，成为土壤含水量的增量；若 $\bar{i}_1 > \bar{f}_1$，则产生超渗地面径流量为 $(\bar{i}_1 - \bar{f}_1)\Delta t$，下渗量为 $\bar{f}_1 \Delta t$。

（5）计算第一时段末的土壤含水量 $\theta = \theta_0 + \bar{f}_1 \Delta t - E_1$（$E_1$ 为第一时段内的蒸散发量）。

（6）转入第二个时段计算，步骤同（1）~（5）。

用上述方法逐时段进行计算，就可求出一场降雨产生的超渗地面径流过程和土壤含水量的变化过程。

2. 下渗曲线方程

下渗曲线方程常见的有霍顿（Horton）和菲利普（Philip）下渗曲线方程。

霍顿（Horton）下渗曲线方程为

$$f = f_c + (f_0 - f_c)\,\mathrm{e}^{-kt} \tag{5-81}$$

式中　f_0——初始下渗率，相当于土壤干燥时的下渗率，mm/min；

　　　f_c——稳定下渗率，mm/min；

　　　k——随土质而变的系数，t^{-1}；

　　　t——时间，min；

其余符号意义同前。

菲利普（Philip）下渗曲线方程为

$$f = \frac{B}{\sqrt{t}} + A \tag{5-82}$$

式中　A、B——随土质而变的系数；

其余符号意义同前。

采用下渗曲线方程无须推求 $f \sim \theta$ 曲线的经验关系则是将下渗曲线方程直接转换成 $f \sim \theta$ 曲线的形式后用实测资料进行验证。以误差最小为原则对参数进行优选，直接推求出下渗曲线方程中的有关参数。

（1）菲利普下渗曲线方程与 $f \sim \theta$ 曲线转换。

$$\theta = \int_0^t f\,\mathrm{d}t = \int_0^t \left(\frac{B}{\sqrt{t}} + A\right)\mathrm{d}t = 2B\sqrt{t} + At \tag{5-83}$$

将 $t = \dfrac{B^2}{(f-A)^2}$ 代入式（5-83），得 $\theta = \dfrac{2B^2}{(f-A)} + \dfrac{AB^2}{(f-A)^2}$，则

$$f = B^2(1 - \sqrt{1 + A\theta/B^2})/\theta + A \tag{5-84}$$

式（5-84）即为菲利普下渗曲线方程的 $f \sim \theta$ 关系，只要给出一组系数 A、B 值，便可直接求出 $f \sim \theta$ 的关系式，即可计算地面径流量。

（2）霍顿下渗曲线方程与 $f \sim \theta$ 曲线转换。

$$\theta = \int_0^t f\,\mathrm{d}t = \int_0^t \left[f_c + (f_0 - f_c)\,\mathrm{e}^{-kt}\right]\mathrm{d}t$$

$$= f_c t + \frac{1}{k}(1 - \mathrm{e}^{-kt})(f_0 - f_c) \tag{5-85}$$

将 $e^{-kt} = \dfrac{f - f_c}{f_0 - f_c}$ 代入式(5-85)得

$$f = f_0 - k(\theta - f_c t) \tag{5-86}$$

联立求解式(5-85)、式(5-86)可得霍顿下渗曲线方程的 $f \sim \theta$ 关系。求解时,要用迭代法才能求出 $f \sim \theta$ 关系,其迭代步骤为:

(1)已知初始的土壤含水量 θ,以 $t_0 = \theta / f_0$ 作为 t 的第一次近似值,代入式(5-85),求得第一次近似的土壤含水量 θ_1。

(2)将 θ_1 与已知的 θ 作比较,$\Delta\theta = |\theta_1 - \theta|$,如 $\Delta\theta$ 大于预先给定的允许误差 ε,则以 θ_1 代入式(5-86)算出 f 的第一次近似值 f',然后计算出相应的 t 值,经过多次迭代,直至 $|\theta_1 - \theta| \leq \varepsilon$ 时,即可得到所求的 f。

(3)已知 $\mathrm{d}\theta = f\mathrm{d}t$,即 $\Delta t = \Delta\theta / f$,以计算的 $\Delta\theta$ 和 f 代入,求得 Δt。

(4)令 $t = t_0 + \Delta t$,转向(1),直到 $\Delta t \leq \varepsilon$。

上述迭代过程见本节模型应用实例。

实际应用表明,霍顿下渗曲线方程的拟合精度比菲利普下渗曲线方程的拟合精度好。菲利普下渗曲线方程在 t 很小、f 变化范围很大时精度不大好。

3. 产流量计算

设任一时段的降雨强度为 i,蒸散发量为 E。

(1)不透水面积上产流量 R_1 为

$$R_1 = (i - E)FB \tag{5-87}$$

(2)透水面积上产流量 R_2,用前面介绍的霍顿下渗曲线方程或菲利普下渗曲线方程计算。

(3)流域总产流量 R 为

$$R = R_1 + R_2 \tag{5-88}$$

5.3.2.3 坡地汇流计算

单元面积坡地汇流采用线性水库和滞后演算相结合的方法,换言之,就是用水库调蓄和平移的方法对单元面积上的坡地汇流进行模拟。单元面积输入、输出过程见图5-15,计算公式为

$$Q_t = CS \cdot Q_{t-1} + (1 - CS)I(t - L) \tag{5-89}$$

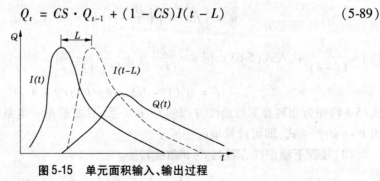

图5-15　单元面积输入、输出过程

式中　Q、I——出流、入流流量,m^3/s;

$\quad\quad CS$——地面径流消退系数;

$1 - CS$——地面径流出流系数;

L——滞时(时段数)。

5.3.2.4 河道汇流计算

河道汇流计算采用马斯京根分段连续演算法。首先根据河道水力学特性确定整河段的演算和河段数;然后确定计算时段 Δt 和单一河段的演算参数 KE、XE,各单元面积的演算参数 KE、XE 取相同值,但各单元面积的河段数 n 不同。

5.3.2.5 模型参数

陕北模型产流结构若采用霍顿下渗方程,有 KC、θ_m、$FB\sqrt{f_0}\sqrt{f_c}$、k、B、CS、L、KE、XE、ε 共计 12 个参数,主要参数为 KC、θ_m、f_0、f_c、k、CS、L。

1. 蒸散发能力折算系数 KC

详细见本章模型参数概念分析方法部分。由于干旱地区资料等方面的原因,在实际模拟计算中 KC 值往往变化很大,最后需经调试后确定,必要时可分月份优选。

2. 张力水蓄水容量 θ_m

与参数 KC 一起,主要用于计算初始土壤含水量 θ_0,$\theta_m = 60 \sim 80$ mm。

3. 最干旱时的下渗能力 f_0

一般来说,天然流域无土壤含水量和下渗资料,可用水文分析法及下渗模型法分析,由实测资料验证。一般 $f_0 = 1.0 \sim 2.0$ mm/min。

4. 稳定下渗率 f_c

可用水文分析法及下渗模型法分析,由实测资料验证。一般 $f_c = 0.3 \sim 0.5$ mm/min。

5. 霍顿下渗曲线方程系数 k

可用水文分析法及下渗模型法分析,由实测资料验证。$k = 0.04 \sim 0.05$ min^{-1}。

6. 地面径流消退系数 CS

详细见本章模型参数概念分析方法部分。

7. 滞时 L

详见本章模型参数概念分析方法部分。

除上述参数外,在产流计算时还需要确定本次洪水发生 t 时刻的土壤含水量 θ_t。θ_t 对产流计算有很大的影响,但目前尚不能准确地求得。根据陕北地区的具体情况,一般用日降雨资料按一层蒸散发计算模型推求;也可以通过单点土壤含水量消退规律分析,建立土壤含水量与时间的关系,用式(5-90)进行计算

$$\theta_t = \theta_0 e^{-\varepsilon t} = \theta_0 \varepsilon^t \qquad (5\text{-}90)$$

式中　θ_t——t 时刻的土壤含水量,mm;

　　　θ_0——初始时刻的土壤含水量,mm;

　　　ε——消退系数。

由于超渗产流对雨强十分敏感,加之陕北地区暴雨历时短促,流域坡陡,洪水陡涨陡落,所以在应用陕北模型时,计算时段 Δt 不能取得太长,一般取 $\Delta t = 2 \sim 5$ min。

5.3.2.6 模型评述

陕北模型的特点可以概括为以下几个方面:

（1）为了考虑降雨分布的不均匀性和下垫面分布的不均匀性,将流域划分为若干块单元面积。

（2）在每块单元面积内又将其划分为不透水面积 FB 和透水面积 $(1 - FB)$。

（3）在透水面积上降雨量扣除蒸散发后,用霍顿(Horton)或菲利普(Phlip)下渗公式计算径流量 R_1。

（4）在不透水面积上降雨扣除蒸散发后产生径流量 R_2。

（5）模型参数具有一定的物理意义。

（6）模型适用于干旱或半干旱地区。

5.3.2.7 模型应用

1. 用霍顿公式迭代求解 f

已知: $\theta = 45.0$ mm, $f_0 = 2.22$ mm/min, $f_c = 0.42$ mm/min; $k = 0.073\ 8$; $\varepsilon = 0.05$。

第一次迭代 $t_0 = \theta/f_0 = 45/2.22 = 20.27$ (min)

$$
\begin{aligned}
\theta_1 &= f_c t + \frac{1}{k}(1 - e^{-kt})(f_0 - f_c) \\
&= 0.42 \times 20.27 + (1 - e^{-0.073\ 8 \times 20.27}) \times (2.22 - 0.42)/0.073\ 8 \\
&= 27.44 \text{(mm)}
\end{aligned}
$$

$$\Delta\theta = |\theta - \theta_1| = |45.0 - 27.44| = 17.56 > 0.05$$

$$
\begin{aligned}
f' &= f_0 - k(\theta_1 - f_c t_0) = 2.22 - 0.073\ 8 \times (27.44 - 0.42 \times 20.27) \\
&= 0.823 \text{ (mm/min)}
\end{aligned}
$$

$$
\begin{aligned}
t_1 &= t_0 + |\theta_1 - \theta|/f' \\
&= 20.27 + |45.0 - 27.44|/0.823 = 41.61 \text{(min)}
\end{aligned}
$$

以同样的步骤可以进行第二次、第三次……直至满足要求,迭代求解结果见表 5-9。

表 5-9　霍顿公式迭代求解结果

迭代次数 n	时间 t (min)	土湿 θ (mm)	$\|\theta_i - \theta_{i-1}\|$ (mm)	下渗 f (mm/min)
1	20.27	27.44	17.56	0.823
2	41.61	40.73	4.27	0.504
3	50.07	44.81	0.19	0.466
4	50.02	45.02	0.02	0.465

从表 5-9 中可见,仅进行了四次迭代允许误差就小于事先的给定值,说明迭代的收敛条件比较好。最后一次计算出的 $\theta = 45.02$ mm, $f = 0.465$ mm/min,即可用它与这个时段的雨强进行比较,计算出该时段的产流量。用团山沟(流域面积 0.18 km^2)30 次实测洪水资料验证,结果见表 5-10。表 5-10 中平均误差 $ER = \dfrac{\sum\limits_{1}^{n}|RO - RC|}{n}$。

表 5-10　霍顿公式实测洪水验证结果

序号	1	2	3	4	5	6	7	8	9
f_c	0.42	0.42	0.42	0.42	0.42	0.42	0.42	0.42	0.42
f_0	1.92	1.92	1.92	1.82	1.82	1.82	1.72	1.72	1.23
K	0.051 8	0.053 8	0.055 8	0.051 8	0.053 8	0.055 8	0.051 8	0.053 8	0.055 8
ER	1.15	1.10	1.06	1.07	1.05	1.09	1.11	1.18	1.23

2. 菲利普公式求解 f

根据式(5-84),假定若干组 A、B 值,即可求出 $f \sim \theta$ 关系。用上述 30 次实测洪水资料验证,结果见表 5-11。

表 5-11　菲利普公式实测洪水验证结果

序号	1	2	3	4	5	6	7	8	9
A	0.10	0.10	0.10	0.05	0.05	0.05	0	0	0
B	2.9	3.2	3.5	2.9	3.2	3.5	2.9	3.2	3.5
ER	1.13	1.24	1.17	2.53	1.07	1.43	2.13	1.34	1.13

3. 霍顿和菲利普公式参数

根据表 5-10、表 5-11 中的平均误差 ER,选择平均误差最小者,优选得到霍顿和菲利普公式各自的参数,见表 5-12。用表 5-12 中的参数计算出的霍顿和菲利普公式 $f \sim t$ 关系见表 5-13。

表 5-12　霍顿和菲利普公式参数优选结果

霍顿公式				菲利普公式		
f_c	f_0	k	ER	A	B	ER
0.42	1.82	0.053 8	1.05	0.05	3.2	1.07

表 5-13　霍顿和菲利普公式的 $f \sim t$ 关系

霍顿公式		菲利普公式		霍顿公式		菲利普公式	
时间 t (min)	下渗率 f (mm/min)	时间 t (min)	下渗率 f (mm/min)	时间 t (min)	下渗率 f (mm/min)	时间 t (min)	下渗率 f (mm/min)
0	1.82	1	3.25	50	0.51	50	0.50
5	1.49	5	1.48	60	0.46	60	0.46
10	1.24	10	1.06	70	0.42	70	0.43
20	0.90	20	0.77	80	0.42	80	0.41
30	0.70	30	0.63	90	0.42	90	0.39
40	0.58	40	0.56	100	0.42	100	0.37

4. 应用实例

用陕北模型(采用霍顿下渗公式)对黄河水利委员会绥德水保站桥沟试验流域1号试验小区和2号试验小区1988年的4次降雨径流过程进行模拟。

1)流域概况

桥沟试验流域位于无定河左岸的裴家卯流域内,建于1986年,次年开始在流域内进行天然降雨径流观测,积累了一些宝贵的资料。桥沟试验流域面积为0.46 km²,主沟长1 400 m,流域平均宽度为328.6 m,不对称系数为0.25。梁卯坡区坡度为0~58%,平均43%,坡长约60 m;沟谷坡区坡度一般在58%以上,平均85%,坡长约30 m,主沟道比降为10%。

1号试验小区位于桥沟试验流域出口断面以上50 m处,流域面积0.069 km²,谷坡面积占总面积的43%,主沟长630 m,流域平均宽度为109.6 m,不对称系数为0.17,沟道比降18%。

2号试验小区与1号试验小区隔山相邻,流域面积0.093 km²,谷坡面积占总面积的31%,主沟长520 m,流域平均宽度为178.8 m,不对称系数为0.34,沟道比降为12%。流域水系及站网分布见图5-16。

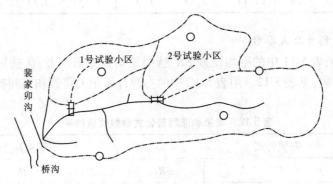

图5-16　桥沟试验流域水系及站网分布

据绥德水保站测定,桥沟试验流域内黄土覆盖层厚度在5~10 m不等。表土在0.4 m深的范围内最大吸湿度为1.5%,毛管破裂点为12.1%,田间持水量为18.8%,饱和含水量为36.6%。地面1 m以下土壤含水量不能达到田间持水量,表明重力下渗不能达到深层,一般性降水只能湿润表土几厘米至几十厘米的厚度。暴雨具有历时短、强度大、时程分布高度集中的特点。由于暴雨在时程分布上高度集中,所以产汇流历时通常很短。

2)模型计算

按照陕北模型的基本结构和计算方法,分别对上述3个试验小流域的产流、汇流过程进行模拟计算。

3)模型参数

由于超渗产流对雨强十分敏感,洪水过程历时短且陡涨陡落,因此时段越短精度会越高,故计算时段取为5 min,模型参数见表5-14。

表 5-14 桥沟流域陕北模型参数

序号	参数符号	参数意义	参数值
1	KC	流域蒸散发折算系数	0.97
2	WM	流域平均张力水容量(mm)	60
3	FB	不透水面积占全流域面积的比例	0.01
4	b	流域蓄水容量—面积分布曲线方次	0.3
5	f_c	霍顿公式中的稳定下渗率(mm/min)	0.42
6	f_0	霍顿公式中的初始下渗率(mm/min)	1.94
7	k	霍顿公式中的随土质而变的系数(t^{-1})	0.054
8	KE	马斯京根法演算参数	$KE = \Delta t$
9	XE	马斯京根法演算参数	0.43
10	L	滞时	0
11	ε	迭代时允许误差	0.01

4)计算结果

计算结果见表 5-15 ~ 表 5-17。

表 5-15 1 号试验小区实测与模拟结果

洪号	降雨量(mm)	径流量			洪峰流量			洪峰滞时(Δt)
		计算值(mm)	实测值(mm)	相对误差(%)	计算值(m³/s)	实测值(m³/s)	相对误差(%)	
880601	11.2	1.30	1.22	−6.6	0.17	0.19	+10.5	0
880701	18.4	9.09	9.39	+3.2	0.82	0.78	−5.1	1
880702	16.0	5.65	5.17	−9.3	0.68	0.64	−6.3	0
880703	16.2	7.13	7.78	+8.4	0.80	0.86	+0.70	1

表 5-16 2 号试验小区实测与模拟结果

洪号	降雨量(mm)	径流量			洪峰流量			洪峰滞时(Δt)
		计算值(mm)	实测值(mm)	相对误差(%)	计算值(m³/s)	实测值(m³/s)	相对误差(%)	
880601	12.2	3.90	3.58	−8.9	0.97	1.08	+10.2	1
880701	18.6	9.65	9.35	−3.2	1.27	1.40	+9.3	0
880702	16.2	10.39	7.71	−34.8	1.15	1.22	+5.7	0
880703	17.4	8.16	8.48	+3.8	0.81	0.85	+4.7	1

表 5-17　桥沟试验流域实测与模拟结果

洪号	降雨量（mm）	径流量			洪峰流量			洪峰滞时（Δt）
		计算值（mm）	实测值（mm）	相对误差（%）	计算值（m³/s）	实测值（m³/s）	相对误差（%）	
880601	11.1	0.32	0.33	+3.0	0.22	0.24	+8.3	1
880701	21.1	1.40	1.41	+0.7	0.83	0.78	−6.4	0
880702	16.5	0.84	0.74	−13.5	0.72	0.68	−5.9	1
880703	15.4	1.07	1.17	+8.5	0.78	0.86	+9.3	1

5）问题讨论

（1）从模拟结果来看,产流量计算除 2 号试验小区和桥沟试验流域的 880702 次洪水相对误差大于 10% 外,其余洪水的相对误差均小于 10%；洪峰流量除 1 号试验小区和 2 号试验小区的 880601 次洪水相对误差大于 10% 外,其余洪水的相对误差均小于 10%,以上表明模型参数基本合理。事实上,因降雨空间分布及地形、地貌等下垫面因素的差异,模型参数不尽相同,若能根据流域实际情况,进一步优选参数,则模拟精度还可以提高。

（2）单元面积坡地汇流采用线性水库和滞后演算相结合的方法,河道汇流采用马斯京根分段连续演算,从洪峰滞时的误差来看,还有待进一步分析。单元面积坡地汇流也可采用一维运动波方程来描述,其形式为

$$\frac{\partial q}{\partial x} + \frac{\partial h}{\partial t} = rc(t) \tag{5-91}$$

$$s_f = s_0 \tag{5-92}$$

式中　q——单宽流量,m²/s；

　　　x——距离,m；

　　　h——水深,m；

　　　t——时间,min；

　　　$rc(t)$——净雨过程,mm；

　　　s_f——摩阻比降；

　　　s_0——坡面坡度。

当摩阻比降用曼宁（Manning）公式描述时,式（5-92）可改写为

$$q = \frac{1}{n}h^{\frac{5}{3}}S_0^{\frac{1}{2}} \tag{5-93}$$

式中　n——曼宁糙率系数。

若令 $\beta = \frac{5}{3}$, $\xi = \frac{1}{n}S_0^{\frac{1}{2}}$,则式（5-93）可改写为

$$q = \xi h^{\beta} \tag{5-94}$$

将 $q = vh$ 代入式（5-94）,则

$$v = \xi h^{\beta-1} \tag{5-95}$$

式中　v——坡面流流速,m/s。

由式(5-91)和式(5-95)可解得一阶拟线性偏微分方程为

$$\xi\beta h^{\beta-1}\frac{\partial h}{\partial x} + \frac{\partial h}{\partial t} = rc(t) \tag{5-96}$$

式(5-96)仅当 $rc(t)$ 为常数时才有解析解。在坡面降雨产流过程中,因雨强和下垫面条件的不均匀性,$rc(t)$ 变化很大,不为常数,因而只能求其数值解。求解数值解的方法很多,最常用的有 Preissmann 差分格式。根据选用的差分格式和坡面流计算的初始条件和边界条件即可进行模拟计算。

两种方法各自的特点是:线性水库和滞后演算相结合的方法一般只能给出流域出口断面的流量或水位过程,计算相对简单,参数易于确定和优选;一维运动波方程可推求出任意时空不均匀降雨的坡面水深过程、坡面单宽流量和流速过程,对研究坡地产流产沙的物理机制很有益,但计算相对复杂,糙率系数 n 因流域地形、地貌等条件变化较大,也较为敏感,比较难于确定。两种方法可相互佐证以提高精度。

5.4　流域水文模型的检验

流域水文模型研究可以说从进行流域水文规律研究时就开始了,但真正开始研究能考虑复杂因素影响的模型,还是在 20 世纪 60 年代以后。特别是高新技术在水文学科上的应用与普及,促进了复杂流域水文模型的研究和发展。卫星、遥感、遥测等空间技术和信息采集技术的飞速发展,使人们能够及时、有效地获取多源的资料和信息;资料与信息的处理、传输、存储技术,大型综合数据库、分布式数据库和交互式操作系统的发展,微观水文现象的基本理论研究与试验研究的深入,数字流域与数字水文模拟技术、防汛指挥系统和决策支持系统的研究与建设,使流域水文模型研究得以迅速发展。

5.4.1　建模思路

前面几节分别介绍了国内外比较典型的几个流域水文模型。无论是集总式流域水文模型,还是分布式流域水文模型,都是在人们对水文规律认识与了解的基础上研制出来的,由于对水文规律认识与了解的程度不同,研制出的模型也就各异。下面就水文模型建模思路作一些简要介绍。

5.4.1.1　基本资料的收集、整理与分析

流域水文模型研究涉及水力学、气象学、水文学、水文地质学、计算机及计算技术等众多学科领域。在模型研制过程中,不仅需要正确的理论、概念和方法对研究中出现的问题进行分析、判断和解译,而且需要大量的资料对模型、模型结构、模型参数的合理性进行论证、分析和检验。应尽可能地利用卫星、遥感、航测、雷达、遥测、地面观测等多源途径,收集不同时空尺度的水文气象资料和下垫面资料,主要有以下几个方面。

1. 水文气象资料

水文气象资料主要包括降水、蒸散发、径流、冰情、气温、辐射、风速、湿度、日照和云量等。

2.下垫面特性资料

下垫面特性资料主要包括地形、地貌、土壤、植被及河流、湖泊、沼泽特性等。

3.水利工程资料

水利工程资料主要包括各级水库的有效库容及其灌溉面积,各类引、提水工程的引、提水量及其灌溉面积、灌溉定额等。

4.水文地质特性资料

水文地质特性资料主要包括岩性分布,地下水平均埋深及其补给、排泄特性,地下水开采情况等。

5.社会经济发展资料

社会经济发展资料主要包括耕地、林地、草牧场、荒地的面积和分布特点,人口及经济发展情况等。

5.4.1.2 近似与概化

水文模型是人们在对水文规律认识与了解的基础上,对客观现实进行的近似与概化。模型简单,则便于人们理解和应用;模型复杂,则能更好地描述水文系统。究竟一个流域水文模型要简单或复杂到什么程度?流域水文系统的复杂性,使普遍适用的模型几乎不可能找到。在模型研究中,重要的是要抓住主要的矛盾和矛盾的主要方面。具体地说,就是要根据可用理论和方法、可获取的资料条件、具体研究的对象和目的,以是否符合客观水文规律为标准,找出影响水文规律的因素,并分析这些因素对水文规律影响的大小;抓住主要影响因素,忽略次要的因素或随机因素,提出近似与概化的数学表达式;用这一数学表达式去描述某水文过程,看其是否大体符合水文实际情况和满足生产实际需要。也就是说,模型要满足模拟的主要水文物理过程与实测过程相当一致的要求,而不是一定要求模型建立在确定的假设和理论基础上。从目前国内外对水文模型,尤其是分布式流域水文模型研究的发展趋势看,为了更详实地揭示水文现象的物理过程,尤其是降雨径流形成机理与下垫面因子之间的因果关系,模型中考虑的影响因素越来越多,单元体越分越细。

5.4.1.3 模型结构

模型结构是人们根据对水文规律的认识而设计的。国内外水文学者对模型结构和参数物理意义的认识已渐趋一致。模型结构设计就是要在认识、分析水文规律的基础上,建立尽可能符合客观水文规律的、具有比较明确物理意义的总体结构和径流形成过程中各环节的层次结构。根据构建的模型总体结构和层次结构,确定各层次相应的计算方法和数学表达式,并由此确定模型中所包含的参数。如新安江模型的蒸散发、产流、水源划分和汇流四个层次结构;SAC 模型的超渗产流结构和模拟各种水源的产流结构;分布式流域水文模型的网格降雨、网格降雪、网格气温、网格蒸散发、网格产流、网格高程、网格坡度、网格流路、网格汇流等结构。

构建模型结构是模型研制中最重要的部分。因为研制模型的过程,就是对降雨径流形成机制及其影响因素不断认识、逐步深化的过程,也是对模型结构、模型参数及计算方法检验的过程。从目前国内外对水文模型,尤其是分布式流域水文模型研究的发展趋势来看,研究的目的、模型可采用的理论与方法、可获得的资料与信息、计算机的硬软件条件是决定模型结构繁简的关键。

5.4.1.4　模型参数

根据设计的模型的总体结构和总体结构下的层次结构,确定模型参数。因模型研究中会涉及缺乏水文气象资料情况下的参数问题,所以应更重视参数本身的物理意义和参数的不确定性问题。从目前国内外对水文模型,尤其是分布式流域水文模型研究的发展趋势来看,更重视通过研究小尺度的水文过程与不同下垫面条件下能量和水分的循环规律,分析比较非均匀区域内水量平衡要素的相似性和尺度效应,从而将具有明确物理意义的模型参数或描述水循环要素的指标与下垫面特征建立关系。

5.4.1.5　模型验证

以产汇流基本理论为指导,计算机模拟技术为工具,实际流域或试验流域的实测水文资料为模型验证提供依据,对已建立的模型进行验证。根据模拟值和实测值比较结果,调整模型结构和参数。从目前国内外对水文模型,尤其是分布式流域水文模型研究的发展趋势来看,模型验证除用流域出口和子流域出口的流量过程外,还利用地下水位、土壤含水量等通过水文资料和地理信息系统、遥感、遥测、卫星影像和航片等通过现代技术获取的有关资料对模型模拟结果进行定性分析,以增加所率定模型的可靠性。

5.4.2　模型检验

目前,国内外流域水文模型众多,近年来,国内先后研制了适合于干旱半干旱地区的垂向混合产流水文模型、河北雨洪水文模型、双衰减曲线水文模型、平原水网区水文模型和喀斯特地区水文模型等;在国家自然科学基金委员会的支持下,对分布式流域水文模型进行了探索性的研究工作,内容涉及如何分析和利用地理空间信息,建立地理空间和水文过程的联系;将地理空间信息平台和流域水文模型进行耦合来对流域内某个或多个水文过程或状态变量进行时空分布过程的模拟。这些模型或研究途径构思各有千秋,结构各异,效果亦不同。总体上来看,模型研究者都在致力于增强模型、模型结构和模型参数的物理性。对一个水文模型的检验是多方面、综合性的,无论是研制模型,还是应用已研制好的模型,都要重视用实测或试验的水文资料对模型、模型结构和模型参数的合理性作充分的检验,重视模型应用的有效性、可外延性和可移植性的检验。

5.4.2.1　模型结构的合理性检验

虽然新技术在水文学科领域的应用为获取有关的水文资料提供了平台,但因水文现象十分复杂,目前人们仍难于准确地获得一个流域内水文循环诸要素(如植物截留、蒸散发、坡面水流、河道水流、土壤水运动、地下水流和融雪径流等)过程可靠的时空变化值。因此,在水文模型结构设计过程中,根据研究的目的、可采用的理论与方法、可获得的资料与信息等条件,或多或少地要对某些水文过程或要素进行一定的近似和概化。不同的近似和概化,其描述的数学表达式不同,模型结构也就有所不同。所以,构建的模型结构是否合理,应当如何检验,是很重要的问题。

虽然有的模型结构合理性检验可以通过试验或用试验资料来实现,但目前人们在研制或应用集总式流域水文模型、半分布式流域水文模型及分布式流域水文模型时,一般是通过对实际流域内实测的降水、蒸散发和出口断面的流量过程的分析检验来实现的。具体方法是:①模型的可靠性取决于模型研制中使用的水文资料的质量和代表性,因此应选择既具有代表性,又有足够样本容量的实测水文资料系列;②资料系列要分为率定期和检验期,首先用率定期的水文资料系列估计模型参数,然后用检验期的水文资料进行模型计算;③将模型的计算值与实测值进行比较,看模拟的主要水文物理过程与实测的过程是否一致,模拟的水文过程是否符合水文现象,有无明显的矛盾。

一个新提出的模型结构的合理性检验仅用一个流域或地区水文资料是不够的,需要用多个流域或地区的水文资料进行检验。选择多个在地理位置、地形地貌、植被和土壤类型等方面具有一定代表性的流域或地区的水文资料进行模型计算;分析计算结果,只有当模型结构对各种不同水文气象及下垫面条件都能作出统一的解释时,模型结构的合理性才能得到基本肯定。模型的可外延性,是模型使用是否可靠的保证,在一定程度上能反映模型结构的合理性。一般来说,模型率定期的计算精度总是比检验期或预报时好,两者精度之间的差异,一般认为是由模型外延误差造成的。如果外延误差小,说明模型的可外延性好,否则就不可用于外延。不可外延的模型,其结构的合理性令人置疑。

模型结构的合理性检验方法,还可以进行不同模型计算方法之间的比较。对于同一个问题,同一套资料,采用不同的计算方法可能得出不同的成果。分析比较产生不同结果的原因,可以检验模型结构的合理性。如新安江模型没有超渗产流结构,SAC模型有超渗产流结构。若将湿润地区或干旱地区的同一套资料分别用新安江模型和SAC模型进行产汇流计算,分析比较计算结果,就会发现两个模型在产流结构上的差异。

与集总式流域水文模型不同的是,对分布式流域水文模型结构的合理性检验可能需要更多的水文资料和研究者对降雨径流形成过程更深入的认识与了解。其合理性检验不仅要包括流域出口断面流量过程模型计算值与实测值的比较,还要包括子流域出口断面流量过程模型计算值与实测值的比较,甚至一些中间过程模型计算值与实测值的比较。

5.4.2.2 模型参数的合理性检验

从理论上讲,具有明确物理意义的参数不需要率定,可以直接量测。量测值一般都是从流域内所设的水文气象资料观测站或试验站获得。仅由有限的水文气象资料观测站或实验站实测资料来确定模型参数,往往在其面上的代表性不够,加上有些参数的时空变化幅度较大,难于通过实测资料确定,实际应用中仍需要进行参数率定和合理性检验。具体方法是:①确定目标准则;②根据参数物理意义直接由实测水文资料或间接地通过引用其他流域类似研究的参数,初定一组参数值;③选择既具有代表性,又有足够样本容量的实测水文资料系列进行模型计算;④将模型的计算值与实测值进行比较,看是否满足预先确定的目标准则和模拟的主要水文物理过程是否与实测的过程相一致。

除上述方法外,还可通过参数的地区对比检验模型参数的合理性,参数的地区对比既可检验模型参数的合理性,也可检验模型结构的合理性。因为大多数流域水文模型参数都有较明确的物理意义,而有物理意义的参数一般都存在一定的区域规律。通过参数区域对比,可以检验模型结构、模型参数的合理性。如果一个模型参数的区域性规律好,说明该参数具有一定的物理意义,模型在区域内的可移植性就好;相反,如果模型中大多数参数都没有区域性规律,说明它们的物理意义不甚明确或根本不明确,模型就难于在区域内移植。

复习思考题

1.在新安江模型中,对模型计算最敏感的参数是_____。

A. *KC*   B. *WM*   C. *KE*   D. *XE*

2.新安江模型的结构有何特点? 试述模型计算的主要步骤。

3.新安江三水源模型考虑了哪几个不均匀分布?

4.水文模型参数为什么要率定? 以新安江模型为例,说明试错法优选参数的主要内容。

5.试述 SAC 模型的基本原理。

6.试述陕北模型的基本结构。

7.已知某流域集水面积为 150 km^2,永久不透水面积 *PCTIM* 占全流域的比例为 0.05,可变不透水面积 *ADIMP* 占全流域的比例为 0.04,上土层自由水蓄量 *UZFWC* = 12.0 mm,壤中流日出流系数 *UZK* = 0.5,快速地下水蓄量 *LZFSC* = 9.0 mm,快速地下水日出流系数 *LZSK* = 0.2,慢速地下水蓄量 *LZFPC* = 7.0 mm,慢速地下水日出流系数 *LZPK* = 0.3。试计算 Δt = 4 h 时的壤中流、快速地下水和慢速地下水出流(利用 SAC 模型)。

第6章　实时洪水预报

【学习指导】本章主要介绍了实时洪水预报模型，实时洪水预报误差的修订及实时作业预报相关问题的处理和实时预报系统的建立等内容。重点掌握实时洪水预报模型的原理与预报系统的结构与应用要求以及资料的处理和误差分析等内容。

6.1　概　述

实时洪水预报是指对将发生的未来洪水在实际时间进行预报，就目前预报方法而言，实际时间就是观测降雨即时进入数据库的时间。实时洪水预报的基本任务，是根据采集的实时雨量、蒸发、水位等观测资料信息，对未来将发生的洪水作出洪水总量、洪峰及发生时间，洪水发生过程等情况的预测。

实时洪水预报要求预报精度尽可能高、预见期尽可能长、受系统环境影响尽可能小和动态跟踪能力尽可能强。特别是流域性洪水预报，流域面积大、范围广、预报点多，流域内暴雨、洪水特点时空变化大，再加上流域资料站点多，信息源复杂，更增加了要达到上述要求的难度。

流域实时洪水预报根据生产实际需要、实际系统状况，重点要研究和考虑如下三个方面的问题：

(1)洪水预报模型的建立。

(2)观测资料误差动态监控分析、系统自适应动态跟踪与模型误差实时修正。

(3)系统遇不正常情况时的修复与处理。

6.2　实时洪水预报模型的建立

实时洪水预报模型的建立主要是指对具体预报流域特征进行了解、模型特征值确定、资料准备和预报建模四个环节。

6.2.1　流域基本特征

对流域基本特征进行了解主要是要对流域的气候、洪水、地貌、地质、植被与人类活动等进行了解，为建模作基础准备。

6.2.1.1　气候特征

流域的气候与实时洪水预报建模之间的关系十分密切，主要要了解流域的年平均雨量、年平均蒸发量、年平均径流系数、历史丰水年、历史枯水年、暴雨类型、暴雨的空间分布、暴雨中心位置、暴雨发生季节、年平均气温、年最低气温、降雪情况、冬季封冻情况等。

这类特征是流域建模最重要的基本特征,影响着流域产流、汇流结构和站网及历史水文资料使用时期等的选择与确定。

对年平均雨量、年平均蒸发量和年平均径流系数的了解,可以分析流域的湿润或干旱程度,为产流模型选择作准备。这些特征量可以从对历年观测的年雨量、年蒸发量和年径流系数进行的统计计算中得到。

对历史丰水年和历史枯水年的了解,主要为历史水文资料选择作准备。对资料有条件的流域,用于建模的历史水文资料最好包括有资料记载的最丰和最枯年份系列,这样可以增强所建模型的代表性。最枯年份资料,还可被用来确定新安江模型的流域平均蓄水容量参数和第三层蒸发扩散系数等,且用于率定模型参数的历史水文资料包括丰、平、枯年份,可以使率定的参数具有较好的代表性。

对暴雨类型、暴雨的空间分布、暴雨中心位置和暴雨发生季节的了解,可为站网密度确定、雨量站位置选择、洪水资料选择提供依据。一个流域的暴雨类型和暴雨的空间分布,影响着预报模型所需要的站网密度。如果流域上频发空间分布不均匀的对流型暴雨(如雷暴雨、台风雨等),则雨量站网就要适当加密,如果流域上主要发生的是锋面雨,空间分布相对均匀,则雨量站密度就可低些。流域常发生的暴雨中心位置或区域,通常在雨量站选择时要考虑适当加密,以不漏测暴雨中心的降雨为原则。对暴雨发生季节的了解为洪水选择、模型模拟误差分析提供了参考信息。

对年平均气温、年最低气温、降雪情况、冬季封冻情况的了解,主要是为模型结构中是否要有融雪径流模拟、是否需要考虑冬季蒸发结构和封冻条件下的产流结构模式确定等提供参考信息。

6.2.1.2 洪水特征

流域建模要了解的流域洪水特征主要包括历史特大洪水发生年份、洪水发生频率、洪水预见期、洪水发生历时、洪水的涨落速率、洪峰与洪量大小、洪水过程特征的季节性变化、地下水水源比例情况、洪水径流系数及洪水受人类活动的影响程度等。洪水特征的了解为历史代表性洪水的选择、计算时段长的确定、汇流结构和汇流参数的确定、预报时段数及整个模型结构的确定提供信息。

6.2.1.3 植被、地貌与地质结构特征

植被特征主要包括流域植被覆盖率、季节性变化率、植被种类、植被截流能力等。植被特征主要影响降雨截流、地下水比例、蒸发、产流和水流的流域调蓄作用等。

地貌特征主要包括流域形状、流域水系分布、河网密度、河流切割深度、流域坡度、主干河流长度、流域水面分布与比例、流域地表粗糙度、地表坑洼、水田旱地面积比例与流域水利工程分布情况等。地貌特征主要影响流域对水流的调蓄作用,农田和水利工程等人类活动也通过改变地貌而影响流域产流。

地质结构特征主要包括流域岩石裂隙发育情况,是否有喀斯特地形影响面积范围,是否有泉水或地下河使得流域不闭合等情况。地质结构特征主要影响流域产流和水源比例及其流域对水流汇集的调蓄作用。

6.2.1.4 人类活动

流域上的许多人类活动会影响水文规律,这些人类活动主要包括中小型水库、地表坑

洼、农业活动、水土保持措施、都市化进程、跨流域调水等。人类活动影响严重的流域,必须单独考虑模型结构。

流域中的中小型水库、水塘等,遇长期干旱放水灌溉而泄空库容,遇洪水后先拦蓄洪水,若长期降雨后洪水拦蓄不下又大量放水泄洪,这一加一减,常给洪水带来大的变化。这些水利工程的规模,影响到流域产流参数或产流结构的不同,水利工程建设时期的不同也导致水文资料的不一致。所以要了解这些水利工程的控制流域面积、蓄水能力、流域分布位置、建设时期、管理方式等。在参考文献[17]中提出了描述流域中小型水库截流的分布曲线与计算方法。

农业活动的影响因素主要有作物类型、生长季节、作物种植面积占全流域的比例等。如我国华南地区广种水稻,在有些水田面积比例大的流域,插秧季节由于水田插秧会拦截一些径流,虽然水深一般只需 10 ~ 20 cm,但如果水田面积比例大,拦截的水量也是十分可观的。而在水稻成熟季节,稻田会排出剩余的水。这导致实测径流量偏离于天然径流量,进而导致实测值与计算值的差异。

水土保持措施主要在黄河中游的黄土地区流域,其措施方法有许多,主要的有淤地坝工程、植被工程措施、耕作方式措施等。这些工程措施不同程度地减少了流出流域的水沙量。据参考文献[17]的研究,由于水土保持措施影响,20 世纪 90 年代黄河中游流域径流比 50 年代有了十分显著的减少,影响大的流域达到了 50% 以上。

6.2.2 模型特征值确定

预报建模前要了解流域的预见期(或平均汇流时间),确定合适的计算时段长。

6.2.2.1 预见期

洪水预报预见期就是洪水能提前预测的时间。由于目前的洪水预报都是以实测的降雨作为输入(已知条件)来预报未来的洪水,所以其预见期就是指洪水的平均汇流时间。在实际中,具体确定预见期的方法有:对于源头流域,可把主要降雨结束到预报断面洪峰出现这个时间差作为洪水预见期,如图 6-1 所示。对于区间流域洪水预报或河段洪水预报,当区间来水对预报断面洪峰影响不大时,洪水预见期就等于上、下游断面间水流的传播时间。如果暴雨中心集中在区间(上断面没有形成有影响的洪水)流域,那么预见期就接近于区间洪水主要降雨结束到下游预报断面洪峰出现这个时差。假如降雨空间分布较均匀,上断面和区间都形成了有影响的洪水,则情况就复杂些,其预见期通常取河段传播时间和区间流域水流平均汇集时间的最小值。

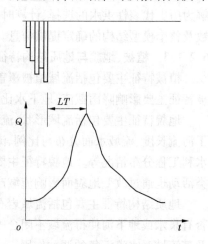

对于一个特定流域,洪水预见期是客观存在的,是反映流域对水流调蓄作用的特征量,表达水质点的平均滞时,其大小与流域面积、流域形状、流域坡度、河网分布等地貌特征及降雨、洪水等水文气象特征有关,不同特征的洪水有不同的预

图 6-1 洪水预见期示意图

见期。对于不同的洪水,由于其降雨强度、降雨时空分布、暴雨中心位置与走向及水流的运动速度都是变化的,因此每一场洪水的预见期是不同的。例如,暴雨中心在上游,预见期就会长些;暴雨中心在下游,预见期就会短些。另外,暴雨强度和降雨的时间组合,也在一定程度上会影响预见期。对于不同的流域,地形、地貌特征都会影响预见期。这些特征值主要包括流域面积、坡度、坡长、河网密度、地表粗糙度和流域形状等。

预见期可根据历史洪水资料来分析确定。对于一场洪水的预见期,可据实测的流域平均降雨和流量过程确定,如图 6-1(图中 LT 表示预见期)所示。对于流域的一系列历史洪水,可得一组预见期。如果不同的洪水预见期变化不大,可简单地取其平均值即可;如果差别较大,需建立预见期与影响因子(如暴雨中心位置、雨强、降雨时间分布等)之间的关系。

6.2.2.2 时段长

洪水预报时段长(或计算时段间隔)的确定,取决于流域洪水特征、信息利用、资料和计算工具条件。

从洪水特征及信息利用角度考虑,时段长取得越短越好。短的时段可以完整地反映洪水过程,可以提供更多的洪水预报信息,但时段长取得过短将带来实时资料采集的困难和计算工具速度跟不上等问题。因此,需要综合两方面的因素,适当延长时段间隔,但至少要使洪水涨峰段有 4 个时段以上,否则时段太长,不能充分反映洪水形状、洪水特征,信息量太少会给分析汇流参数(如单位线分析)和实时修正等带来困难。对于资料条件许可的流域,特别是有遥测自动采集系统的流域,时段长可适当取短些,在我国通常取 1 h,如果是小流域,也可取 30 min。但如果是水库流域,一般时段间隔不宜小于 1 h。

6.2.3 资料准备

模型参数率定的基本依据是历史水文资料。资料选择的好坏,直接影响参数的率定结果。根据《水文情报预报规范》(GB/T 22482—2008)规定:洪水预报方案(包括水库水文预报及水利水电工程施工期预报),要求使用不少于 10 年的水文气象资料,其中应包括大、中、小水各种代表性年份,并保证有足够代表性的场次洪水资料,湿润地区不少于50 次,干旱地区不少于 25 次,当资料不足时,应使用所有洪水资料。需要强调的是,这只是模型参数率定的最低要求。对于实时洪水预报系统模型的参数率定,历史水文资料的选择应从雨量站、日模资料和洪水资料三方面来考虑。

6.2.3.1 雨量站选择

实时洪水预报系统雨量站选择的基本要求是,在能反映流域降雨的空间变化和满足洪水预报模型精度要求的前提下,所选的雨量站点尽可能少。为此,雨量站点选择应考虑暴雨中心位置、地形代表性、站点面积代表性、资料观测精度、测站的可维护性、信道的畅通性和站点密度等。

暴雨中心位置,对于同一个流域不同类型的降雨是变化的,但对同一类型的降雨会相对稳定,即使有些流域没有相对稳定的暴雨中心,也可考虑历史上较多发生暴雨的中心位置。在暴雨中心附近区域,雨量站要适当加密,以免漏测大强度暴雨。

地形代表性就是要考虑不同特点的地形,每种地形区域内都要有代表性的雨量站。

如迎风坡、沟谷地、出山口、平坦宽广区等,以考虑不同地形对降雨量的影响。

站点面积代表性就是要求测点位置对周围区域降雨有较好的代表性。假如测点降雨只能代表位置点的降雨,与周围的降雨量差距很大,这样的测站代表性就差。如山顶的雨量站,其观测降雨量通常只能代表山顶的极小范围,与四周山坡的降雨会差别较大,属测点面积代表性不好的测站,一般不宜选择。

资料观测精度主要是对不同管理性质的雨量站,维护人员不同,观测精度常差距较大,特别是有些委托非专业技术人员代管的雨量站,其管理不规范,维护人员素质差,责任心不强,观测的雨量资料精度常会低些,尽量要避免使用。

测站的可维护性主要是对新建站点,要求便于管理和维护,对有些深山老林地区,汽车到不了或无人居住,设备难以管理和日常维护,就不宜设站。

信道的畅通性是对于遥测系统而言,要求与外界或中心站或中继站间的信道畅通,否则也不宜建站。

站点密度一般要通过站网论证分析,其确定原则是在满足洪水预报模型精度要求的前提下,考虑上述选站因素,选择尽可能低的雨量站密度。

6.2.3.2 日模资料选择

以日为时段的历史水文资料,主要是用于率定产流参数,并为次洪模型参数率定提供洪水的初始中间变量。日模资料通常包括预报位置的日平均流量资料、流域蒸发站的日蒸发资料和各雨量站的日雨量资料。如果预报的范围是区间,则还有流域日平均入流资料。

日模资料通常要求是连续的年份系列,最少要 12 年,其中 10 年用于参数率定,2 年用于模型检验。一般要求包含丰水年、枯水年和平水年,所选年份尽量是最近的 12 年。如果最近 12 年的丰、平、枯代表性不好,资料系列要延长;如果最近的年份无观测资料,那也可适当提前。

日模资料选择还要求资料系列前后一致,特别是蒸发和流量资料。如蒸发资料站位置、观测器皿类型在选定时期内的改变会影响蒸发资料的一致性,就要分析资料的一致性,对不一致的资料系列要进行一致性处理后才能用来率定模型参数。类似地,流量资料站点位置的改变或流量站控制流域内水库的兴建、农业种植活动的大规模改变、水保措施等都会影响到资料系列的一致性,其处理方法视具体情况差异很大,但都必须使流量资料系列一致。

日模资料选择还要求同步性。即各雨量站、蒸发站和流量站的资料都要同时开始及同时结束,只有同步的资料才能用来率定模型参数。

6.2.3.3 洪水资料选择

洪水资料主要用来率定模型的汇流参数和分水源参数等,对有些流域还要适当地考虑产流参数,如蓄水容量分布曲线指数等。洪水资料主要包括预报点洪水期等时段间隔的流量和流域上各雨量站的时段雨量资料,如果预报的范围是区间,则还有流域入流站时段流量资料。

洪水资料选择要考虑各种不同特点洪水的代表性,主要有大、中、小洪水尺度代表性,不同季节、不同暴雨类型、不同暴雨中心位置、不同降雨强度、不同暴雨历时和单峰与复式洪水等的代表性。从大、中、小洪水尺度的代表性考虑,可适当多选择一些近代发生的大洪水,但历史上发生的特大洪水也不能遗漏,中小洪水的代表也要适当选择,以使模型率定的参数能反映流域对不同尺度洪水汇流调蓄作用的差异;不同季节的代表性,要考虑雨季与枯季的代表性、夏季与冬季的代表性、汛初与汛末的代表性等,不同季节的洪水,反映了季节性因素对洪水的影响;不同暴雨类型的洪水,如锋面雨洪水、台风雨洪水、雷暴雨洪水等,反映不同暴雨类型引起的洪水特征差异;不同暴雨中心位置的代表性,主要考虑暴雨中心在上游、中游和下游三种情况;另外,还有不同降雨强度的代表性、不同暴雨历时的代表性和单峰与复式洪水的代表性等。只有选择了这些不同代表性的洪水后,所率定的模型参数才能代表各种特点的洪水。

类似于日模资料选择,洪水资料也要考虑资料系列前后一致,对不一致的资料系列,要进行一致性处理后才能用来率定模型参数。

洪水资料选择要考虑不同资料间的相应性。即要求各雨量站时段雨量与流量站的洪水资料都要相应,引起本场洪水的雨量都要考虑进去。由于不同雨量站降雨的开始时间与结束时间不同,一般以本次洪水降雨的最早开始时间作为雨量摘录的开始时间,最迟结束时间作为雨量摘录的结束时间,只有相应的洪水资料才能用来率定次模参数。

对于洪水场次的要求,湿润地区不少于 50 场,干旱地区不少于 25 场。在资料和计算条件允许的情况下,要选择尽可能多的洪水资料。

6.2.4　预报建模

预报建模又称预报方案建立,类似于模型参数确定,主要涉及模型选择、模型参数确定、模型分析检验和模型结构改进,其流程图如图 6-2 所示。

6.2.4.1　模型选择

模型选择主要考虑气候、洪水、植被、地貌、地质和人类活动等因素,从蒸发、产流、分水源、坡面汇流和河网汇流五方面来选择。

对于我国绝大多数流域来说,蒸发计算可采用三层蒸发模型。在有些南方湿润地区流域,第三层蒸发作用不大,可简化为二层。蒸发折算系数可以是常数,也可以是变数,在南方湿润地区,通常只需考虑汛期和枯季的差异即可;而在高寒地区,还要考虑冬季封冻带来的差异。因此,蒸发折算系数的季节变化要视具体流域的蒸发特征而定。

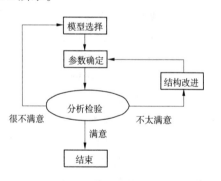

图 6-2　预报建模流程图

对于产流来说,主要是根据流域的气候特征,湿润地区选择蓄满产流,干旱地区选择超渗产流,干旱半干旱地区采用混合产流。在理论上讲,混合产流模型要优于其他两者,但在湿润地区,蓄满产流与混合产流两种方法的计算结果除少数洪水外很接近,而蓄满产流结构相对简单,应用检验较充分、方法较成熟、使用起来也方便,通常可优先选择;在干旱半干旱地区流域,混合产流模型效果常好于其他两者,可作为首选模型。另外,如果流域地处高寒地区,产流结构中应考虑冰川积雪的融化、冬季的流域封冻等,如果流域内岩石、裂隙发育,喀斯特溶洞广布或甚至存在地下河,产流要采用相应的特殊结构;还有一些人类活动作用强烈的流域,都不能一概而论。例如,流域内中小水库或水土保持措施作用大时,应考虑这些水利工程对水流的拦截作用等。

分水源可用稳定下渗率、下渗曲线、自由水箱和下渗曲线与自由水箱的结合等划分结构。用稳定下渗率和下渗曲线划分结构,通常适用于两水源;用自由水箱和下渗曲线与自由水箱的结合划分结构可用于三水源及更多水源的划分。

坡面汇流通常分三水源进行,汇流结构可以是线性水库、单位线、等流时线等。有些流域地面径流汇流参数随洪水特点不同而变化,可考虑参数的时变性;有些流域地下径流丰富、汇流机理复杂,还可考虑四水源。水源的划分是相对的,在目前的技术和方法条件下不宜划分过多种的水源,随着技术的发展,信息利用水平的提高,也可划分更多种水源。

河网汇流结构选择相对简单些,通常用分河段的马斯京根法汇流,也可采用其他方法,差别不会太大。只是汇流参数有时随洪水大小变化较大,可采用时变汇流参数。

6.2.4.2 模型参数确定

模型参数确定就是根据历史水文资料,采用前面介绍的方法确定模型参数,这里不再重述。

6.2.4.3 模型分析检验

对历史水文资料检验系列,采用选择的结构、确定的模型参数进行模拟计算,比较计算值与实测值的误差,据此可以分析检验模型结构、确定参数的合理性及所选结构对历史资料模拟的有效性。如果通过比较分析误差系列,模型模拟效果好,则说明模型结构合理有效,建模就结束,否则要分析模拟效果差的原因,找出不合理的结构加以改进;如果效果很不满意,还应考虑重新选择模型。

6.2.4.4 模型结构改进

结构改进主要是对原模型结构不够完善的地方,结合历史资料模拟误差情况进行改进。改进的关键是分析模拟的系统性偏差与模型结构的关系。

所谓系统偏差,就是模拟特征量系统地偏大(或偏小)于实测特征量。例如,大洪水的计算洪峰系统偏小于实测洪峰,而小洪水的计算洪峰又系统偏大于实测洪峰,这种系统偏差反映模型汇流参数没有考虑随洪水特征不同而变化。因为通常流域大洪水地面径流汇集速度会比小洪水快,受到的流域相对调蓄作用比小洪水小些,如果采用常参数汇流结构,会引起这类系统偏差,可以考虑采用参数随洪水量级不同而变化的汇流结构。又如,采用蓄满产流计算产流时,对夏季久旱后由大强度的对流型暴雨形成的洪水,如果计算的次洪产流量系统偏小于实测的次洪径流量,就要考虑产流结构的改进。因为夏季久旱后,流域土壤缺水量很大,遇大强度暴雨不易蓄满就由于雨强大于下渗能力而产生地面径流,导致计算次洪径流量系统偏小,这种情况宜采用混合产流结构。另外,同样对于夏季久旱后的洪水,假如计算的次洪产流量系统偏大于实测的次洪径流量,就要考虑地表的截流作用。因为流域上地表坑坑洼洼,还有农田、山塘、水坝和中小型水库等,夏季久旱后,由于蒸发、农业灌溉、城市生活和工业供水等,使这些具有一定蓄水库容设施的蓄水量减少或干枯,降雨落在这些设施控制的流域面积上产生的径流首先受到这些水利工程设施的截流拦蓄,导致实测的径流量小于实际的产流。所以,这时应考虑增加地面坑洼截流的结构,以模拟这类因素的作用。还有如高寒封冻与融化、岩溶调蓄、流域不闭合、参数值确定不合理等因素,都会引起不同特征的系统偏差,不同的问题需要分别处理,这里不一一叙述。

6.3 实时洪水预报的误差修正

6.3.1 概述

流域水文模型主要研究的是时不变的离线系统,习惯上基本采用观测到的历史水文资料,先确定好模型参数,然后将其用于未来的洪水预报中。这样的预报方案在实时在线洪水预报系统中,常得不到满意的结果。

一个流域水文系统,严格讲是一个时变非线性系统,只是当时变因素影响不大时可被忽略。例如,流域特征的自然变迁是很缓慢的,在一般情况下或短期内可以忽略,但当流域内人类活动频繁或缓慢变迁的长期累积作用导致水文规律改变就应该考虑。当流域内发生水库垮坝、河岸决堤、行蓄洪区分洪的突变因素时,引起洪水特征的变化就必须考虑。

流域水文系统是一个非常复杂的系统,在考虑模型结构时,通常要给一系列的假设和结构简化近似,这在模型外延中会带来较大的误差。在模型参数确定中,历史水文资料的代表性不够也会带来误差。实时洪水的预测与估计系统中误差更多,常见的有:

(1)设备故障,导致资料缺测或产生不合理的观测数据。水文遥测系统有许多水位站和雨量站,在系统的运行过程中,常会遇到各种各样的故障,给实时洪水预报带来误差,这在任何水文遥测系统中都是存在的。

(2)水利工程、农田蓄放水误差。在流域中,常有许多中小型水利工程,遇干旱或农业需水季节,放水灌溉,泄空库容;遇洪水,则先拦蓄洪水,若长期连续降雨后洪水拦蓄不下,又大量放水泄洪,这一减一加,常给洪水预报带来大的误差。误差的大小,取决于流域内中小型水利工程的多少。在干旱地区,以中小水库为主;在南方湿润地区,除中小水库、塘坝外,水田的蓄泄作用也常很大。例如,华南地区流域,大多水田比例高,插秧季节是水田需水高峰期,遇降雨产流,会有相当部分径流被拦截,虽然插秧只需水深 10 ~ 20 cm,但拦截的径流深就是 100 ~ 200 mm,如果水田面积占流域面积比例高,则拦截量是十分可观的。

(3)流域水文规律的变化。主要由流域水文规律受气候条件和下垫面条件的改变而发生的改变。如锋面雨引起的洪水特征与雷暴雨、台风雨引起的洪水特征差异,北方高寒地区融雪径流形成的洪水与暴雨型洪水的差异等;还有系统长期运行过程中,流域人类活动的影响,如修建大型水库、水土保持治理、森林的大面积砍伐、开挖人工河渠、天然河道的整治和跨流域引水等,这些人类活动的长年累积作用会给水文规律带来大的影响,这些变化也会给实时洪水预报带来一定的误差。

(4)水文规律简化误差,即模型结构误差。蓄满产流、超渗产流将降雪作为降雨处理,农业活动作用的忽略等产流机理简化导致的误差,都属于模型结构误差,当与实际差别大时,就会带来大的误差。

在洪水预测系统中,常会出现在不同时间发生的误差是十分相似的。例如,高强度降雨引起的洪水,常会导致预测的洪峰偏小,长期干旱后的洪水径流量估计常偏大等。虽然这些洪水发生在不同年份,但许多相同类型的洪水会有相似的误差统计特征,我们把这称为误差的相似性。这种相似性是客观存在的,是由引起误差因素的相似性决定的。例如,台风雨或雷暴雨型洪水,都是由于降雨范围高度集中,降雨强度大大超过平均情况,而模型仍按平均情况处理,自然就会使地面径流估计偏小,汇集速度过慢,使洪峰估计偏小。那么,不同次的这种类型洪水,引起误差的因素都是高强度和高集中暴雨,具有相似性。

实时洪水预报误差修正就是要利用实时系统能获得的观测信息和一切能利用的其他信息,对上述的这些在水文模型中没有考虑的、无法考虑的或即使考虑了也是不适当的,而对实际洪水又有一定影响的误差因素造成的预报误差进行实时校正,以弥补流域水文模型的不足。图6-3和图6-4分别表示仅用流域水文模型进行洪水预报和模型与实时校正结合进行洪水预报的结构框图。图中:$I(t)$和$Q(t)$表示t时刻以前实测的模型输入和输出;QQ表示可供实时修正利用的其他信息;$QC(t+L)$表示未经校正的模型计算结果;$QC(t+L/t)$表示经校正的模型计算结果。

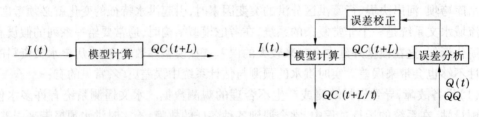

图6-3 流域水文模型预报框图   图6-4 实时校正预报框图

实时修正技术的研究方法很多,归纳起来,按修正内容划分可分为模型误差修正、模型参数修正、模型输入修正、模型状态修正和综合修正五类。模型误差修正(以自回归方法为典型),即根据误差系列建立自回归模型,再由实时误差预报未来误差;模型参数和模型状态修正有参数状态方程修正,工业、国防自动控制中的自适应修正和卡尔曼滤波修正等方法;模型输入修正主要有滤波方法和抗差分析,典型的有卡尔曼滤波、维纳滤波等;综合修正方法就是前四者的结合。

6.3.2 自回归修正

自回归修正(Auto Regression Updating)方法,主要是对模型残差系列

$$\{e_1, e_2, \cdots, e_t, \cdots, e_{t+L}, \cdots\} \tag{6-1}$$

采用残差自回归估计式

$$e_{t+L} = c_1 e_t + c_2 e_{t-1} + \cdots + c_p e_{t-p+1} + \xi_{t+L} \tag{6-2}$$

那么预报结果的校正式为

$$QC(t + L/t) = QC(t + L) + \hat{e}_{t+L} \tag{6-3}$$

其中

$$e_t = Q(t) - QC(t)$$

式中 e_t ——t时刻的模型计算误差;

ξ_{t+L}——$t+L$ 时刻经实时校正后的预报系统残差；

$c_1, c_2, \cdots, c_p$——常系数；

p——模型回归阶数；

$\hat{e}_{t+L}$——估计的 $t+L$ 时刻的误差。

该校正模型假设 $t+L$ 时刻的模型误差与 t 时刻以前的模型误差有关。误差的预测估计式,依赖于回归系数的确定。设已知观测系列为

$$Q_1, Q_2, \cdots, Q_m$$

模型计算系列为

$$QC_1, QC_2, \cdots, QC_m$$

可得模型误差系列 $e_1, e_2, \cdots, e_m$

分别代入式(6-2)有

$$\begin{cases} e_{p+L} = c_1 e_p + c_2 e_{p-1} + \cdots + c_p e_1 + \xi_{p+L} \\ e_{p+L+1} = c_1 e_{p+1} + c_2 e_p + \cdots + c_p e_2 + \xi_{p+L+1} \\ \qquad\qquad\qquad\qquad \vdots \\ e_m = c_1 e_{m-L} + c_2 e_{m-L-1} + \cdots + c_p e_{m-L-p+1} + \xi_m \end{cases} \quad (6\text{-}4)$$

令

$$\boldsymbol{Y} = \begin{bmatrix} e_{p+L} \\ e_{p+L+1} \\ \vdots \\ e_m \end{bmatrix} \quad \boldsymbol{X} = \begin{bmatrix} e_p & e_{p-1} & \cdots & e_1 \\ e_{p+1} & e_p & \cdots & e_2 \\ \vdots & \vdots & & \vdots \\ e_{m-L} & e_{m-L-1} & \cdots & e_{m-L-p+1} \end{bmatrix}$$

$$\boldsymbol{C} = \begin{bmatrix} c_1 \\ c_2 \\ \vdots \\ c_p \end{bmatrix} \quad \boldsymbol{\Omega} = \begin{bmatrix} \xi_{p+L} \\ \xi_{p+L+1} \\ \vdots \\ \xi_m \end{bmatrix}$$

则有式(6-4)的向量矩阵形式

$$\boldsymbol{Y} = \boldsymbol{XC} + \boldsymbol{\Omega} \quad (6\text{-}5)$$

式(6-5)中的参数向量不随时间改变,那么可用最小二乘法来确定,即

$$\boldsymbol{\Omega} = \boldsymbol{Y} - \boldsymbol{XC}$$

$$\min_{\forall C \in R^p} \left\{ \boldsymbol{\Omega}^{\mathrm{T}} \boldsymbol{\Omega} = (\boldsymbol{Y} - \boldsymbol{XC})^{\mathrm{T}} (\boldsymbol{Y} - \boldsymbol{XC}) \right\} \quad (6\text{-}6)$$

对式(6-6)求导得 $\hat{\boldsymbol{C}} = (\boldsymbol{X}^{\mathrm{T}} \boldsymbol{X})^{-1} \boldsymbol{X}^{\mathrm{T}} \boldsymbol{Y} \quad (6\text{-}7)$

6.3.3 递推最小二乘法

式(6-5)参数估计有静态估计和动态估计。静态估计是对时不变系统而言的,动态估计适用于时变的系统。

动态估计,通常是随着时间的推移,增加的信息不断地被用于估计模型参数。例如,描述时间系列的线性回归模型的观测系列为

$$\begin{aligned}
&(x_{11}, x_{12}, \cdots, x_{1p}; y_1) \\
&(x_{21}, x_{22}, \cdots, x_{2p}; y_2) \\
&\qquad\qquad \vdots \\
&(x_{t1}, x_{t2}, \cdots, x_{tp}; y_t)
\end{aligned} \tag{6-8}$$

当已知 t 时刻以前的自变量和因变量观测值后，要估计 $t+1$ 时刻的因变量值，首先要根据这些观测信息用最小二乘法估计参数，其次预测 $t+1$ 时刻的 y 值。这当中存在两个问题：一是每预测一次就要用一次最小二乘法估计参数，比较麻烦；二是随着 t 的延续，观测信息量不断增大，资料系列越来越长，最终会超出计算机容量而不易保存。递推最小二乘法能较好地解决这两方面的问题，其推导如下：

将每个观测值代入回归方程有

$$\begin{cases}
y_1 = x_{11}c_1 + x_{12}c_2 + \cdots + x_{1p}c_p + e_1 \\
y_2 = x_{21}c_1 + x_{22}c_2 + \cdots + x_{2p}c_p + e_2 \\
\qquad\qquad \vdots \\
y_t = x_{t1}c_1 + x_{t2}c_2 + \cdots + x_{tp}c_p + e_t
\end{cases} \tag{6-9}$$

写做向量矩阵形式有

$$\boldsymbol{Y}_t = \boldsymbol{X}_t \boldsymbol{C}_t + \boldsymbol{\Omega}_t \tag{6-10}$$

其中

$$\boldsymbol{Y}_t = \begin{bmatrix} y_1 \\ y_2 \\ \vdots \\ y_t \end{bmatrix} \quad \boldsymbol{X}_t = \begin{bmatrix} x_{11} & x_{12} & \cdots & x_{1p} \\ x_{21} & x_{22} & \cdots & x_{2p} \\ \vdots & \vdots & & \vdots \\ x_{t1} & x_{t2} & \cdots & x_{tp} \end{bmatrix} \quad \boldsymbol{C}_t = \begin{bmatrix} c_1 \\ c_2 \\ \vdots \\ c_p \end{bmatrix} \quad \boldsymbol{\Omega}_t = \begin{bmatrix} e_1 \\ e_2 \\ \vdots \\ e_t \end{bmatrix}$$

且 C_t 表示是由 t 时刻以前观测到的资料估计的参数。设在 $t-1$ 时刻可得最小二乘估计

$$\hat{\boldsymbol{C}}_{t-1} = (\boldsymbol{X}_{t-1}^{\mathrm{T}} \boldsymbol{X}_{t-1})^{-1} \boldsymbol{X}_{t-1}^{\mathrm{T}} Y_{t-1} \tag{6-11}$$

到 t 时刻又可得最小二乘估计

$$\hat{\boldsymbol{C}}_t = (\boldsymbol{X}_t^{\mathrm{T}} \boldsymbol{X}_t)^{-1} \boldsymbol{X}_t^{\mathrm{T}} Y_t \tag{6-12}$$

令

$$\boldsymbol{P}_t = (\boldsymbol{X}_t^{\mathrm{T}} \boldsymbol{X}_t)^{-1} \tag{6-13}$$

$$\boldsymbol{U}_t = \boldsymbol{X}_t^{\mathrm{T}} \boldsymbol{Y}_t \tag{6-14}$$

那么有

$$\hat{\boldsymbol{C}}_t = \boldsymbol{P}_t \boldsymbol{U}_t \tag{6-15}$$

$$\hat{\boldsymbol{C}}_{t-1} = \boldsymbol{P}_{t-1} \boldsymbol{U}_{t-1} \tag{6-16}$$

展开式(6-13)有

$$\boldsymbol{P}_t = \left\{ \begin{bmatrix} x_{11} & x_{12} & \cdots & x_{1p} \\ x_{21} & x_{22} & \cdots & x_{2p} \\ \vdots & \vdots & & \vdots \\ x_{t1} & x_{t2} & \cdots & x_{tp} \end{bmatrix}^{\mathrm{T}} \begin{bmatrix} x_{11} & x_{12} & \cdots & x_{1p} \\ x_{21} & x_{22} & \cdots & x_{2p} \\ \vdots & \vdots & & \vdots \\ x_{t1} & x_{t2} & \cdots & x_{tp} \end{bmatrix} \right\}^{-1} \tag{6-17}$$

记

$$\boldsymbol{X}^{(t)} = \begin{bmatrix} x_{t,1} \\ x_{t,2} \\ \vdots \\ x_{t,p} \end{bmatrix}, \boldsymbol{X}^{t-1} = \begin{bmatrix} x_{t-1,1} \\ x_{t-1,2} \\ \vdots \\ x_{t-1,p} \end{bmatrix}, \cdots, \boldsymbol{X}^{(2)} = \begin{bmatrix} x_{2,1} \\ x_{2,2} \\ \vdots \\ x_{2,p} \end{bmatrix}, \boldsymbol{X}^{(1)} = \begin{bmatrix} x_{1,1} \\ x_{1,2} \\ \vdots \\ x_{1,p} \end{bmatrix}$$

那么

$$\boldsymbol{P}_t^{-1} = \begin{bmatrix} \boldsymbol{X}^{(1)}, \boldsymbol{X}^{(2)}, \cdots, \boldsymbol{X}^{(t-1)}, \boldsymbol{X}^{(t)} \end{bmatrix} \begin{bmatrix} \boldsymbol{X}^{(1)\mathrm{T}} \\ \boldsymbol{X}^{(2)\mathrm{T}} \\ \vdots \\ \boldsymbol{X}^{(t-1)\mathrm{T}} \\ \boldsymbol{X}^{(t)\mathrm{T}} \end{bmatrix}$$

$$= \boldsymbol{X}^{(1)}\boldsymbol{X}^{(1)\mathrm{T}} + \boldsymbol{X}^{(2)}\boldsymbol{X}^{(2)\mathrm{T}} + \cdots + \boldsymbol{X}^{(t-1)}\boldsymbol{X}^{(t-1)\mathrm{T}} + \boldsymbol{X}^{(t)}\boldsymbol{X}^{(t)\mathrm{T}}$$

有

$$\boldsymbol{P}_t^{-1} = \boldsymbol{P}_{t-1}^{-1} + \boldsymbol{X}^{(t)}\boldsymbol{X}^{(t)\mathrm{T}} \tag{6-18}$$

式(6-18)两边从左、右两侧分别乘 $\boldsymbol{P}_t$ 和 $\boldsymbol{P}_{t-1}$ 得

$$\boldsymbol{P}_{t-1} = \boldsymbol{P}_t + \boldsymbol{P}_t\boldsymbol{X}^{(t)}\boldsymbol{X}^{(t)\mathrm{T}}\boldsymbol{P}_{t-1} \tag{6-19}$$

再以 $\boldsymbol{X}^{(t)}$ 右乘式(6-19)得

$$\boldsymbol{P}_{t-1}\boldsymbol{X}^{(t)} = \boldsymbol{P}_t\boldsymbol{X}^{(t)} + \boldsymbol{P}_t\boldsymbol{X}^{(t)}\boldsymbol{X}^{(t)\mathrm{T}}\boldsymbol{P}_{t-1}\boldsymbol{X}^{(t)}$$

$$\boldsymbol{P}_{t-1}\boldsymbol{X}^{(t)} = \boldsymbol{P}_t\boldsymbol{X}^{(t)}(1 + \boldsymbol{X}^{(t)\mathrm{T}}\boldsymbol{P}_{t-1}\boldsymbol{X}^{(t)}) \tag{6-20}$$

式(6-20)两边除以 $(1 + \boldsymbol{X}^{(t)\mathrm{T}}\boldsymbol{P}_{t-1}\boldsymbol{X}^{(t)})$，再右乘 $\boldsymbol{X}^{(t)\mathrm{T}}\boldsymbol{P}_{t-1}$ 得

$$\boldsymbol{P}_{t-1}\boldsymbol{X}^{(t)}(1 + \boldsymbol{X}^{(t)\mathrm{T}}\boldsymbol{P}_{t-1}\boldsymbol{X}^{(t)})^{-1}\boldsymbol{X}^{(t)\mathrm{T}}\boldsymbol{P}_{t-1} = \boldsymbol{P}_t\boldsymbol{X}^{(t)}\boldsymbol{X}^{(t)}\boldsymbol{X}^{(t)\mathrm{T}}\boldsymbol{P}_{t-1} \tag{6-21}$$

将式(6-19)代入式(6-21)得

$$\boldsymbol{P}_t = \boldsymbol{P}_{t-1} - \boldsymbol{P}_{t-1}\boldsymbol{X}^{(t)}(1 + \boldsymbol{X}^{(t)\mathrm{T}}\boldsymbol{P}_{t-1}\boldsymbol{X}^{(t)})^{-1}\boldsymbol{X}^{(t)}\boldsymbol{X}^{(t)\mathrm{T}}\boldsymbol{P}_{t-1} \tag{6-22}$$

$\boldsymbol{U}_t$ 的递推式很简单，可直接得

$$\boldsymbol{U}_t = \boldsymbol{U}_{t-1} + \boldsymbol{X}^{(t)}\boldsymbol{y}_t \tag{6-23}$$

把式(6-22)和式(6-23)代入式(6-15)得

$$\hat{\boldsymbol{C}}_t = \hat{\boldsymbol{C}}_{t-1} - \boldsymbol{P}_{t-1}\boldsymbol{X}^{(t)}(1 + \boldsymbol{X}^{(t)\mathrm{T}}\boldsymbol{P}_{t-1}\boldsymbol{X}^{(t)})^{-1}(\boldsymbol{X}^{(t)\mathrm{T}}\hat{\boldsymbol{C}}_{t-1} - \boldsymbol{y}_t) \tag{6-24}$$

6.3.4　卡尔曼滤波

6.3.4.1　引言

卡尔曼滤波在 1960 年由卡尔曼提出，开始主要用于通信、工业自动化控制中，后来被广泛应用于其他领域。在水文预报中的应用起源于 20 世纪 60 年代末，在 70 年代获得了应用成果。

卡尔曼滤波在我国水文预报界的应用开始于 20 世纪 80 年代，首篇相关论文由包为民发表于 1981 年的成都水文预报学术讨论会上，1982 年进入研讨、应用的高潮。由于卡尔曼滤波方法十分复杂，可容纳的信息量大，而实时洪水预报常难以提供修正所需的足够信息，因此在实时洪水预报中的应用常不能获得应有的效果，甚至与简单的自回归修正效果差不多，因而大大限制了其方法的使用。

6.3.4.2　系统基本方程

卡尔曼滤波的系统基本方程由状态方程和观测方程组成，通常可表示为

$$X_{t+1} = \Phi_t X_t + B_{t+1} U_{t+1} + \Gamma_{t+1} W_{t+1} \tag{6-25}$$

$$Z_{t+1} = H_{t+1} X_{t+1} + V_{t+1} \tag{6-26}$$

式中 X_t——t 时刻的状态向量，一般是 $n \times 1$ 维的；

        Φ_t——t 时刻的状态转移矩阵，一般是 $n \times n$ 维的；

        U_{t+1}——$t+1$ 时刻的控制输入，一般是 $p \times 1$ 维的；

        B_{t+1}——$t+1$ 时刻的输入分配矩阵，一般是 $n \times p$ 维的；

        Γ_{t+1}——$t+1$ 时刻的状态噪声分配矩阵，一般是 $n \times m$ 维的；

        W_{t+1}——$t+1$ 时刻的状态噪声，一般是 $m \times 1$ 维的；

        Z_{t+1}——$t+1$ 时刻的观测向量，一般是 $m \times 1$ 维的；

        H_{t+1}——$t+1$ 时刻的观测矩阵，一般是 $m \times n$ 维的；

        V_{t+1}——$t+1$ 时刻的观测噪声，一般是 $m \times 1$ 维的。

卡尔曼滤波器推导时，式(6-25)中不考虑输入项，也不失一般性。

适合于卡尔曼滤波的系统要求满足以下两个条件：

（1）系统是线性的。

（2）状态噪声和观测噪声具有如下统计特点：

$$
\begin{cases}
E\{W_t\} = \overline{W} \\
E\{V_t\} = \overline{V} \\
E\{(W_t - \overline{W})(W_k - \overline{W})^{\mathrm{T}}\} = Q\delta_{t,k} \\
E\{(V_t - \overline{V})(V_k - \overline{V})^{\mathrm{T}}\} = R\delta_{t,k} \\
E\{(W_t - \overline{W})(V_k - \overline{V})^{\mathrm{T}}\} = \theta \\
\delta_{t,k} = \begin{cases} 0 & t \neq k \\ 1 & t = k \end{cases}
\end{cases}
\tag{6-27}
$$

水文预报中的许多模型噪声不具有这些特点，属于有色噪声，就不能直接用卡尔曼滤波器，要先将模型有色噪声白化处理后再使用。

6.3.4.3　卡尔曼滤波准则

传统的洪水预报方法和一般的实时洪水预报方法都暗指观测资料无误差，而卡尔曼滤波认为不仅模型有误差，观测资料也是有误差的。因此，卡尔曼滤波器中，在使用观测信息前，先是作观测噪声滤波，其一般框图如图 6-5 所示。

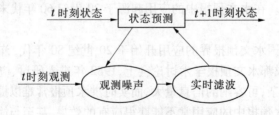

图 6-5　卡尔曼滤波器框图

卡尔曼滤波器的估计准则是：

（1）估计的状态向量是无偏的。

（2）状态向量滤波估计的残差最小。

卡尔曼滤波器从估计准则上提出了更多的条件和要求,这也是卡尔曼滤波器优于其他方法的关键。

6.3.4.4 基本方程推导

卡尔曼滤波器认为,观测资料和模型都具有噪声,要对 t 时刻的状态作出好的估计,仅依据模型或观测资料都是不全面的,而应是模型估计和观测的加权平均,其估计如下

$$\hat{X}_{t/t} = K'_t \hat{X}_{t/t-1} + K_t (Z_t - \overline{V}) \tag{6-28}$$

式中 $\hat{X}_{t/t}$——t 时刻状态向量的滤波值;

$\hat{X}_{t/t-1}$——t 时刻状态向量利用 $t-1$ 时刻以前的信息估计的值;

K_t——卡尔曼滤波器的增益矩阵,也可认为是给观测信息的权重,该矩阵的确定是卡尔曼滤波器效果好坏的关键;

K'_t——模型估计的权重矩阵。

有了 t 时刻状态向量滤波值,就可以对 $t+1$ 时刻状态向量作出预测如下

$$\hat{X}_{t+1/t} = \boldsymbol{\Phi}_t \hat{X}_{t/t} + \boldsymbol{\Gamma}_{t+1} \overline{W} \tag{6-29}$$

式(6-28)和式(6-29)是卡尔曼滤波器的滤波方程和预测方程,由式(6-28)可知,只要确定了两个权重矩阵,卡尔曼滤波器的推导就完成了。

定义状态向量滤波值和预测值的误差为

$$\left. \begin{array}{l} \widetilde{X}_{t/t} = \hat{X}_{t/t} - X_t \\ \widetilde{X}_{t/t-1} = \hat{X}_{t/t-1} - X_t \end{array} \right\} \tag{6-30}$$

由式(6-28)和式(6-30)可得

$$\begin{aligned} \widetilde{X}_{t/t} &= K'_t \hat{X}_{t/t-1} + K_t (Z_t - \overline{V}) - X_t \\ &= K'_t \hat{X}_{t/t-1} + K_t (H_t X_t + V_t - \overline{V}) - X_t \\ &= K'_t (\hat{X}_{t/t-1} - X_t) + K'_t X_t + K_t H_t X_t - X_t + K_t (V_t - \overline{V}) \end{aligned} \tag{6-31}$$

有状态向量滤波值误差的递推表达为

$$\widetilde{X}_{t/t} = K'_t \widetilde{X}_{t/t-1} + (K'_t + K'_t H_t - I) X_t + K_t (V_t - \overline{V}) \tag{6-32}$$

根据无偏性有

$$E\{\widetilde{X}_{t/t}\} = \theta \tag{6-33}$$

$$E\{\widetilde{X}_{t/t-1}\} = \theta \tag{6-34}$$

再根据观测噪声的零均值和状态向量的非零特性得

$$\theta = K'_t + K_t H_t - I \tag{6-35}$$

则有模型估计权重矩阵与增益矩阵间的关系

$$K'_t = I - K_t H_t \tag{6-36}$$

将式(6-36)代入式(6-28)得

$$\hat{X}_{t/t} = (I - K_t H_t)\hat{X}_{t/t-1} + K_t(Z_t - \overline{V}) \tag{6-37}$$

或改写为

$$\hat{X}_{t/t} = \hat{X}_{t/t-1} + K_t(Z_t - H_t\hat{X}_{t/t-1} - \overline{V}) \tag{6-38}$$

记

$$v_t = Z_t - H_t\hat{X}_{t/t-1} - \overline{V} \tag{6-39}$$

则

$$\hat{X}_{t/t} = \hat{X}_{t/t-1} + K_t v_t \tag{6-40}$$

式中,v_t 通常称为增益向量。由式(6-37)和系统观测方程可得

$$\tilde{X}_{t/t} = (I - K_t H_t)\hat{X}_{t/t-1} + K_t(H_t X_t + V_t - \overline{V}) - X_t \tag{6-41}$$

简化式(6-41)得

$$\tilde{X}_{t/t} = (I - K_t H_t)\hat{X}_{t/t-1} + K_t(V_t - \overline{V}) \tag{6-42}$$

定义滤波的误差协方差矩阵为

$$P_{t/t} = E\{\tilde{X}_{t/t}\tilde{X}_{t/t}^T\} \tag{6-43}$$

估计的误差协方差矩阵为

$$P_{t/t-1} = E\{\tilde{X}_{t/t-1}\tilde{X}_{t/t-1}\} \tag{6-44}$$

把式(6-42)代入式(6-43)得

$$P_{t/t} = (I - K_t H_t)E\{\tilde{X}_{t/t-1}\tilde{X}_{t/t-1}^T\}(I - K_t H_t)^T + K_t E\{V_t - \overline{V}\}(V_t - \overline{V})^T\}K_t^T \tag{6-45}$$

式(6-45)的推导中利用了估计误差和观测噪声的不相关特性,即

$$E\{\tilde{X}_{t/t-1}(V_t - \overline{V})^T\} = E\{(V_t - \overline{V})\tilde{X}_{t/t-1}^T\} = \theta \tag{6-46}$$

利用观测噪声的统计特性,式(6-45)可进一步简化为

$$P_{t/t} = (I - K_t H_t)E\{\tilde{X}_{t/t-1}\tilde{X}_{t/t-1}^T\}(I - K_t H_t)^T + K_t R K_t^T \tag{6-47}$$

确定增益矩阵 K_t 要根据卡尔曼滤波器的估计准则(2),即

$$\min(J_t = E\{\tilde{X}_{t/t}^T\tilde{X}_{t/t}\}) \tag{6-48}$$

而

$$J_t = \text{tr}\{P_{t/t}\}$$

由

$$\frac{\partial J_t}{\partial K_t^T} = \theta$$

得

$$-2P_{t/t-1}H_t^T + 2K_t H_t P_{t/t-1}H_t^T + 2K_t R = \theta$$

由上式得

$$K_t = P_{t/t-1}H_t^T(H_t P_{t/t-1}H_t^T + R)^{-1} \tag{6-49}$$

展开式(6-47)得

$$P_{t/t} = P_{t/t-1} - K_t H_t P_{t/t-1} - P_{t/t-1}H_t^T K_t^T + K_t(H_t P_{t/t-1}H_t^T + R)K_t^T \tag{6-50}$$

再改写式(6-49)有

$$P_{t/t-1}H_t^T = K_t(H_t P_{t/t-1}H_t^T + R) \tag{6-51}$$

将式(6-51)代入式(6-50)得

$$\boldsymbol{P}_{t/t} = (\boldsymbol{I} - \boldsymbol{K}_t\boldsymbol{H}_t)\boldsymbol{P}_{t/t-1} \qquad (6-52)$$

根据预测误差定义

$$\widetilde{\boldsymbol{X}}_{t+1/t} = \hat{\boldsymbol{X}}_{t+1/t} - \boldsymbol{X}_{t+1}$$

有 $\quad \widetilde{\boldsymbol{X}}_{t+1/t} = \boldsymbol{\Phi}_t\hat{\boldsymbol{X}}_{t/t} + \boldsymbol{\Gamma}_{t+1}\overline{\boldsymbol{W}} - (\boldsymbol{\Phi}_t\boldsymbol{X}_t + \boldsymbol{\Gamma}_{t+1}\boldsymbol{W}_t) = \boldsymbol{\Phi}_t\widetilde{\boldsymbol{X}}_{t/t} - \boldsymbol{\Gamma}_{t+1}(\boldsymbol{W}_t - \overline{\boldsymbol{W}}) \qquad (6-53)$

其预测误差协方差矩阵为

$$\boldsymbol{P}_{t+1/t} = \boldsymbol{\Phi}_t E\{\widetilde{\boldsymbol{X}}_{t/t}\widetilde{\boldsymbol{X}}_{t/t}^{\mathrm{T}}\}\boldsymbol{\Phi}_t^{\mathrm{T}} + \boldsymbol{\Gamma}_{t+1}E\{(\boldsymbol{W}_t - \overline{\boldsymbol{W}})(\boldsymbol{W}_t - \overline{\boldsymbol{W}})^{\mathrm{T}}\}\boldsymbol{\Gamma}_{t+1}^{\mathrm{T}} \qquad (6-54)$$

则

$$\boldsymbol{P}_{t+1/t} = \boldsymbol{\Phi}_t\boldsymbol{P}_{t/t}\boldsymbol{\Phi}_t^{\mathrm{T}} + \boldsymbol{\Gamma}_{t+1}\boldsymbol{Q}\boldsymbol{\Gamma}_{t+1}^{\mathrm{T}} \qquad (6-55)$$

式(6-28)、式(6-29)、式(6-39)、式(6-40)、式(6-49)、式(6-52)和式(6-55)组成了卡尔曼滤波器的基本方程。

6.3.4.5 统计量的估计

实际应用以上基本方程时,模型噪声和观测噪声的均值与方差是预先不知道的,需要作出估计。

对增益向量求均值得

$$\begin{aligned}
E\{v_t\} &= E\{\boldsymbol{Z}_t - \boldsymbol{H}_t\hat{\boldsymbol{X}}_{t/t-1} - \overline{\boldsymbol{V}}\} \\
&= E\{\boldsymbol{H}_t\boldsymbol{X}_t + \boldsymbol{V}_t - \boldsymbol{H}_t\boldsymbol{X}_{t/t-1} - \overline{\boldsymbol{V}}\} \\
&= -\boldsymbol{H}_t E\{\widetilde{\boldsymbol{X}}_{t/t-1}\} + E\{\boldsymbol{V}_t - \overline{\boldsymbol{V}}\}
\end{aligned}$$

根据估计误差和噪声的无偏性,有 $E\{\boldsymbol{V}_t\} = \theta$,所以

$$\theta = E\{\boldsymbol{Z}_t - \boldsymbol{H}_t\hat{\boldsymbol{X}}_{t/t-1} - \overline{\boldsymbol{V}}\}$$

即 $\quad \overline{\boldsymbol{V}} = E\{\boldsymbol{Z}_t - \boldsymbol{H}_t\hat{\boldsymbol{X}}_{t/t-1}\} \qquad (6-56)$

对于 t 时刻实时统计估计可有

$$\hat{\overline{\boldsymbol{V}}}t = \frac{1}{t}\sum_{i=1}^{t}(\boldsymbol{Z}_i - \boldsymbol{H}_i\hat{\boldsymbol{X}}_{i/i-1}) = \frac{1}{t}\sum_{i=1}^{t-1}(\boldsymbol{Z}_i - \boldsymbol{H}_i\hat{\boldsymbol{X}}_{i/i-1}) + \frac{1}{t}(\boldsymbol{Z}_t - \boldsymbol{H}_t\hat{\boldsymbol{X}}_{t/t-1}) \qquad (6-57)$$

类似地,对于 $t-1$ 时刻实时统计估计有

$$\hat{\overline{\boldsymbol{V}}}_{t-1} = \frac{1}{t-1}\sum_{i=1}^{t-1}(\boldsymbol{Z}_i - \boldsymbol{H}_i\hat{\boldsymbol{X}}_{i/i-1}) \qquad (6-58)$$

那么将式(6-58)代入式(6-57)得

$$\hat{\overline{\boldsymbol{V}}}_t = \frac{t-1}{t}\hat{\overline{\boldsymbol{V}}}_{t-1} + \frac{1}{t}(\boldsymbol{Z}_t - \boldsymbol{H}_t\hat{\boldsymbol{X}}_{t/t-1}) \qquad (6-59)$$

由增益向量的协方差矩阵表达为

$$\begin{aligned}
E\{v_tv_t^{\mathrm{T}}\} &= \boldsymbol{H}_t E\{\widetilde{\boldsymbol{X}}_{t/t-1}\widetilde{\boldsymbol{X}}_{t/t-1}^{\mathrm{T}}\}\boldsymbol{H}_t^{\mathrm{T}} + E\{(\boldsymbol{V}_t - \overline{\boldsymbol{V}})(\boldsymbol{V}_t - \overline{\boldsymbol{V}})^{\mathrm{T}}\} \\
&= \boldsymbol{H}_t\boldsymbol{P}_{t/t-1}\boldsymbol{H}_t^{\mathrm{T}} + \boldsymbol{R}
\end{aligned}$$

有 $\quad \boldsymbol{R} = E\{v_tv_t^{\mathrm{T}}\} - \boldsymbol{H}_t\boldsymbol{P}_{t/t-1}\boldsymbol{H}_t^{\mathrm{T}} \qquad (6-60)$

根据式(6-60)得 t 时刻的估计

$$\hat{R}_t = \frac{1}{t}\sum_{i=1}^{t} v_i v_i^{\mathrm{T}} - H_t P_{t/t-1} H_t^{\mathrm{T}} \tag{6-61}$$

由于开始预热期模型递推计算不稳定,预测协方差矩阵变化大,式(6-61)估计可能会得出负的观测噪声方差。为此,观测噪声协方差阵估计式常用

$$\hat{R}_t = \frac{1}{t}\sum_{i=1}^{t} v_i v_i^{\mathrm{T}} - \frac{1}{t}\sum_{i=1}^{t} H_i P_{i/i-1} H_i^{\mathrm{T}} \tag{6-62}$$

类似地,也可有递推式

$$\hat{R}_t = \frac{t-1}{t}\hat{R}_{t-1} + \frac{1}{t}(v_t v_t^{\mathrm{T}} - H_t P_{t/t-1} H_t^{\mathrm{T}}) \tag{6-63}$$

假如我们已知 t 时刻模型噪声的估计,代入系统状态方程得

$$\hat{X}_{t/t-1} = \boldsymbol{\Phi}_{t-1}\hat{X}_{t-1/t-1} + \boldsymbol{\Gamma}_t \hat{\overline{W}}_{t/t-1} \tag{6-64}$$

结合式(6-40)和式(6-63)得

$$\hat{X}_{t/t} = \boldsymbol{\Phi}_{t-1}\hat{X}_{t-1/t-1} + \boldsymbol{\Gamma}_t \hat{\overline{W}}_{t/t-1} + K_t v_t \tag{6-65}$$

式(6-65)减去状态方程得

$$\tilde{X}_{t/t} = \boldsymbol{\Phi}_{t-1}\tilde{X}_{t-1/t-1} - (W_t - \boldsymbol{\Gamma}_t \hat{\overline{W}}_{t/t-1}) + K_t v_t$$

对上式求期望,根据无偏性得

$$\boldsymbol{\Gamma}_t \overline{W} = E\{K_t v_t + \boldsymbol{\Gamma}_t \hat{\overline{W}}_{t/t-1}\}$$

$$\overline{W} = (\boldsymbol{\Gamma}_t^{\mathrm{T}}\boldsymbol{\Gamma}_t)^{-1}\boldsymbol{\Gamma}_t^{\mathrm{T}} E\{K_t v_t + \boldsymbol{\Gamma}_t \hat{\overline{W}}_{t/t-1}\}$$

则根据上式,t 时刻状态噪声的估计为

$$\hat{\overline{W}}_{t+1/t} = (\boldsymbol{\Gamma}_t^{\mathrm{T}}\boldsymbol{\Gamma}_t)^{-1}\boldsymbol{\Gamma}_t^{\mathrm{T}} \frac{1}{t}\sum_{i=1}^{t}(K_i v_i + \boldsymbol{\Gamma}_i \hat{\overline{W}}_{i/i-1})$$

其递推形式为

$$\hat{\overline{W}}_{t+1/t} = \hat{\overline{W}}_{t/t-1} + \frac{1}{t}(\boldsymbol{\Gamma}_t^{\mathrm{T}}\boldsymbol{\Gamma}_t)^{-1}\boldsymbol{\Gamma}_t^{\mathrm{T}} K_t v_t \tag{6-66}$$

根据式(6-52)得

$$K_t H_t = I - P_{t/t} P_{t/t-1}^{-1} \tag{6-67}$$

把式(6-67)和式(6-60)代入式(6-47)得

$$P_{t/t-1} = P_{t/t} + K_t E\{v_t v_t^{\mathrm{T}}\} K_t^{\mathrm{T}}$$

将上式代入式(6-55)得

$$P_{t/t} + K_t E\{v_t v_t^{\mathrm{T}}\} K_t^{\mathrm{T}} = \boldsymbol{\Phi}_{t-1} P_{t-1/t-1} \boldsymbol{\Phi}_{t-1}^{\mathrm{T}} + \boldsymbol{\Gamma}_t Q \boldsymbol{\Gamma}_t^{\mathrm{T}}$$

解上式得

$$Q = (\boldsymbol{\Gamma}_t^{\mathrm{T}}\boldsymbol{\Gamma}_t)^{-1}\boldsymbol{\Gamma}_t^{\mathrm{T}}(P_{t/t} - \boldsymbol{\Phi}_{t-1} P_{t-1/t-1} \boldsymbol{\Phi}_{t-1}^{\mathrm{T}} + K_t E\{v_t v_t^{\mathrm{T}}\} K_t^{\mathrm{T}})\boldsymbol{\Gamma}_t(\boldsymbol{\Gamma}_t^{\mathrm{T}}\boldsymbol{\Gamma}_t)^{-1}$$

在 t 时刻,利用 t 时刻以前的信息,同样可对模型噪声协方差矩阵作出预测,即

$$\hat{Q}_{t+1,t} = (\boldsymbol{\Gamma}_t^{\mathrm{T}}\boldsymbol{\Gamma}_t)^{-1}\boldsymbol{\Gamma}_t^{\mathrm{T}}(P_{t/t} - \boldsymbol{\Phi}_{t-1} P_{t-1/t-1} \boldsymbol{\Phi}_{t-1}^{\mathrm{T}} + \frac{1}{t}\sum_{i=1}^{t} K_i v_i v_i^{\mathrm{T}} K_i^{\mathrm{T}})\boldsymbol{\Gamma}_t(\boldsymbol{\Gamma}_t^{\mathrm{T}}\boldsymbol{\Gamma}_t)^{-1}$$

表达为递推形式有

$$\hat{Q}_{t+1/t} = \frac{t-1}{t}\hat{Q}_{t/t-1} + \frac{1}{t}(\boldsymbol{\Gamma}_t^{\mathrm{T}}\boldsymbol{\Gamma}_t)^{-1}\boldsymbol{\Gamma}_t^{\mathrm{T}}(P_{t/t} - \boldsymbol{\Phi}_{t-1} P_{t-1/t-1} \boldsymbol{\Phi}_{t-1}^{\mathrm{T}} + K_t v_t v_t^{\mathrm{T}} K_t^{\mathrm{T}})\boldsymbol{\Gamma}_t(\boldsymbol{\Gamma}_t^{\mathrm{T}}\boldsymbol{\Gamma}_t)^{-1}$$

$$\tag{6-68}$$

这样就推得了完整的卡尔曼滤波器。

6.3.4.6　卡尔曼滤波器的初值估计

假如滤波时间从 $t=1$ 开始，需要估计初始时刻的滤波器的初值有

$$\hat{\boldsymbol{V}}_1,\hat{\boldsymbol{R}}_1,\hat{\boldsymbol{W}}_{1/9},\hat{\boldsymbol{R}}_{1/0},\boldsymbol{P}_{1/0},\hat{\boldsymbol{X}}_{1/0}$$

所有的初值选取，都会影响系统预热期的滤波与预测效果。理论上讲，取任意的初值，当 $t\to\infty$ 时，其初试估计误差的影响会消失。因此，选取初试值时，主要考虑使这些影响消失的趋近过程尽可能短些，误差影响尽可能小些。为此，通常是选取适当的 $P_{1/0}$ ，一般令

$$\boldsymbol{P}_{1/0}=\lambda\boldsymbol{I} \tag{6-69}$$

取较大的 λ 值，暗指系统开始时，模型估计误差较大，要多依赖一些观测信息，取大一些增益矩阵，从而使初试状态估计的误差尽快衰减。其他初试值可按如下选取：

$\hat{\boldsymbol{V}}_1=\overline{\boldsymbol{V}}$ ，根据具体的观测资料分析确定；

$\hat{\boldsymbol{R}}_1=\overline{\boldsymbol{R}}$ ，也根据具体的观测资料分析确定；

$$\hat{\boldsymbol{W}}_{1/0}=(\boldsymbol{\varGamma}_1^{\mathrm{T}}\boldsymbol{\varGamma}_1)^{-1}\boldsymbol{\varGamma}_1^{\mathrm{T}}(\hat{\boldsymbol{X}}_{1/0}-\boldsymbol{\varPhi}_0\hat{\boldsymbol{X}}_{0/0})$$

$\hat{\boldsymbol{Q}}_{1/0}=\overline{\boldsymbol{Q}}$ ，可适当取大些，意义与 $\boldsymbol{P}_{1/0}$ 类似。

6.3.4.7　滤波计算

有了以上推导的滤波器公式和初试值估计方法，就可以进行卡尔曼滤波计算，其计算框图见图 6-6。

6.3.5　误差修正方法应用

一种实时误差修正方法应用要考虑修正效果、修正方法的适用性和方法的合理性及应用效果检验。这里以常用的自回归校正方法为例进行讨论。

6.3.5.1　修正效果评估

效果评估，通常从原模型效果、修正后模型效果和修正效果三方面来分析。

原模型效果就是只用模型进行预报，不考虑任何实时信息进行误差修正的预报效果，其效果定量评价系数如下

$$DC_o=1-\sum_{i=1}^{LT}(QC_i-Q_i)^2\Big/\sum_{i=1}^{LT}(Q_i-\overline{Q})^2 \tag{6-70}$$

式中　Q、$\overline{Q}$——实测流量及其均值；

　　　QC——模型计算值；

　　　LT——计算时段数。

修正后模型效果就是模型计算加上实时信息进行误差修正的预报总效果，其效果定量评价系数如下

$$DC_i=1-\sum_{i=1}^{LT}(QC_i^u-Q_i)^2\Big/\sum_{i=1}^{LT}(Q_i-\overline{Q})^2 \tag{6-71}$$

式中　QC^u——实时信息进行误差修正的预报总流量。

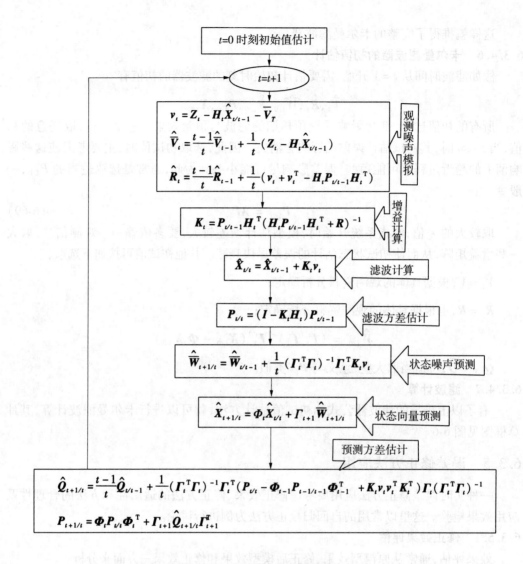

图 6-6　卡尔曼滤波计算框图

修正效果就是相对于原模型误差的效果,其效果定量评价系数如下

$$DC_u = 1 - \sum_{i=1}^{LT} (QC_i^u - Q_i)^2 / \sum_{i=1}^{LT} (Q_i - QC_i)^2 \qquad (6\text{-}72)$$

式(6-70)的效果系数值完全取决于原模型的效果,与实时修正方法无关;式(6-71)的效果系数值与原模型的效果和实时修正效果都有关系;只有式(6-72)的效果系数值只与修正方法有关。因此,一般讲的实时修正效果,应用式(6-72)计算。

6.3.5.2　方法的适用性

根据使用 AR 模型暗指的前提条件,误差系列应是前、后时段相关的,其相关性越好,AR 模型使用的效果也会越好。因此,在实际使用前,通常可以对历史洪水模型模拟误差系列的相关性进行分析,进而分析方法的适用性及其效果。

为了讨论简单,这里以最简单的 AR 模型为例。设模型误差系列具有零均值特点,且

可用一阶自回归模型进行预测如下

$$e_{t+L} = c_1 e_t + \zeta_{t+L} \tag{6-73}$$

用最小二乘法可确定回归系数为

$$c_1 = \frac{\sum\limits_t e_i e_{t+L}}{\sum\limits_t e_i^2} \tag{6-74}$$

而误差系列的相关系数 $r_{t,t+L}$ 为

$$r_{t,t+L} = \frac{\sum\limits_t e_t e_{t+L}}{\sqrt{\sum\limits_t e_t^2 \sum\limits_t e_{t+L}^2}} \tag{6-75}$$

所以,有关系式

$$c_1 = \frac{\sum\limits_t e_t e_{t+L}}{\sqrt{\sum\limits_t e_t^2}} \frac{\sqrt{\sum\limits_t e_t^2 \sum\limits_t e_{t+L}^2}}{\sqrt{\sum\limits_t e_t^2 \sum\limits_t e_{t+L}^2}}$$

即

$$c_1 = r_{t,t+L} \frac{\sqrt{\sum\limits_t e_{t+L}^2}}{\sqrt{\sum\limits_t e_t^2}} \tag{6-76}$$

根据式(6-72)得

$$DC_u = 1 - \sum_{i=1}^{LT} (QC_i^u - Q_i)^2 \Big/ \sum_{i=1}^{LT} (Q_i - QC_i)^2 = 1 - \sum_i \zeta_{i+L}^2 \Big/ \sum_i e_{i+L}^2$$

将式(6-73)代入上式得

$$DC_u = 1 - \sum_i (e_{i+L} - c_1 e_i)^2 \Big/ \sum_i e_{i+L}^2$$

展开上式得

$$DC_u = \sum_i (2 c_1 e_i e_{i+L} - c_1^2 e_i^2) \Big/ \sum_i e_{i+L}^2$$

将式(6-73)代入上式得

$$DC_u = \frac{\sum\limits_i [2 c_1 e_i (c_1 e_i + \zeta_{i+L}) - c_1^2 e_i^2]}{\sum\limits_i e_{i+L}^2} = \frac{\sum\limits_i c_1^2 e_i^2 + \sum\limits_i 2 c_1 e_i \zeta_{i+L}}{\sum\limits_i e_{i+L}^2}$$

根据误差 e_t 与残差 ζ_{t+L} 的不相关性有

$$DC_u = c_1^2 \frac{\sum\limits_i e_i^2}{\sum\limits_i e_{i+L}^2}$$

将式(6-76)代入上式得

$$DC_u = r_{i,i+L}^2 \tag{6-77}$$

由式(6-77)可知,式(6-73)的修正有效性系数等于其误差系列相关系数的平方。对于如式(6-2)的一般自回归修正模式,也可有类似的关系。因此说,自回归修正模式的有

效性与其误差系列的相关系数密切相关,通常可根据相关系数的大小分析修正效果。

6.3.5.3 应用实例

图 6-7 是一次洪水的实测流量、模型计算流量和实时修正后的流量过程比较,具体结果见表 6-1。从图 6-7 可以看出,模型计算误差系列存在较好的前后时段相关性,可以采用自回归修正模型,其确定的模型和参数为

$$\hat{e}_{t+1} = 25.89 + 1.24 e_t - 0.37 e_{t-1} \tag{6-78}$$

表 6-1　洪水实时修正结果

时序	Q	QC	QC^u	时序	Q	QC	QC^u
1	732	877	877	32	2 070	2 380	2 057
2	1 150	1 080	923	33	2 000	2 320	2 017
3	1 550	1 290	1 404	34	1 980	2 250	1 942
4	1 850	1 530	1 800	35	1 970	2 220	1 977
5	2 140	1 810	2 084	36	1 860	2 180	1 944
6	2 370	1 950	2 214	37	1 740	2 060	1 729
7	2 170	2 010	2 213	38	1 650	1 940	1 635
8	1 900	1 880	1 937	39	1 570	1 840	1 572
9	1 650	1 730	1 669	40	1 480	1 780	1 526
10	1 450	1 630	1 497	41	1 390	1 690	1 392
11	1 340	1 580	1 360	42	1 400	1 630	1 343
12	1 250	1 560	1 303	43	1 550	1 720	1 519
13	1 090	1 600	1 278	44	1 610	1 740	1 588
14	1 020	1 630	1 086	45	1 530	1 680	1 555
15	1 050	1 680	1 086	46	1 440	1 660	1 496
16	1 080	1 650	1 068	47	1 340	1 540	1 296
17	1 160	1 690	1 190	48	1 250	1 450	1 257
18	1 220	1 650	1 177	49	1 150	1 340	1 140
19	1 220	1 710	1 347	50	1 080	1 250	1 062
20	1 460	1 900	1 425	51	1 010	1 150	921
21	1 630	2 290	1 899	52	954	1 050	931
22	2 020	2 410	1 778	53	902	975	950
23	2 450	2 580	2 314	54	864	948	846
24	2 660	2 600	2 557	55	811	930	827
25	2 600	2 590	2 586	56	722	931	788
26	2 490	2 600	2 564	57	760	956	777
27	2 550	2 630	2 464	58	755	979	768
28	2 580	2 670	2 585	59	738	1 010	778
29	2 580	2 520	2 412	60	723	980	699
30	2 360	2 530	2 611	61	697	947	703
31	2 190	2 480	2 221				

评定的效果分别为:

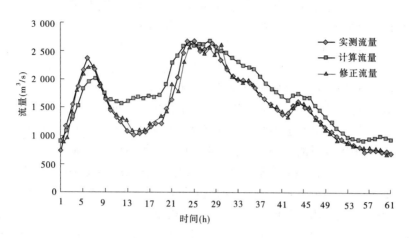

图6-7 流量过程比较

原模型有效性系数

$$DC_0 = 0.837$$

修正后模型有效性系数

$$DC_t = 0.963$$

修正效果

$$DC_u = \frac{DC_t - DC_0}{1 - DC_0} = 0.773$$

6.4 实时作业预报与问题处理

在实时洪水预报系统使用中会遇到各种各样的问题,要求系统尽可能处理好这些问题,使其对系统预报的误差影响降低到最低程度,满足防汛需要。

6.4.1 洪水预见期延长

对于大多数面积小于1 000 km² 的山区性流域,预见期通常较短,不能满足流域防洪要求,常要求系统能延长其洪水的预见期。

洪水预见期延长一般只能从降雨预测入手。预测方法主要有前后时段雨量相关法、概率预报法和大气环流模拟模型等。前两种方法需要资料信息少,实时洪水预报系统中采用较多;后一种方法只在气象部门的预报中使用比较广泛,与洪水预报结合起来的还不多。

在实时洪水调度中,通常要做防洪预案,特别是一些台风雨洪水,通常来得快,暴雨强度特别大,常导致灾害性洪水,有关政府部门常要求提供不同降雨量的防洪预案。为满足防洪预案要求,通常可根据气象部门的台风预报或气象卫星云图的雨量预测,拟定几种降雨量级,确定流域面平均时段降雨量系列,进行人工干预洪水预测。

延长预见期的洪水预报精度除受模型结构、模型参数影响外,还受时段降雨预测精度的影响,而且目前时段降雨量的预测精度还难以达到定量化的精度要求,所以延长预见期的洪水预报通常只能是作为防汛部门的参考,不能作为考核要求。

6.4.2 中间变量估算

模型中间变量,就是指模型中随时间变化的状态变量。水文模型常用的中间变量有土壤含水量、坡面退水流量、河网退水流量等。由于模型中间变量是时空变化的,需要由水文资料作为模型输入,时间上连续的递推估计。如果水文资料有误差,或模型计算不连续,都会引起模型中间变量的误差,从而影响洪水预报的精度。例如,某个时段的雨量观测值偏大或偏小,就会使模型的中间变量偏大或偏小,其结果会影响下个时段的洪水预报,使其偏大或偏小。当由于某些原因,使预报间断一个时段或数个时段以至更长时间未作预报,这时模型只能使用停报前的中间变量,显然是有很大误差的。下面以三水源的线性水库坡面汇流、马斯京根法河网汇流的新安江模型为例,介绍中间变量的物理意义及其估计方法。新安江模型的中间变量有12个,其物理意义都较明确,但其估计十分复杂,这里只作简单介绍。

6.4.2.1 中间变量物理意义

1. 自由水蓄量(S)

在由水箱划分水源中,时段初自由水水箱内有一个蓄量,这蓄量通常用 S 来表示。自由水蓄量 S 在雨量站单元内被取为平均值,而不同的雨量站单元是变化的。

自由水蓄量值 S 的大小,主要取决于前期降雨(一般 $1 \sim 5$ d,取决于单元流域面积大小)及其可能产生径流的大小。如果前期的时段降雨都很小,相应产生的径流量很小或为零,则自由水蓄量值一般也很小,可看做零;如前期降雨量大,则 S 也大,但最大值不可能超过其上限 S_m 值。

2. 上层土壤含水量、下层土壤含水量和深层土壤含水量(WU、WL 和 WD)

土壤含水量是影响产流的最重要状态变量。在晴天,土壤含水量因蒸发而消耗;在雨天,土壤吸蓄降雨而补充。在蒸发与补充计算中,土壤含水量常被分为三层,即上层 WU、下层 WL 和深层 WD。这三层土壤含水量在雨量站单元内被取为平均值,而不同的雨量站单元是不同的。

土壤含水量的大小,主要取决于前期 $10 \sim 30$ d 内的降雨。前期降雨大,土壤含水量大,前期降雨小,土壤含水量小。对于一些特殊情况,如夏季,前期 10 d 内无降雨,WU 一般可取为零;在南方湿润地区,WD 常可取其上限值 WDM;在汛期,前期降雨很大,WU 和 WL 也可取其上限值 WUM 和 WLM。

3. 地面径流、壤中流和地下径流深(RS、RI 和 RG)

降雨产生的径流,在流域坡面上的运动,一般分地面径流(RS),壤中流(RI)和地下径流(RG)三种径流成分。这些径流成分在雨量站单元内被取为平均值,而不同的雨量站单元可以是不同的。

径流深的大小主要取决于降雨量、降雨强度和土壤含水量。一般前期降雨量大、降雨强度大、土壤含水量大、径流深也大,反之则小。对于一些特殊情况,其值估计可简化,如地面径流,一般主要视上一时段的降雨而定,若上一时段的降雨为零或很小,可取为零;壤中流和地下径流,也可视上一时段降雨和相应单元的自由水蓄量而定。如果上一时段降雨量为零,相应单元的自由水蓄量也为零,那么壤中流 RI 和地下径流 RG 均可取为零。

4. 地面径流退水流量、壤中流退水流量和地下径流退水流量(QS、QI 和 QG)

如前所述,坡面单元径流成分常分为三种,其线性水库水流汇集公式的退水流量也分三部分,即地面径流退水流量 QS,壤中流退水流量 QI 和地下径流退水流量 QG。在模型计算中,这三种量都被定义为全流域的,其值乘以面积权重 F 后才能作为河网入流 I,即

$$I_i = (QS_i + QI_i + QG_i)F_i$$

式中 I_i——河网入流量;

F_i——其单元面积权系数。

坡面单元退水流量,一般可根据流域出口的实测流量退水坡度来定。如在枯水季节,实测流量退水很慢,接近于地下径流退水坡度,近似的可取

$$QS = 0$$
$$QI = 0$$
$$QG = Q_0$$

式中 Q_0——实测流量,一般情况下,非洪水期可取

$$QS = 0$$
$$QG = 枯水期平均退水流量$$
$$QI = Q_0 - QS - QG$$

在洪水期,QS 不能取为零,模型就比较复杂。

5. 河网节点流量 Q_1 和 Q_2

对一般流域,按雨量站分单元,河道也按河段长分段。在每个河段内,不仅有上断面的入流,还有横向坡面的入流 I。而来自于坡面的横向入流 I 一般集中在节点的下侧。因此,在每个河段的节点处,水流就有个突变,如图6-8所示。流入第 i 节点的流量为 Q_{1i},流出第 i 节点的流量为 Q_{2i},且图中各量关系为

$$Q_{2i-1} = Q_{1i-1} + I_{i-1}$$
$$Q_{2i} = Q_{1i} + I_i$$

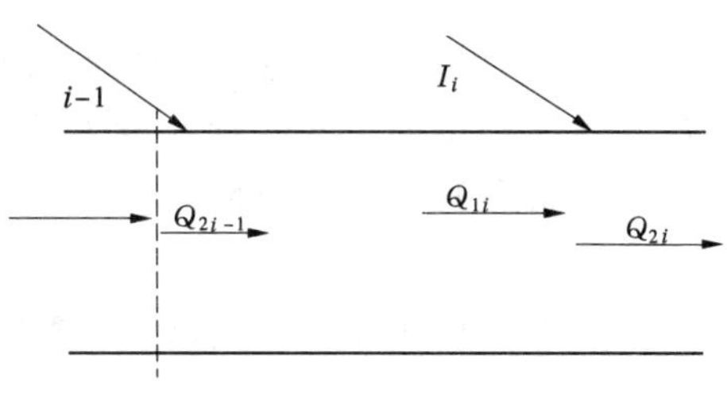

图6-8 节点流量关系

划分河段的节点处,其流量一般是从上游往下游沿程增大的,在估计河网节点退水流量中可简化,可假设增大的流量与沿程汇入的流域面积成比例。因此,一般可取最上游节点处流入节点的流量

$$Q_{11} = 0$$

最上游节点处流出节点流量

$$Q_{21} = Q_0 F_1$$

第 i 节点处流出节点的流量

$$Q_{2i} = Q_0 \sum_{j=1}^{i} F_j \quad (i = 2, 3, \cdots, n)$$

最下游节点处(出口断面)流出节点流量

$$Q_{2n} = Q_0$$

6.4.2.2 修复举例

某一流域有 4 个雨量站,实际的实时降雨为零,而第 3 个雨量站的实时雨量观测值却为 100 mm,由此引起了模型中间变量的误差,其值见表 6-2。需要分析其问题并解决。

表 6-2 受雨量资料误差影响的模型中间变量

项目	第 1 单元	第 2 单元	第 3 单元	第 4 单元
S	0	0	4.8	0
WU	10.8	15.3	20	0
WL	75.2	80	80	65.1
WD	50	50	50	50
RS	0	0	45.8	0
RI	0	0	11.3	0
RG	0	0	10.2	0
QS	0	0	581.4	0
QI	0.5	2.1	97.6	1.8
QG	20.5	36.6	38.6	29.9
Q_1	5.2	15.6	26.8	106.2
Q_2	5.7	15.9	267.3	105.1

1. 问题分析

实时雨量资料误差会引起产汇流计算误差。由于洪水预报模型全部按雨量站分单元计算产流和坡面汇流。所以,其单元模型的中间变量 S、WU、WL、WD、RS、RI、RG、QS、QI 和 QG 除第 3 单元外全不需修改。而第 3 单元由于降雨量冒大数,上述中间变量均偏大,需修正。

单元河段节点处的退水流量在第 3 单元加入节点以上不需修改,第 3 单元加入节点以下要修改。

2. 修改方法

(1)修改第 3 个雨量站单元的中间变量。第 3 单元的中间变量估计一般有两种方法:一是空间内插法,二是算术平均法。空间内插法就是假设中间变量在空间上是连续变化的,其估计单元的值可由周围相邻单元的值按距离内插而得;算术平均法是一种统计估计方法,这里用算术平均法估计第 3 单元的中间变量,结果见表 6-3。

表 6-3 修正后的模型中间变量

项目	第 1 单元	第 2 单元	第 3 单元	第 4 单元
S	0	0	0	0
WU	10.8	15.3	8.7	0
WL	75.2	80	73.4	65.1
WD	50	50	50	50
RS	0	0	0	0
RI	0	0	0	0
RG	0	0	0	0
QS	0	0	0	0
QI	0.5	2.1	1.5	1.8
QG	20.5	36.6	29	29.9
Q_1	5.2	15.6	26.8	38.4
Q_2	5.7	15.9	27.1	38.4

（2）修改第 3 单元入流河段以下节点处退水流量。本例流域的第 3 单元入流只影响最后两个节点，因此前面节点的退水流量不变，最后两个节点的退水流量可根据出口处的实测退水流量来估计。出口处的退水流量等于实测流量，倒数第二个节点的退水流量由倒数第一个和倒数第三个流量的算术平均求得，结果见表 6-3。

6.4.3 雨量资料问题处理

影响洪水预报精度的因素很多，任何一种不正常的因素都会给洪水预报带来误差。这里列出常见的雨量资料问题并讨论其产生原因、特点和一些常规的处理方法。

6.4.3.1 雨量观测误差

雨量观测误差主要是指观测资料中存在的常规误差。这类误差通常具有零均值、常方差的正态分布特征，其值一般难以估计和修正。

6.4.3.2 暴雨中心区域雨量站密度太低问题

对于有些流域，暴雨中心分布相对稳定，若暴雨中心区域站网密度偏低，就会导致观测的面平均雨量偏小于实测值。如浙江省长潭水库，历史洪水径流系数平均为 1.1，洪水径流系数普遍大于 1.0，有的达到了 1.47，见表 6-4。经分析就是由于暴雨中心雨量站太少。通过增加雨量观测站，解决了长期困扰水库的洪水预报系统偏小问题。

6.4.3.3 雨量资料缺测

雨量资料缺测是任何一个预报系统都会遇到的问题，这通常采用雨量资料空间插值的一些方法来解决。如邻近站取代法、算术平均插值法、相邻站点相关法、空间内插法等。

6.4.3.4 高强度降雨偏小

高强度降雨偏小主要产生于遥测系统，误差是由翻斗式自动雨量计引起的。由于翻斗的容积较小(国内常用的有 0.1 mm、0.5 mm 和 1.0 mm 三种),遇高强度降雨,翻斗过于频繁来不及记数而漏记导致观测降雨偏小。特别是 0.1 mm 的翻斗式雨量计,问题最为严重,1.0 mm 的翻斗式雨量计基本上不会发生这种问题。因此,遇到这类问题需要更换翻斗式雨量计。

6.4.3.5 雨量信号误码

雨量信号误码也主要产生于遥测系统。信号误码有信号碰撞而丢失,信号交换接收而误收。前者导致雨量资料缺测,后者导致雨量冒大数。这些误差通常不具有零均值和常方差的统计特征,可以用抗差分析方法来鉴别和估计。

表 6-4　长潭水库洪水径流系数统计

洪号	降雨量 (mm)	实测径流深 (mm)	径流系数	洪号	降雨量 (mm)	实测径流深 (mm)	径流系数
31970818	251.1	328.7	1.26	31840807	106.1	104	0.981
31940821	330.1	327.8	0.993	31840531	165.8	174.9	1.05
31920923	234.5	285.4	1.22	361830911	107.5	80.8	0.750
31920829	361.1	450.4	1.25	31830823	189.1	172.4	0.910
31900906	327.1	368.9	1.13	31820729	415.6	484.5	1.17
31900904	157.8	233.2	1.47	31820616	107.9	105.9	0.981
31900830	183.5	269.6	1.46	31810921	212	221.3	1.04
31900817	282.2	270.5	0.961	31810709	466.5	417.7	0.897
31900622	188.5	196.8	1.04	31780827	146.1	144.4	0.986
31890911	212.8	236.3	1.11	31780526	70.5	58.8	0.985
31890721	117.9	117.1	0.992	31770924	147	154.2	1.05
31890515	219.1	245.9	1.12	31770725	182.3	168.8	0.928
31870909	393.1	461.7	1.18	31770618	129.8	159.3	1.22
31870726	154.8	169.8	1.10	31760626	216.3	267.5	1.24
31870619	160.8	175.6	1.09	31760601	262	277.8	1.06
31850819	311.2	338	1.09	31750802	493.8	559.4	1.13
31850803	38.2	34.2	0.895	平均	220.3	241.4	1.10
31840830	137.3	134.5	0.985				

6.4.4　流量资料误差

流量观测资料误差对于不同特点的流域差异很大,其中在水库流域内问题最大。

6.4.4.1　水库流域内流量资料误差

水库入库(坝址以上流域)实测流量一般没有实测资料,都是根据库水位和总出库流量来计算,只是为了区别于模型计算的入库流量,才称由库水位和总出库流量反推的入库流量为实测入库流量。该流量除受库容曲线、溢洪道泄流能力曲线等的影响外,还严重地受水位观测误差放大效应的影响。

1. 反推入库流量的误差放大效应

水库入库流量反推计算公式为

$$\overline{Q} = \frac{(V_2 - V_1)}{3\,600\Delta t} + \overline{q_z} \tag{6-79}$$

其中

$$V_2 = V(H_2), V_1 = V(H_1)$$

式中 $\overline{Q}$——时段平均入库流量,m^3/s;

Δt——时间间隔,h;

$\overline{q_z}$——时段平均总出库流量,m^3/s;

$H_1、H_2$——时段初和时段末的库水位,m;

$V_1、V_2$——时段初和时段末的库容,m^3,库容由库水位根据水库库容曲线获得。

根据库水位查算库容,再由式(6-79)推算时段平均入库流量,误差存在放大现象,其放大倍数与水库水面面积成正比,与时段长成反比。设时段初和时段末的库水位差为 $\Delta H,H_1$ 和 H_2 对应的水库水面面积平均为 $\overline{A}$,则式(6-79)可表示为

$$\overline{Q} = \frac{\Delta H \overline{A}}{3\,600\Delta t} + \overline{q_z} \tag{6-80}$$

则当时段始、末库水位差存在误差 ζ 时,就有相应的流量误差 ΔQ 关系为

$$\Delta Q = \frac{1\,000\zeta\overline{A}}{3.6\Delta t} \tag{6-81}$$

对于大多数水库实时洪水预报系统,时段间隔为 1 h,则式(6-81)的误差是与水面面积成线性比例关系的,可由表 6-5 数字化表示。由表 6-5 可知,当水面平均面积在 100 km^2 时,0.05 m 的水位误差,其流量误差就超过 1 350 m^3/s;当水面面积在 500 km^2 时,0.02 m 的水位误差,其流量误差就达 2 778 m^3/s,如果时段初和时段末的误差同号相加,就可产生5 556 m^3/s 的流量误差。对于我国的大型水库,水面面积超过 100 km^2 的流域为数不少,表 6-6 统计了一些大型水库的水面面积。三峡水库的水面面积超过 1 000 km^2。而对于观测水位,由于本身的观测误差加上洪水期水面风浪影响,误差为 0.02 m 是很正常的,而且也是在允许范围内的。因此说,水库入库所谓的实测流量中,存在着非常严重的锯齿状波动误差,图 6-9 是广东省益塘水库洪水过程,图 6-10 是湖北省浠水水库洪水过程。由图 6-9、图 6-10 可见,不同的水库波动差异也很大,浠水水库甚至还出现了负值。

水库入库流量波动误差常是零均值的,但方差是变化的。这一方面是由于水库水位在洪水期的变化,其水面面积也在变化,导致相同水位观测误差放大成入库流量的倍数不同;另一方面洪水期常常多风,开闸泄洪形成波浪,使水面的波动变化大,导致水位观测误差会大些。

表6-5　不同水面面积下流量误差与水位误差关系

ζ(m)	$\Delta Q(\mathrm{m^3/s})$					
	10 km²	50 km²	100 km²	200 km²	500 km²	1 000 km²
0.01	28	139	278	556	1 389	2 778
0.02	56	278	556	1 111	2 778	3 556
0.05	139	694	1 389	2 778	6 944	13 889
0.10	278	1 389	2 778	5 556	13 889	27 778

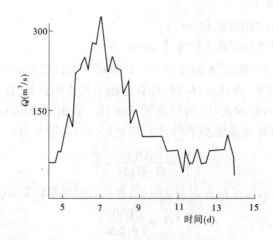

图 6-9　益塘水库洪水过程

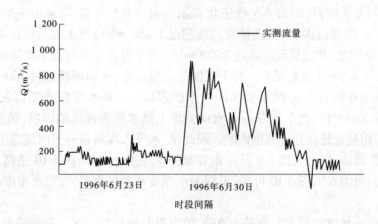

图 6-10　入库流量波动误差

　　流量是实时修正最重要的信息,反推流量的误差会严重影响实时修正效果,如果使用不当还会越修正误差越大。

　　2. 出库流量缺测或未及时输入

　　出库流量包括泄洪、发电、灌溉、厂矿和城市居民供水等。出库流量的缺测或未及时输入会使反推的入库流量偏小,导致实时修正结果偏小。这属于管理上的问题,通常通过加强管理就可以解决。

表 6-6　一些大型水库的水面面积

库名	水位(m)	水面积(km²)	库名	水位(m)	水面积(km²)
丹江口	160~161	821	柘林	71~72	398
五强溪	114~115	233	柘溪	175~176	270
漳河	127~127.5	114	池潭	287.8	56
水口	70	106	陆水	56~57	60
富水	66~67	114	澄碧河	1 107~1 155	48

3. 泄流能力曲线误差

泄流能力曲线误差主要有参数估计误差或关系线定线误差,该误差直接导致泄流流量的误差,进而影响反推入库流量的误差。这类误差可通过水库泄流与流量观测分析试验来纠正。

4. 库容曲线误差

库容曲线误差主要是关系线定线误差,有些是原始定线问题,有些是水库运行过程中由于淤积或其他人类活动引起库容的改变。这类误差要通过库容曲线的重新测定,特别是对于有些多沙河流,每过几年就要进行库容曲线的测定。

6.4.4.2　河道断面流量资料误差

河道断面流量资料问题比水库要少些。河道流量资料误差主要体现在水位—流量关系线误差,包括断面冲淤变动、绳套、关系线没有充分定线、平原地区回水顶托或河口地区的潮汐顶托等。目前,在许多下游河段,挖沙等人类活动引起河槽改变较大,洪水开始阶段河槽下切使原定水位—流量关系线偏小,在一定的水流条件后又迅速回淤,经常导致流量过程线的跳跃性突变等。还有一些西北干旱半干旱地区的河流,平时缺水断流,沿程常有垃圾等废弃物堆积以及围垦种植等人类活动使河槽断面减小,行洪不畅,导致同样流量的水位大幅升高等。

6.4.5　水库入库流量预报及考核指标问题

水库由于没有真正意义上的实测流量,通常以库水位反推的入库流量作为标准,来分析模型预报的精度,其考核指标应该与现有的水文预报情报规范有差异,因为现有的模型考核指标没有针对水库的这种波动情形,特别是洪峰、峰现时间和流量过程精度指标一般不能作为考核要求。图 6-11 是广西桂林市青狮潭水库 1997 年 6 月 8 日发生的一场洪水模拟结果。

青狮潭水库水面面积较大,反推入库流量的波动误差也大,该场洪水预报结果特征量比较如下:

实测径流深　124.8 mm;

计算径流深　123.0 mm;

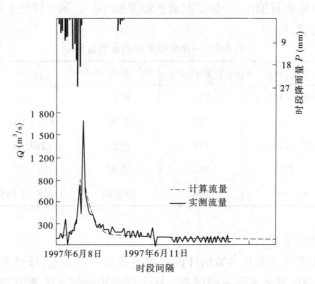

图 6-11 青狮潭水库 1997 年 6 月 8 日洪水模拟结果

实测洪峰流量 1 645 m³/s;

计算洪峰流量 1 085 m³/s;

实测洪峰峰现时间 1997 年 6 月 9 日 11 时;

计算洪峰峰现时间 1997 年 6 月 9 日 10 时;

过程模拟效果系数 0.744。

按照这些特征量判别,这场洪水的洪量模拟精度很高,其绝对误差只有 1.8 mm,相对误差为 1.4%。而过程模拟效果系数只有 0.744,洪峰相对误差却高达 34.0%,属不合格结果。但分析其实测流量过程发现,流量过程波动很大,特别是在洪峰前后,由于开闸泄洪等原因,出现了异常的波动,到 6 月 11 日 4 时甚至还出现了负值,统计结果见表 6-7。

表 6-7 青狮潭水库 1997 年 6 月 8～11 日洪水流量过程统计

时间 (年-月-日 T 时)	预报流量 (m³/s)	实测流量 (m³/s)	说明	时间 (年-月-日 T 时)	预报流量 (m³/s)	实测流量 (m³/s)	说明
1997-06-08T20	80.0	84.2		1997-06-10T00	156.77	203.0	
1997-06-08T21	79.8	84.1		1997-06-10T01	146.18	202.6	
1997-06-08T22	82.2	140		1997-06-10T02	137.26	143.9	
1997-06-08T23	92.3	84.1		1997-06-10T03	129.71	213.0	
1997-06-09T00	108	140		1997-06-10T04	123.3	218.6	
1997-06-09T01	131	348	波动	1997-06-10T05	117.81	154.8	
1997-06-09T02	156	0.200	波动	1997-06-10T06	113.12	154.7	
1997-06-09T03	175	176	波动	1997-06-10T07	110.29	154.7	
1997-06-09T04	178	135		1997-06-10T08	117.79	155.0	
1997-06-09T05	171	195		1997-06-10T09	130.77	155.5	
1997-06-09T06	198	186		1997-06-10T10	134.74	219.6	

时间 (年-月-日 T 时)	预报流量 (m³/s)	实测流量 (m³/s)	说明	时间 (年-月-日 T 时)	预报流量 (m³/s)	实测流量 (m³/s)	说明
1997-06-09T07	274	364		1997-06-10T11	131.07	91.9	
1997-06-09T08	431	429		1997-06-10T12	125.17	156.0	
1997-06-09T09	772	773		1997-06-10T13	119.3	155.9	
1997-06-09T10	1 085	441	开闸波动 实测值偏小	1997-06-10T14	114.06	92.1	
				1997-06-10T15	109.52	156.0	
1997-06-09T11	1 074	1 645	波动使实 测值偏大	1997-06-10T16	105.61	92.3	
				1997-06-10T17	102.24	92.2	
1997-06-09T12	883	753		1997-06-10T18	99.33	156.1	
1997-06-09T13	707	595		1997-06-10T19	96.8	92.2	
1997-06-09T14	570	436		1997-06-10T20	94.6	156.0	
1997-06-09T15	468	378		1997-06-10T21	92.68	92.0	
1997-06-09T16	392	378		1997-06-10T22	90.98	92.1	
1997-06-09T17	334	320		1997-06-10T23	89.48	92.0	
1997-06-09T18	289	262		1997-06-11T00	88.14	155.9	
1997-06-09T19	254	203		1997-06-11T01	86.95	92.0	
1997-06-09T20	226	261		1997-06-11T02	85.87	92.0	
1997-06-09T21	203	203		1997-06-11T03	84.9	219.8	
1997-06-09T22	184.63	261.2		1997-06-11T04	84.01	−35.8	实测值出 现负值
1997-06-09T23	169.42	202.9		1997-06-11T05	83.2	92.0	

由表 6-7 流量过程可以看出,6 月 9 日 10 时和 11 时的流量由于开闸影响出现了明显的波动,前者偏小而后者偏大,根据预报过程的趋势分析,10 时和 11 时的实测流量分别应是 1 040 m³/s 和 1 020 m³/s 左右,这样看来,预报的洪峰精度也是高的。从这场洪水的结果看,模型预报的流量过程精度比实测的流量过程精度还高。因此,在水库情形的洪水预报中,洪峰、峰现时间和流量过程效果指标的考核在目前还是不可行的,有待修改。

6.5 实时洪水预报系统

6.5.1 系统结构

一般实时洪水预报系统应包括如下六部分:

(1)定时洪水预报模块。

(2)人工干预洪水估报。

(3)模型中间变量初值修正模块。

（4）模型参数修正模块。

（5）历史洪水模拟模块。

（6）洪水预报信息查询与管理模块。

实时洪水预报模块结构框图见图6-12。

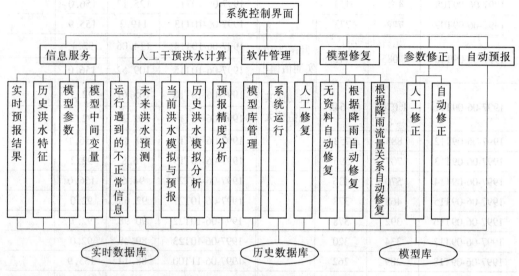

图6-12 实时洪水预报模块结构框图

6.5.2 系统功能

6.5.2.1 定时洪水预报

定时洪水预报，就是根据定时遥测的水文数据，预报出未来一定时期内入库洪水总量、洪峰、峰现时间、入库洪水过程等。所谓定时，就是取固定的时间间隔。一般系统可取1 h，系统每过1 h，到每个准点时刻（如0,1,2,…,24）就会自动作出实时洪水预报。系统实现这些功能不需要任何的人为操作，是全自动的。

定时洪水预报主要研究的内容有：

（1）水文资料系列摘录与分析整理。

（2）模型结构选择。

（3）模型参数率定。

（4）洪水预报实时修正。

（5）模型参数自适应修正。

（6）模型中间变量初值估计。

定时洪水预报，其结果自动存入数据库，不作任何人工修改，其预见期范围内的结果作为预报方案优劣的考核依据。但由于水文预报的精度依赖于实时遥测的降雨、水位、蒸发等的精度，如果这些资料不精确或缺测，必然会导致定时洪水预报结果产生误差，这种情况下作出的洪水预报不作为考核要求。另外，当水库库容曲线、下泄流量关系线等误差造成反推的实测流量误差大时，也不作为考核要求。

6.5.2.2　人工干预洪水估报

定时洪水预报,因为不知道未来时期降雨的变化,只根据已经测到的降雨量作预报,大大限制了定时洪水预报的预见期(其预见期为流域平均汇流时间)。对许多流域面积小的水库,其平均汇流时间很短,常不能满足防洪的要求。要延长预见期,必须预报未来时期的降雨,但降雨量预报的精度目前尚不能满足要求。为更好地解决预见期和降雨量预报精度间的矛盾,特设人工干预估报模块。

人工干预洪水估报,就是根据实测的降雨量和估计的未来降雨量预报入库洪水。未来时期降雨估计,可以是模型预报,也可以根据气象卫星云图或使用者的经验判断估计。

人工干预洪水预报,引入了预估的未来降雨量,延长了洪水预报的预见期,但由于引入了降雨量预报误差,增大了系统的不确定性,在一定程度上降低了洪水估计的精度。因此,一般人工干预洪水估报的精度低于定时洪水预报,所以此估报仅供用户参考。

6.5.2.3　模型中间变量初值估计

每个模型都有中间变量,在系统软件启动时,其中间变量的初值需要估计。在系统软件运行过程中,在正常情况下,随时间变化的中间变量会由模型软件自动逐时段递推估计出并保存在计算机中。若遇非正常情况,如中心站计算机设备故障、遥测设备故障等原因使模型中间变量遭受破坏后,系统软件重新启动时,需重新估计模型中间变量初值,以修复破坏了的预报环境。

6.5.2.4　模型参数修正

模型参数的估计依赖于水文资料。一般水文资料系列越长,供参数估计的信息就越多,估计出的参数就越能反映流域实际情况。而对于许多水库流域,在系统软件启动时能用于模型参数率定的水文资料系列很短,或根本就没有水文资料。模型参数修正模块,就是在系统软件运行过程中,随着水文资料的累积,可以不断修正模型参数,使得系统软件应用时间越长,越能反映流域实际情况,软件使用效果就越好。

6.5.2.5　历史洪水模拟

用当前使用的预报模型和模型参数,对历史上洪水特点与当前洪水特点相近的洪水进行模拟,分析当前模型模拟历史洪水的效果,进而评估当前模型预报未来将发生洪水的可能效果和误差情况,以给决策者和洪水调度提供更多的参考信息。

6.5.2.6　洪水预报信息查询与管理

洪水预报信息查询与管理主要有:

(1)洪水预报结果查询。

(2)洪水预报软件运行信息管理。

其中,洪水预报软件运行信息管理的作用:一是在系统软件运行过程中,由于外部环境(如雨量资料、蒸发、水位)等资料的误差导致洪水预报结果不合理时,系统软件可自动记载这些信息,供用户事后分析原因参考;二是系统容错改错作用,当系统遇到问题时,既要记载不正常信息,保证系统稳定运行,又要告警,及时提醒用户错误发生位置、原因及改正方法等。

复习思考题

1. 什么是实时洪水预报？它有什么特点？
2. 实时洪水预报模型的建立需要哪几个环节？
3. 如何对实时洪水预报的误差进行修正？
4. 通常实时预报系统具有哪几个部分？

第7章　其他水文预报

【学习指导】枯水期的河流流量主要由汛末滞留在流域中的蓄水量消退形成,其次来源于枯季降雨。枯季径流预报的对象是江河、湖泊及水利工程控制断面的水文要素,包括水位、流量、径流总量。本章简要介绍了枯季径流的基本特征和预报方法;由于干旱灾害不断发生,旱情的分析和预报很有必要;水库在水资源综合利用中发挥了积极的作用,为了确保水库的安全,必须做好水库的水文预报工作。水库水文预报的项目应包括入库洪峰、洪量、洪水过程线、水库最高水位、最大泄量及各运行期的入库径流量。由于我国对积雪融水径流和河流冰清预报研究相对较少,因而仅了解一些相关的基本概念。

学习本章的基本要求:①熟悉枯季径流的基本特征和规律;②了解干旱的基本概念;③熟悉旱情分析预报的方法;④熟悉短期入库洪水预报方法;⑤了解河流冰情预报有关的基本概念。重难点是枯季径流预报方法、水库调洪演算方法等。

7.1　枯季径流

7.1.1　概述

流域内降雨量较少,出口断面流量过程低而比较稳定的时期,称为枯水季节或枯水期,主要发生在冬季及其前后一段时期。其间所呈现出的河流水文情势叫做枯水。由于江河水量少,水资源供需矛盾较突出,如灌溉、航运、工农业生产、城市生活供水、发电及环境需水等诸方面对水资源的要求常难以满足。为合理调配水资源,作好枯季径流预报是很必要的。在枯水季节,不仅常会出现河道中水量不能满足生产要求的矛盾,而且由于河流稀释扩散能力的减弱,还可能出现因突发性污染事故引起的水质状况的严重恶化。同时,枯季江河水量少、水位低,是水利水电工程施工(沿江防洪堤、闸门维修等),特别是大坝截流期施工的宝贵季节。因此,枯水径流预报有重要的实际意义。

我国大多数河流的枯季始于秋末冬初,枯季径流来源主要是汛末滞留于流域内的河网蓄水量、地下水蓄水量和枯季降水量,前者主要包括河槽、地面洼地、湖沼、水库、地下潜水带、岩层间含水带等处的蓄滞水量。枯水季节大流域的地面蓄水量很大,河网蓄水量是其水量主要组成部分,也是枯季径流初期水量的主要来源,它的空间分布特性对枯季径流的消退规律有影响。由于河水位下降,潜水经常补给河流。岩层间含水量往往从本流域或外流域得到补给,水量丰沛且较稳定,是山区河流枯季径流中较可靠的水源。在土壤疏松且植被良好的石质山区,包气带含水量大,是枯季径流的主要补给来源。在岩石裂隙发育和喀斯特地貌地区,汛期储存于裂隙和溶洞中的地下水在枯季注入河槽,是枯季径流的主要组成部分。枯季降水量也是枯季径流的来源之一。在北方流域,冬季降雪量积蓄于地面,土壤水冻结,河流结冰,对枯季径流有影响,至次年春季,冰雪融解,是北方春汛来水量的主要来源。蒸散发消耗地下水,使地下水位降低,减少对河流的补给量。总之,影响枯季径流的因素较多,流域蓄水量是枯季径流的主要来源。河流的切割深度和河网密度是接纳地下水补给的主要条件,切割深度大,切割含水层多,河网密度大,则地下水补给量多,枯季径流量大,且持续时间也长;反之,则枯季径流量少,消退也快,甚至出现枯季断流现象。所以,研究流域枯季径流量变化规律的重点是根据流域所在地区的自然地理、地质和气象条件,分析流域内蓄水量(尤其是地下水储蓄量)的分布、地下水运动特性、对河流的补给条件,研究流域蓄水量的消退规律及枯季降水量和人为引用水量的影响等。这也是作好枯季径流预报的基础。

7.1.2　枯季径流的消退规律

对于地下水补给河流,枯季径流消退一般符合地下蓄水量(W_g)与出流量(Q_g)之间呈线性关系的规律,即

$$- Q_g(t) = \frac{\mathrm{d} W_g(t)}{\mathrm{d} t} \tag{7-1}$$

$$W_g(t) = k_g Q_g(t) \tag{7-2}$$

式(7-1)和式(7-2)联立求解可得退水曲线方程

$$Q_g(t) = Q_g(0) \mathrm{e}^{-\beta_g t} \tag{7-3}$$

式中　$Q_g(0)$——退水开始(即 $t=0$)时河流中的流量,m^3/s;

β_g——地下退水指数,$\beta_g = \dfrac{1}{k_g}$。

式(7-3)反映了地下水补给所形成的流域出流量消退规律。

由河网蓄水量补给的枯季径流,其蓄泄关系也呈线性,则出流量 $Q_r(t)$ 的消退规律是

$$Q_r(t) = Q_r(0) \mathrm{e}^{-\beta_r t} \tag{7-4}$$

式中　$Q_r(0)$——退水开始(即 $t=0$)时河流中的流量,m^3/s;

β_r——河网蓄水量的退水指数,$\beta_r = \dfrac{1}{k_r}$。

一般情况下,河网蓄水量的消退速度大于地下水的消退速度,故 $\beta_r > \beta_g$,即 $k_r < k_g$。

流域的退水过程主要是地下和河网两种蓄水量综合补给的结果,一般不分割水源,采用的退水公式为

$$Q(t) = Q(0) \mathrm{e}^{-\frac{t}{k}} \tag{7-5}$$

前面已介绍了利用退水流量过程求 k 值的方法。由于退水流量的水源不同,k 值随地下水源的比重不同而异,枯季的流域蓄泄关系呈非线性,一般取为折线,其斜率分别代表河网蓄水量补给和地下蓄水量补给为主的消退系数 k_r 和 k_g。

枯季地下水蒸发加快地下水的退水速度,影响退水规律,使枯季流量的退水过程变陡。由于我国冬季气温低,蒸散发能力弱,因此退水过程平缓。

7.2 枯季径流预报方法

常用的枯季径流预报方法有三种,即退水曲线法、前后期径流量相关法和河网蓄水量法。退水曲线的制作已在第3章中介绍。作为枯季径流预报,预报时段较长,常取为日或旬,与洪水过程分割中以小时为单位不同。下面对前后期径流量相关法作简要介绍。

前后期径流量(流量)相关法的实质仍属退水曲线法,只不过计算时段长,多为月或季。

由式(7-2)和式(7-3)可得

$$W_g(t) = k_g Q_g(0) e^{-\frac{t}{k_g}} \tag{7-6}$$

则相邻时段$(0 \sim t_1, t_1 \sim t_2)$间的蓄水量关系可表示为

$$\frac{W_g(t_1) - W_g(t_2)}{W_g(t_0) - W_g(t_1)} = \frac{e^{-\frac{t_1}{k_g}} - e^{-\frac{t_2}{k_g}}}{1 - e^{-\frac{t_1}{k_g}}} \tag{7-7}$$

若k_g为常数,则相邻时段前后期平均流量呈线性关系,如图7-1所示(此平均流量代表蓄量)。式(7-7)适用于以地下水补给为主的枯季径流预报。

对枯季降水量很小,地下径流补给稳定的流域,也可建立汛末流量与枯季径流总量的关系,如图7-2所示,其预见期较长,属长期预报范围。

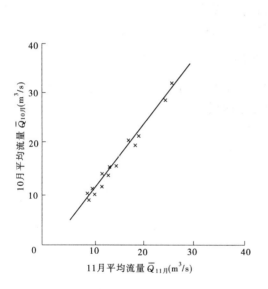

图7-1 滏阳河东武仕站
$\overline{Q}_{11月} = f(\overline{Q}_{10月})$关系曲线

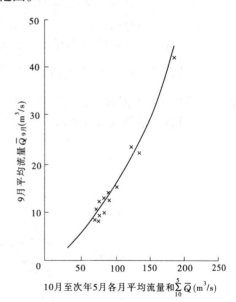

图7-2 滏阳河东武仕站
$\sum_{5}^{10}\overline{Q} = f(\overline{Q}_{9月})$关系曲线

枯季径流总量往往和汛期径流总量之间存在着一定关系,为避免大水年的汛期径流总量中受降雨量形成的地表径流量比重大的影响,可以用汛期的流域吸收水量(即降雨量—径流量—蒸发量)与枯季径流总量建立关系,如图7-3所示。

当建立河段上、下游站前后期径流相关图时,若有支流汇入,可取支流的平均流量为

参数,如图 7-4 所示。

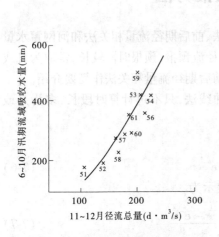

图 7-3　石匣子站汛期流域吸收水量
与枯季径流总量相关关系

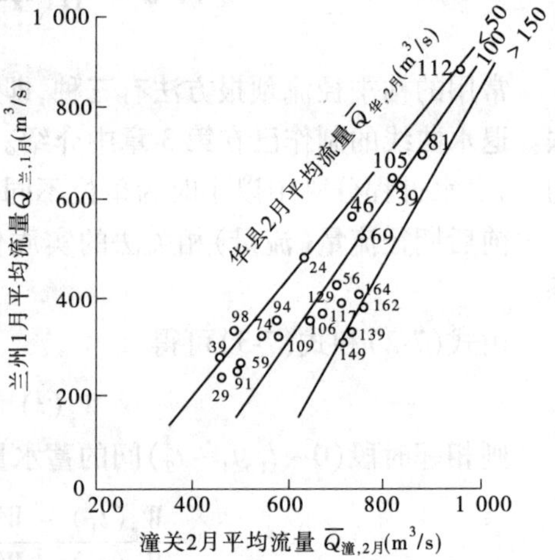

图 7-4　黄河 $\overline{Q}_{\text{潼},2\text{月}} = f(\overline{Q}_{\text{兰},2\text{月}}, \overline{Q}_{\text{华},2\text{月}})$
关系曲线

枯季有冰情的河流,枯季径流量受冰情影响,而冰清与气温的关系较密切,因此我国北方河流的枯季径流预报相关图常用气温作参数。

在自然地理条件相似的邻近地区内,如果流域的退水规律比较一致或相似,影响退水规律的因素基本相同,往往通过归纳、分析,找出决定邻近各地区枯季径流变化的共同的作用因素,并建立区域的枯季径流预报方案。为了便于综合,需消除流域面积因素的影响,在区域预报中通常采用径流模数 M 值,即单位面积的径流量 $M = \dfrac{Q}{F}$（$\text{m}^3/(\text{s} \cdot \text{km}^2)$）。

图 7-5 是浙江省根据水文地质条件和季节因素,分析了省内大小河流的地下水退水曲线,建立了以地区、季节为参数的枯季区域综合退水曲线。

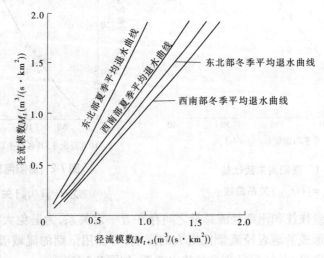

图 7-5　浙江省枯季区域综合退水曲线

7.3 干旱分析

7.3.1 基本概念

干旱是指由水分的收与支或供与求不平衡形成的水分短缺现象。在自然界,一般有两种类型的干旱。一类是气候干旱,是由气候、海陆分布、地形等相对稳定的因素在某一相对固定的地区常年形成的水分短缺现象。气候干旱出现的区域即干旱气候区或干旱区。另一类是短期干旱,是由于各种因素,如气候变化等形成的随机性异常水分短缺现象。这类干旱可以发生在任何区域的某一段时间,既可发生在干旱或半干旱区的任何季节,也可发生在半湿润,甚至湿润地区的任何季节。在多数情况下所说的干旱通常指短期干旱。应该指出的是,平均水分短缺量大或平均降水量少,即干,不一定旱。旱主要取决于降水量异常偏小(或水分短缺量异常偏大)的不稳定程度。此外,干旱不等于旱灾,只有对人类造成损失和危害的干旱才称为旱灾。一般来说,干旱可能对人类带来不同程度的损害,有时干旱和旱灾没有严格的区分。

随着科学技术的发展,人类对干旱的认识逐渐完善,从研究的角度不同,可将干旱分为四类,即气象干旱、农业干旱、水文干旱和社会经济干旱。气象干旱一般有气候干旱和短期干旱两种类型。农业干旱是指作物生长过程中因供水不足,阻碍作物正常生长而发生的水量供需不平衡现象。农业干旱主要与前期土壤湿度、作物生长期有效降水量及作物需水量有关。水文干旱主要是指地表径流和地下径流造成的异常水分短缺现象,主要用于衡量水资源的丰枯程度。但应注意,水文干旱与枯季径流是两个不同的概念。干旱年(或月),即地表径流、地下径流(或其和)比多年平均值小的年份,或用年(或月)径流量、河流平均日流量、水位等小于一定值作为干旱指标。社会经济干旱是指由自然降水系统、地表和地下水量分配系统及人类社会需水排水系统这三大系统不平衡造成的异常水分短缺现象。自然降水系统是目前人类无法产生实际影响的,地表和地下水量分配系统可以受到人类影响,人类社会需水排水系统是可以调节的。上述的四类干旱中,气象干旱是最普遍和最基本的,各种类型的干旱均起源于气象干旱,特别是降水的短缺,由此形成水文、土壤、植物、人类等对水需求的短缺。例如,气象干旱与农业干旱及水文干旱之间关系密切,在时间上存在着差异,但干旱的直接影响和造成的灾害常常是通过农业和水文干旱反映出来。气象干旱并不等于农业干旱或水文干旱,干旱的研究绝不能仅仅停留在气象干旱上,正确的途径应该是以气象干旱为基础,进而深入到农业干旱和水文干旱,这是干旱研究的关键。此外,还要落实到社会经济干旱,以进一步寻求治理的对策。

旱情是研究农业干旱的一个基本概念,是指土壤含水量低于作物正常生长需水量时所发生的水文情势,主要是由于降水量少或较长时期无降水,地下水位下降造成。由于干旱对农业生产的威胁大,且涉及的面积广、历时长、影响大,因此要认真作好旱情的分析与预测,为减轻农业生产损失,改善受旱地区人民生活和工农业生产条件服务。

旱情主要是自然因素所致,即降水量稀少或无降水。用水管理不当等人为因素也可能导致旱情出现,但影响面积较小。作物不同生长期对需水量的要求是不同的;不同地区由于地理环境和气候条件不同,农业生产方式和方法不同,作物对需水量的要求也各异。因此,划分旱情的标准各地不一,旱情预测的方法互有差异。目前,我国的旱情预报方法大多从探索土壤含水量的变化规律出发,研究作物需水量与土壤含水量之间的定量关系,分析和预测是否会出现缺水或缺水程度,以确定旱情等级。

旱情主要是对农业生产而言。它的影响面较广,涉及人类正常生活、交通、环境、工业等用水需求。发生旱情的主要原因是较长时间内降水量少,蒸散发量大,河水流量消退,地下水位下降,土壤含水量不能满足作物正常生长的需水要求所致。作物生长过程的不同时期,其需水量是不相同的。不同作物因其根系的深度和密度不同,对土壤的供水量要求也不相同。

在我国北方的半干旱和干旱地区,干旱是危害农牧业生产最大的自然灾害,其季节性明显,且有持续性、多发性的特点。降水量是影响旱情的最主要因素,并且主要反映在土壤含水量上(小于作物生长的正常需水量),但是一旦下了一场大雨后,土壤含水量剧增,旱情即可消失。

在我国南方地区,大多种植水稻,地下水位较高,土壤含水量不能很好地反映水田的干旱程度,影响旱情的主要因素是降雨量和蒸散发能力。

一个地区是否会发生旱情及旱情程度如何是很复杂的问题,受许多因素的影响。目前,一般用干旱指标表示干旱的程度,如降雨量指标、湿润度旱情指标、土壤含水量旱情指标等,但简单的指标很难客观地反映地区的干旱程度,不少问题(特别是人类活动影响及其作用)还有待进一步研究。

7.3.2 旱情分析预报方法

旱情分析预报的主要途径有两类:一是用旱情指标值判断是否会发生旱情和旱情程度;二是按土壤含水量预报值判断对作物生长的影响程度。显然,旱情分析预报的实质是在预见期内降水量和蒸散发量预报值基础上,分析研究土壤含水量能否满足作物正常生长的需水量。因此,旱情分析预报还需依靠气象预报作分析与计算。以下着重介绍几种较常用的土壤含水量预报方法。

7.3.2.1 单站土壤含水量预报

如果需预报的地区面积不大,且有一个墒情观测站,则可利用该站墒情观测资料分析墒情变化规律,并编制其墒情预报方案,即可预报该地区的土壤含水量变化。

土壤水补给的主要来源是降水、人工灌溉水和地下水,土壤水消退主要作用因素是土壤蒸发、作物散发、向深层的渗漏和侧向重力排水等。因此,土壤含水量预报应包括增墒和减墒两部分。

1. 土壤含水量增值预报

若地下水位埋深大或地下水位稳定,且不计人工灌溉水量时,则引起土壤含水量增加的主要原因是降水量。图7-6是山东省南四湖湖西平原区以代表站为基础建立的以 0.6 m 土层雨前土壤含水量 W_0 为参数的降雨量 P 与雨后增墒 ΔW 之间的相关关系。该图中的相关线上部与纵坐标近似平行,表明当降雨量增大到一定量后,土壤含水量达到饱和,雨后土壤含水量不再增加。图中各关系线下与纵坐标的截距表示无效降雨量,主要消耗于植物截留。

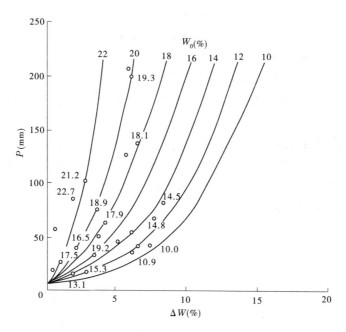

图7-6 山东省南四湖湖西平原区降雨量与雨后增墒 ΔW 相关关系
(0~0.6 m 土层平均值)

图7-7 为太原董茹站0.5 m 土层的土壤含水量增值预报曲线。图中考虑了降雨量 P 和饱和差 d 两因素,后者主要反映蒸发的作用。当 $P=0$ 时,该图即为土壤含水量消退关系曲线。

不同作物的生长过程及其需水量互不相同,可按作物种类分别建立相关关系图。

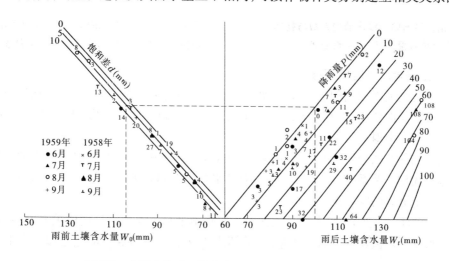

图7-7 太原董茹站土壤含水量增值预报曲线(0.5 m 土层)

2. 土壤含水量消退预报

当无降水和灌溉,且地下水位埋深较大时,土壤含水量因蒸发和作物需水及其散发等

作用而呈消退变化,其消退规律类似于退水规律,可用下列指数方程表示,即

$$W_t = W_0 e^{-Kt} \tag{7-8}$$

$$W_{t+1} = W_t e^{-k} = W_t K \tag{7-9}$$

式中　W_0——初始土壤含水量;

　　　　W_t、W_{t+1}——t、$t+1$ 时刻的土壤含水量;

　　　　K——土壤含水量消退系数,一般由实测土壤含水量按式(7-8)或式(7-9)计算求得。

　　土壤含水量消退系数 K 与前期土壤含水量、蒸散发量、土层深度、地下水位埋深等因素有关,如图7-8、图7-9所示。利用这些关系并结合式(7-8)或式(7-9),即可预报土壤含水量。也可直接点绘前后期土壤含水量相关关系图,见图7-10。图7-10中月份主要反映了蒸散发率和作物不同生长期需水量的影响。

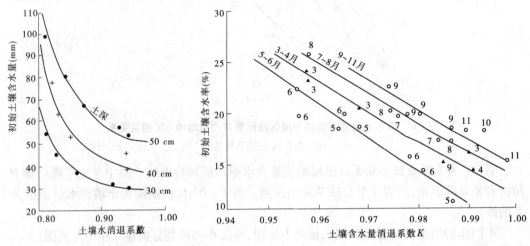

图7-8　山西灵石站土壤水消退系数与初始　　　　图7-9　山东王二庄试验站初始土壤含水率、
　　　土壤含水量、土深的关系曲线　　　　　　　　月份和土壤含水量消退系数的关系曲线

7.3.2.2　土壤含水量区域预报

　　旱情往往是大面积出现的,因此常要对一个地区作旱情预报,即预报无雨期该地区的土壤含水量的消退变化,其基本方法和上述相同。区域内各地的地形、土壤、作物和气候等因素对土壤水消退有影响。

　　当地区内各地的地形、地貌、土壤、植被和气候等因素相近时,可将各地单站的土壤含水量消退系数相关关系综合在一张图上,取其平均,作区域预报用,图7-11为太原、晋中和吕梁区4个测站的综合图。

　　图7-12为鲁北、豫北、豫东部分地区的一次降雨量与土壤含水量增值关系曲线,以前期土壤含水量平均值作为参数。预报时,前期土壤含水量平均值与增值之和即为土壤含水量预报值。

　　建立区域内各地的土壤含水量消退系数综合曲线也可用做区域的旱情预报,见图7-13。

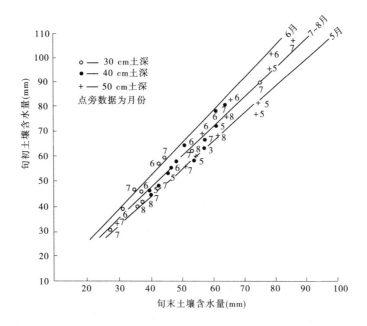

图 7-10　山西灵石站无雨期旬初与旬末土壤含水量相关关系(0.3~0.5 m 土深)

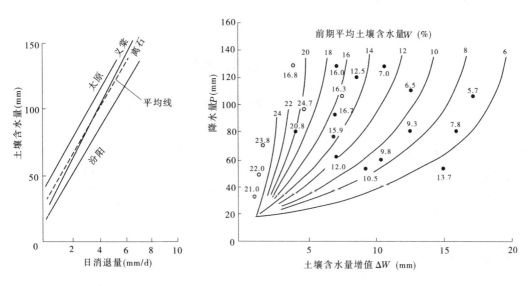

图 7-11　太原区 4 个测站 8 月份土壤
含水量与日消退量关系曲线

图 7-12　鲁北、豫北、豫东部分地区的一次
降雨量与土壤含水量增值关系曲线

在实际抗旱工作中,绘制区域的土壤含水量等值线图对了解区域内旱情分布与特征,分析旱情发展趋势和采取抗旱措施与决策等是有利的。前已指出,影响旱情的因素十分复杂,如作物耕作层内土壤水分运动及其动力学性质、蒸散发量变化规律、作物根系分布及其生长过程、地下水对根系土层含水量的作用等。水土保持、土壤改良、植树造林、水利化与农田渠系建设及耕作技术等人类活动因素,都将对旱情有影响,其程度怎样还有待研究。在区域预报中,要注意单站资料对区域的代表性。在实际预报工作中,预见期内降水

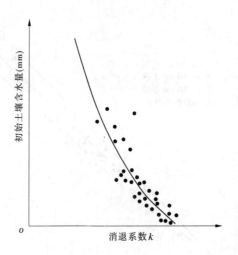

图 7-13　太原、吕梁、晋中等站土壤含水量消退系数综合曲线

量和蒸散发量会直接影响预报精度,这与气象预报技术有关。因此,目前的旱情预报不论在基本理论、实际应用技术和方法上,还是在实测资料条件上,都有待进一步研究、充实和改善。

7.4　水库水文预报

水库是拦蓄和调节天然水流的控制性水利工程,其主体工程一般有拦河坝(大多数是土坝)、溢洪道或泄洪洞、灌溉输水洞及发电站等。这些水利水电工程在防洪、抗旱、发电、航运、水产养殖等水资源综合开发利用上发挥了积极的作用,随着水库管理工作的不断加强,管理水平不断提高,对搞好水文预报,加强科学管理的要求,也更加迫切。

水文预报是预见未来水情变化的一项科学情报工作,水库开展水文预报工作,不仅是水库进行科学管理,搞好水库调度运用的重要依据,而且对确保水库和下游安全,充分发挥工程效益,战胜洪涝灾害也起着重要作用。水库有了比较准确可靠的水文预报,才能在防汛抗旱斗争和管理运用中做到胸中有数,取得主动权。在洪水到来之前,水库就可先腾出部分库容迎接洪水,这样既能保证水库安全,又能使水库有足够的蓄水。

水库水文预报的主要内容包括:入库洪水总量、洪峰流量和洪水过程预报,水库最高水位、最大出库流量及其出现时间的预报,抗洪能力的计算以及水库控制运用和灌溉、发电能力的计算等。要解决这些预报问题,除必须具备本水库的流域面积、水位库容曲线和水位泄量曲线等基本资料外,还应根据本水库或邻近水文站的水文资料分析成果,编制出本水库的水文预报图表。其中包括降雨径流关系,入库流量过程的预报图表,水库调洪演算和抗洪能力计算图表,水库灌溉、发电能力计算图表等,并充分运用水文预报图表,积极开展水文预报工作,及时总结经验,使水文预报水平不断提高。下面介绍短期入库洪水的预报方法,着重水库出流量及水库水位预报。

水库水位与出流量取决于水库入流量和水库蓄水量的变化,后者主要受人为调节控制。水库入流量包括上游来水量(由入库水文站反映)、库区区间来水量和库面的降水量。水库出流量主要指经水库挡水建筑物下泄的流量,水库水面蒸发量和库区渗漏水量也是水库的损失水量,但与下泄流量过程不同。

7.4.1 水库调洪演算基本原理

水库调洪演算的基础是联解水量平衡方程与蓄泄关系。

水库的时段水量平衡方程式为

$$\frac{I_1 + I_2}{2}\Delta t - \frac{Q_1 + Q_2}{2}\Delta t + (P - E)\overline{A} = V_2 - V_1 \tag{7-10}$$

水库蓄量与出流量关系一般为

$$Q = f(V) \text{ 或 } Z = f(V) \tag{7-11}$$

式中 I_1、I_2——时段始、末的入库流量;

Q_1、Q_2——时段始、末的出库流量;

V_1、V_2——时段始、末的水库蓄水量;

P——时段内水库水面降水量;

E——时段内水库水面蒸发量及库区渗漏量;

$\overline{A}$——时段内水库水面面积平均值;

Z——水库水位。

除库区降大雨外,一般情况下$(P - E)\overline{A}$项值较小,可忽略,则式(7-10)可简化为

$$\frac{I_1 + I_2}{2}\Delta t - \frac{Q_1 + Q_2}{2}\Delta t = V_2 - V_1 \tag{7-12}$$

联立求解式(7-11)和式(7-12)即可预报$Q(t)$和$Z(t)$。因式(7-12)的关系单一,其演算方法可简化,以下介绍一些常用的方法。

7.4.2 水库调洪演算方法

7.4.2.1 图解法

将式(7-12)改写为

$$\frac{V_2}{\Delta t} + \frac{Q_2}{2} = \left(\frac{V_1}{\Delta t} + \frac{Q_1}{2}\right) + \overline{I} - Q_1 \tag{7-13}$$

式(7-13)等号右端为已知项(其中I_2是预报值),等号左端有未知项V_2和Q_2,但都是库水位Z的函数,可由水库的库容曲线$V = f(Z)$和出流曲线$Q = f(Z)$建立$\frac{V}{\Delta t} + \frac{Q}{2} = f(Z)$关系曲线。图7-14为黄壁庄水库的调洪演算曲线。

预报时,由时段初库水位Z_1查图7-14中关系曲线得$\frac{V}{\Delta t} + \frac{Q}{2}$和$Q_1$值,因$\overline{I}$已知,则代入式(7-13)得$\frac{V}{\Delta t} + \frac{Q}{2}$值,再查图7-14即求出预报的时段末库水位$Z_2$和出流量$Q_2$值。逐时段计算即得库水位与出流量过程,此法又称半图解法(单辅助曲线法)。

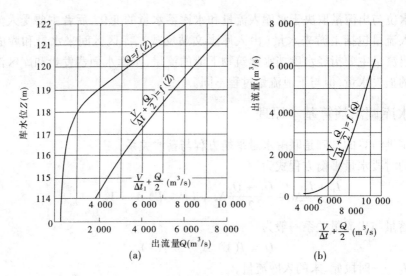

图 7-14　黄碧庄水库调洪演算曲线

若将式(7-12)改写成

$$\frac{V_2}{\Delta t} + \frac{Q_2}{2} = \left(\frac{V_1}{\Delta t} - \frac{Q_1}{2} \right) + \bar{I} \tag{7-14}$$

在图 7-14 中绘制 $\frac{V}{\Delta t} - \frac{Q}{2} = f(Z)$ 关系曲线,则可直接从图上逐时段推求 Z_2 和 Q_2 值,见图 7-15,此法又称全图解法(双辅助曲线法)或蓄率中线法。半图解法调洪演算示例见表 7-1。

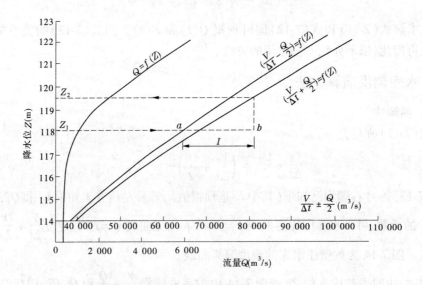

图 7-15　黄壁庄水库蓄率中线法调洪演算曲线

表 7-1　黄壁庄水库半图解法调洪演算示例

日期 （日 T 时）	I_t（m³/s）	$\bar{I}_t$（m³/s）	$\dfrac{V}{\Delta t}+\dfrac{Q}{2}$（m³/s）	计算的 Q_t（m³/s）	计算的 Z_t（m）
05T05	6 540		41 500	310	114.53
		6 950			
05T07	7 360		48 140	350	115.55
		7 730			
05T09	8 100		55 520	470	116.58
		8 570			
05T11	9 040		63 620	730	117.62
		8 270			
05T13	7 500		71 160	1 500	118.56
		6 780			
05T15	6 060		76 440	2 170	119.15
		6 500			
05T17	6 940		80 770	2 770	119.63
		7 570			
05T19	8 200		85 570	3 420	120.11

7.4.2.2　以入流量为参数的时段库水位相关法

因 V_2 和 Q_2 是 Z_2 的函数，V_1 和 Q_1 是 Z_1 的函数，则由式（7-13）可知

$$Z_2 = f(Z_1,\bar{I}) \qquad\qquad (7\text{-}15)$$

可根据实测资料建立式（7-15）以 $\bar{I}$ 为参数的 Z_2 与 Z_1 关系曲线，如图 7-16 所示。预报时，按 Z_1 和 $\bar{I}$ 值查图得 Z_2 值。表 7-2 为王快水库的 $Z_2 = f(Z_1,\bar{I})$ 关系线计算表。

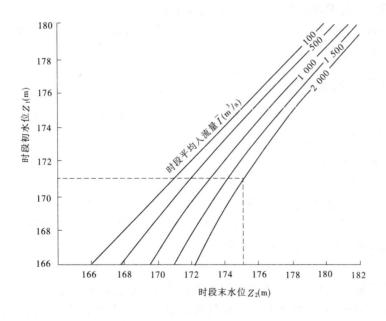

图 7-16　王快水库 $Z_2 = f(Z_1,\bar{I})$ 关系曲线

表 7-2　王快水库的 $Z_2 = f(Z_1, \bar{I})$ 关系线计算表 ($\Delta t = 6$ h)

Z_1 (m)	V_1 (万 m³)	Q_1 (m³/s)	Z_2 (m)	V_2 (万 m³)	Q_2 (m³/s)	$\Delta V = V_2 - V_1$ (万 m³)	$\Delta V/\Delta t$ (m³/s)	$\dfrac{Q_1 + Q_2}{2}$ (m³/s)	$\bar{I}$ (m³/s)
166	1 500	113	167	2 000	120	500	231	116	347
168	2 500	127	169	3 100	133	600	278	130	408
170	3 700	139	171	4 500	143	800	370	141	511
172	5 400	148	173	6 400	152	1 000	463	150	613
174	7 400	156	175	8 500	160	1 100	510	158	668
176	9 600	164	177	10 800	168	1 200	556	166	722
178	12 000	171	179	13 300	175	1 300	602	173	775
180	14 800	178	181	16 300	182	1 500	694	180	874
182	18 000	185	183	20 000	188	2 000	926	186	1 112

7.5　冰雪融水径流与冰情预报

冰川、积雪和冰冻在我国北方和西部高原高山地区普遍存在,研究和预报冰川积雪融水径流与河流冰情对于高寒地区的工农业、交通运输、水利工程和国防建设具有重要的意义。目前,我国对冰川、积雪融水径流和河流冰情预报的研究还相对较少,成熟的、实用性强且效果好的方法还不多。

7.5.1　冰雪融水径流预报

融化的雪水在向流域出口断面运动过程中,受到堆积的霜体本身、流域下垫面的调蓄作用,积雪和季节性冻土的作用使融水径流的损失与雨洪特性有很大差异。这里重点介绍这些影响机理和模型模拟。

7.5.1.1　影响机理

从融雪到河道流量过程,除要计算流域融雪水径流深外,还要计算径流汇集过程中的径流损失量,显然损失项的计算精度直接影响到流域融水径流深的估计精度。从融水径流的特点和机理看,融水径流的主要影响有如下三个方面。

1. 土壤入渗

高寒地区流域封冻改变下垫面的土壤空隙结构,改变着融水径流的入渗能力。冻结后的土壤使空隙减小,下渗能力减小,如果气温转负前的土壤含水量大,冻结可形成不透水层,而融化使土壤的结构恢复原状。一般在融雪初期,冻土不透水层接近地表,下渗能力和土壤蓄水损失量都很小,可以忽略不计,融化的雪水可以不考虑损失,其产生的径流量接近于融水量;随着融雪历时的延长,融雪水使冻土融化,包气带增厚,入渗量增多,融化雪水的损失量增大。图7-17为黑龙江省北安站径流系数与解冻日期的变化关系,图中的径流系数是河道断面径流量与流域融水量之比。

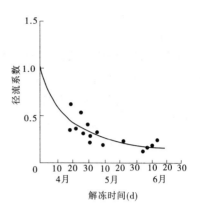

2. 土壤蓄水

土壤在冻结与解冻过程中,由于入渗水量的补给,冻土层中的含水量增大,可达饱和状态,影响解冻后的产流量。

3. 土壤蒸发

因冻土融化耗热,地表热交换作用减弱,土壤蒸发量喊小。

图 7-17　黑龙江省北安站径流系数与解冻日期的变化关系

7.5.1.2　融雪径流预报

斯坦福模型是较早研究融雪径流模拟的模型,这里结合模型结构进一步介绍融水径流量的估计与预报方法。

斯坦福模型在考虑融雪机理时,把太阳辐射、热对流变换、凝结和降雨作为模型主要影响因素,该模型计算所用输入资料为逐日最高、最低气温,实测或估算的短波辐射,雪的蒸发与降水资料。接收的降水通过雨雪区分分别加到积雪和液态水中;温度和辐射资料被用来求每小时的净热量交换,当净热量交换为正时,积雪场地的温度便升高,其负热量蓄积就减少,当负热量蓄积为零时,融雪便开始;融化的雪水全部先进入液态水蓄积,直到其蓄量达到最大值后,再融化的雪水和降雨才慢慢从积雪场地中排出。图7-18是斯坦福模型融雪径流模拟框图。

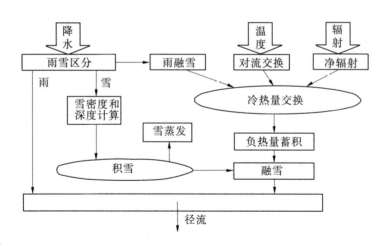

图 7-18　斯坦福模型融雪径流模拟框图

1. 单元流域划分

考虑到流域内气候、地理、水文特征的空间差异,流域被划分为许多个计算单元。影响融雪计算的主要因素是温度,因此划分单元通常考虑的是按高程划分带状单元。随着流域高程的升高,一般每升高300 m,温度下降2.2 ℃。单元带内的温度,可以是实测的也可以通过临近气象站的观测,再根据单元带与气象站间的高差确定。

2. 雨雪区分

由于降雨与降雪形成的径流过程有很大的差异,模拟结构首先要考虑的是雨雪特征。对于降水,有时是雪有时是雨,有时又是雨夹雪,需要有一种方法对一般的降水划分为雨雪的比例,斯坦福模型在考虑雨雪划分时采用了最简单的门槛值法,即以气温 32 ℉(0 ℃)为临界气温,当气温低于临界值时为降雪,反之为降雨。

3. 雪密度计算

降雪需要确定其密度和深度。新雪的密度与降雪时的温度有关,一般气温越高,密度越大。

4. 辐射融雪

测得的入射短波辐射可作为输入,每小时辐射量是根据日总数按平均分配计算的。若没有实测辐射资料,则流域半月的理论辐射或晴天辐射可用做输入。

在每一块流域单元的面积上,入射的短波辐射会被林冠截留。入射辐射的大部分将从雪面反射至空中,剩余的为净短波辐射,长波辐射交换较为复杂些,对于敞开的、有一定森林覆盖的流域,其净长波辐射可用估计式来计算。

5. 对流融雪

对流融雪由对流产生,与大气的热量交换是风速和大气温度与雪面温度之差的函数,假定风速均匀,由对流引起的融雪可表示为

$$M_c = CONMELT(T - 32) \tag{7-16}$$

式中　M_c——对流融雪;

　　　T——大气温度;

　　　$CONMELT$——常参数。

6. 雨水融雪

雨水的温度通常较高,因此降雨对于雪来说是一个热源,由降雨带来的热量产生的融雪可表示为

$$M_p = (T - 32)PX/144 \tag{7-17}$$

式中　M_p——雨水融雪;

　　　T——大气温度;

　　　PX——降雨量。

7. 负热量蓄积

负热量蓄积为辐射和对流热交换,当大气温度低时会产生一个净热量的损失,热量就从积雪中损失掉,而积雪的温度就下降,斯坦福模型通过一个负的热量蓄积来模拟这一过程。当净热量交换为正时,积雪场地的温度便增加,负热量蓄积就减少;当负热量蓄积为零时,融雪才开始。由此,可逐时段地连续计算积雪的深度、密度和雪水当量。

融雪计算方法可视能提供的观测资料不同而不同。如有辐射、气温露点和风等完整的气象要素观测,可用能量平衡法计算。在缺少这些资料情况下,可以根据其他相关资料估算。如根据最低气温估计露点,根据晴天辐射与云量估计实际辐射,风速取为常数等。

若只有气温资料,则只能用温度指标法。

7.5.2 冰情预报

在河流及水库湖泊中,冰的生消过程是天气与水体之间热变换作用的结果。河流中冰的生消变化大体上可归纳为成冰、融冰两个阶段或流凌、封冻和解冻三个时期。

秋末冬初,气温渐趋下降,当气温下降到低于水温时,水体热量经水面不断向空中散失,水温逐渐下降。当水温下降至 0 ℃,先在近岸边平静的水面出现冰凇、岸冰,经观察、研究,冰的形成速度 P_{ic} 与水深 h、水流的紊流热传导率 η 等有关,图 7-19 为这三者间关系的示意图。由图 7-19 可知,当 η 值较大时,P_{ic} 在水深方向上接近均匀分布,易形成水内冰;当 η 值较小时,水体表面的 P_{ic} 值大,则冰的形成多发生在水体的表层。由此可知,在湖泊水库中,入库径流小,水体中紊流弱,水表面的成冰速度快,并随着水温的继续降低,岸冰不断扩大加厚,逐渐形成大片面积的封冻。而在河流里,由于水流的紊动作用强,使水体温度基本一致,在水温降至 0 ℃ 以后,先在结晶条件好的地方(如水底)以冰花形式形成水内冰,呈悬浮状态,冰花可以产生于水体任何部位。水内冰上浮到水面与破碎的岸冰结合在一起,随水流向下游流动,称为流凌。

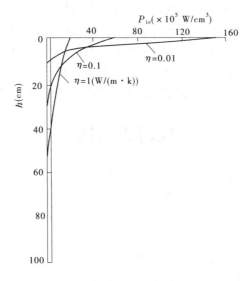

图 7-19　对于不同的 η 值,P_{ic} 在 h 方向的分布示意图

随着气温继续下降,冰花不断增大增多或相互黏结,称为冰花堆积,使冰厚和流凌密度不断增加,当流凌达到一定密度时,在河流的狭道、陡弯、浅滩、水库入口处、水工建筑物附近等水流不畅处,因冰凌壅塞而冻结。封冻水面不断向上游发展,形成全河段的封冻。在封冻时,如逆流向风力强且流速大,则冰块多倾斜堆叠,冰面起伏不平,冰层堆积较厚,称为立封。反之,水面平整,冰层较薄,称为平封。封冻后,由于冰盖下面凹凸不平,对水流产生较大摩阻力,水流速度急剧减小,则河槽蓄水量增加,水位上涨。冰盖下面凹凸不平,对水流产生较大的摩阻力,水流速度急剧减小,则河槽蓄水量增加,水位上涨。

在封冻初期,冰盖较薄,其导热量大,导致水体不断失热,冰厚不断增加,直到冰盖增至一定厚度,水体热量达到平衡,冰盖停止增厚。

封冻河段由于冰盖隔绝水与空气的热交换,不再产生水内冰,使冰盖下游一定河段内不形成封冻。两个相邻封冻河段之间未冻结的河段称为清沟,清沟内失热较快,不断产生的水内冰向下游流动,使下游的封冰河段向上游延伸。在一定流速条件下,冰花可潜入冰盖下,与冰盖黏结形成冰塞。冰塞缩小了过水断面面积,使水流不畅,致使上游水位上涨。

春季气温升高,太阳辐射增强,冰盖上融下化,水面颜色由青变白、变黄,冰的结构逐渐疏松并发生解体,即为河流解冻。河流解冻时,由于冰块厚度大,流凌密度也大,巨大冰块的撞击具有很大的破坏力,是河流冰情预报的重要时期。由于河道特征和水文气象条件的差异,河流各地的解冻形势和解冻日期有很大差别。当上游解冻早于下游,因来水量大,使下游沿途冰盖形成水鼓冰,冰阻水,冰盖因水流抬升而破裂,冰块大,这种以动力作用为主的解冻称为武开,极易造成很大危害,冰情预报时要密切关注;反之,若上、下游解冻日期差别不大,沿河河段没有卡冰结坝,而且以热力作用为主的解冻,称为文开,一般不致造成大的危害。在下游封冻冰层已基本融解时,又遇到上游冰水下泄形成解冻的水流,称为半武开,一般也不易造成危害。

上述是一般河流冰情现象的演变过程,并非所有的河流都是如此,例如在黄河下游,有的年份气温在 0 ℃上下多次大幅度波动,出现多次封冻与解冻过程;有些河流因比降大,水流湍急,整个冬季只有流凌,河面不封冻等。封冻预报包括流凌日期、封冻日期、冰厚及冰盖承载能力等项目。现行的方法大体上可归纳为三类:①以物理成因为基础的水力、热力因素指标法;②上、下游相关法;③热量平衡计算法。第①、第②类属经验性较强的方法,有一定的预见期;第③类理论性较强,但其预见期和精度依赖于天气预报。

复习思考题

1. 枯水径流变化相当稳定,是因为它主要来源于____。

A. 地表径流　　　　B. 地下潜水　　　　C. 河网蓄水　　　　D. 融雪径流

2. 枯水预报中的退水曲线法与前后期径流量相关法,预报的流量值是有差别的,预见期越长,其差别越明显。____

3. 何谓干旱? 旱情预报的主要途径有哪些?

4. 如何对水库出流量及水库水位进行预报?

5. 干旱地区降雨量少,年蒸发系数较大,其径流系数较湿润地区____。

第8章 水文预报与应用介绍

【**学习指导**】本章主要介绍水文预报在国民经济建设中的有关应用,主要有土壤墒情的分析和预报,城市缺水综合分析,水利工程施工期水文预报等。重点是掌握水文预报在这些领域的具体作业方法以及建立适合一定区域的预报和预测方案。

水文预报的作用主要在于及时地对水文要素作出实时和预期的预报,在国民经济发展中各个方面都具有很广泛的应用。例如,利用土壤消退规律建立土壤墒情监测预报模型,提高农田土壤水的实时监测功能,指导农业灌溉;利用水文预报相关理论预测城市地区水资源缺水趋势并及时制订解决方案;对于大型水利工程上游围堰处的水位流量值的正确预报是水利工程施工期安全的重要保证。

8.1 土壤墒情分析预报

8.1.1 概述

土壤墒情预报是农田用水和区域水资源管理的一项基础工作,对于农田灌溉排水的合理实施和提高水资源的利用率等有重要作用。墒情预报主要是田间土壤含水率的预报。以节水为目标的土壤水调节,就是要使灌溉既能满足土壤水向根系活动层的及时供应,又不产生深层渗漏造成灌水的浪费,还要尽量减少地表无效蒸发和提高土壤储水向蒸腾耗水的转化效率。

土壤水调节问题实质上是要寻找一种投资少、技术简单且又能节省用水的灌溉方案,其特点是通过上壤水分监测和预报,严格按照墒情浇关键水、按调蓄原则浇足水,将水储存于土壤中,减少地表蒸发,使灌溉水得到有效利用,以达到节水高产的目的。所以,要达到土壤水调节的目的,必须加强田间土壤水分的预测、预报。

区域土壤墒情是农业水文诸多因素中的一个重要因素,对于农田灌溉排水的合理实施、农作物的增产与节约用水、四水转化关系的分析和提高水资源的利用率等均有重要作用。鉴于此,近年来土壤墒情研究成了国内外农业水利的一个热点,并提出了许多墒情预报的方法。常见的预报方法有经验公式法、土层水量平衡法、土壤水动力学法、消退系数法及随机方法等。由于土壤水增加和消退的影响因素很多,土层水量变化复杂。这些常见方法中,有些虽理论较为成熟,但实际很难应用,如土壤水动力学方法和土层水量平衡法。前者由于实际土壤构成复杂而难以应用,后者由于所需观测项目较多而难以应用;有些(如经验公式法)虽观测项目不多,但不易推广应用,且要建立经验公式,观测的系列就不能太短。目前,尚未出现一个被广泛采用而精度又能满足要求的区域墒情预报方法。

8.1.2 消退系数法预报土壤墒情

消退系数法是指根据土壤水垂向变化规律应用水文预报的方法推求逐日土壤含水量消退系数 k 值用来预测土壤水的变化情况。这种方法简单实用,具有一定的精度,适合基层单位预报作业运用。

现将简单的消退系数法介绍如下:

表层土壤含水量是随着降水、灌溉、径流、下渗、蒸发等因素的变化而变化。根据降雨产流理论和包气带水运移理论,对于一次降水而言,降水量为 P,产流量为 R,初损失量为 I,则三者关系式为

$$R = P - I \tag{8-1}$$

而在降雨初损历时中,表层土壤与地面的水量平衡关系可简要地表达为

$$I = I_m - P_a \tag{8-2}$$

式中　I_m——流域中的最大初损,实际上也间接代表地表的蓄水量,在一定的区域可认为是固定值,可参照有关流域产流计算的内容求得;

　　　P_a——一次降雨开始时的前期影响雨量。

显然,影响损失(或产流量)的最主要因素是前期影响雨量(即前期土壤含水量),其计算公式为

$$P_a = \sum_{i=1}^{n} P_i K^{t_i} \tag{8-3}$$

当 $t_i = 1$ d,并且前、后两日连续为晴天时,用下式计算

$$P_{a,t+1} = K P_{a,t} \tag{8-4}$$

如果在 t 日有降雨,但未产流,则

$$P_{a,t+1} = K(P_{a,t} + P_t) \tag{8-5}$$

式中　P_a——前期影响雨量;

　　　P_i——前期降水量;

　　　K——土壤含水量的日消退系数;

　　　t_i——对应于 P_i 的前期降水距本次降水的时间;

　　　$P_{a,t}$、$P_{a,t+1}$——t 日和 t 日一日后的前期影响雨量;

　　　P_t——t 时刻降雨量。

以上各量除 K 外,均以 mm 计。当 $P_{a,t} + P_t \geqslant I_m$ 时,以 I_m 值作为 P_a 的上限值计算。

考虑灌溉和农作物根系分布特点,其研究的目的层选定为失墒敏感层(0~0.2 m)和根系发育层(0~0.5 m)。依据上述降雨径流预报理论,把表示根系发育层(0~0.5 m)土壤水分的量化指标称为墒情指标,则墒情指标计算模型可表示为式(8-6)。其特点是结构简单、参数易得、精度可靠,能满足预报作业精度要求。

$$\theta_{a,t+1} = K_t(\theta_{a,t} + P_t + q_t) \tag{8-6}$$

式中　$\theta_{a,t+1}$、$\theta_{a,t}$——$t+1$ 日和 t 日墒情指数;

P_t——t 日的降水量；

q_t——t 日的灌水量；

K_t——t 日的土壤含水量消退系数。

8.2 城市缺水综合分析

8.2.1 缺水城市分布

20 世纪 70 年代以前,在我国只是个别城市在个别年份缺水。70 年代以后,特别是 80 年代以来,随着城市建设、工业发展和城市人口的增加,缺水城市不断增加,缺水从北方和沿海的部分城市开始,逐步扩大至全国。到 90 年代初,全国已有 300 多座城市缺水,其中地级以上城市有 109 座,占地级以上城市总数(189 座)的 57.7%。

在缺水的地级以上城市中,华北地区有 26 个,东北地区有 29 个,西北地区有 7 个,华东地区有 26 个,华中和华南地区有 21 个,分布遍及全国,但以北方和沿海地区较为集中。

我国的缺水城市多为人口密集的城市,在表 8-1 列出的 109 个地级以上的缺水城市中,人口在 200 万以上的缺水城市有 7 个,占相应城市(9 个)的 77.8%,人口在 100 万~200 万的缺水城市有 17 个,占相应城市(22 个)的 86.4%。

从城市缺水对产值影响来看,上述 109 个缺水城市 1990 年工业总产值达 8 935 亿元,占全国地级以上城市工业总产值的 71.5%,这些缺水城市包括北京、天津、上海 3 个直辖市和石家庄、太原、沈阳、长春、哈尔滨、贵阳、南宁、广州、苏州、无锡等具有重要政治经济地位的城市,也包括鞍山、大同、抚顺、青岛、淄博、十堰等重要工业城市,以及深圳、珠海、宁波、三亚等新兴的沿海城市。

8.2.2 城市缺水类型

8.2.2.1 水资源短缺型

城市生活、工业和环境需水量等超过当地水资源承受能力所造成缺水。我国北方和沿海城市(如廊坊、太原、大连和青岛等城市)属这种类型。

8.2.2.2 工程缺乏型

水资源条件尚好,由于缺少水源工程和供水工程,供水不能满足需水要求而造成缺水。西安、大庆、淄博和三亚等城市属于这种类型。

8.2.2.3 水质污染型

水质污染型城市包括受上游污水排放影响的下游城市和受本区污水排放影响的平原河网区城市。由于水源受到污染,水质达不到城市用水标准而造成缺水。蚌埠、上海、苏州等城市属于这种类型。

8.2.2.4 混合型

由前述两种或两种以上因素综合作用而造成缺水,如山西晋城、宁夏石嘴山等城市属于这种类型。

表 8-1　全国地级以上缺水城市的社会经济指标、缺水率统计(1990 年)

序号	城市	城市人口 (万人)	工业产值 (亿元)	重工业比重(%)	缺水率 (%)	序号	城市	城市人口 (万人)	工业产值 (亿元)	重工业比重(%)	缺水率 (%)
1	北京	576.96	563.77	63.2	38.5	35	齐齐哈尔	107.01	59.79	68.6	9.9
2	天津	457.47	563.71	53.2	57.8	36	鸡西	68.39	22.12	86.1	10.2
3	石家庄	106.84	124.84	45.5	15.0	37	鹤岗	52.27	21.27	80.7	10.2
4	秦皇岛	36.48	25.03	61.8	40.8	38	双鸭山	38.61	14.96	85.3	10.3
5	张家口	52.91	5 541	53.5	3.3	39	大庆	65.73	233.68	97.4	9.9
6	廊坊	14.81	6.89	29.1	72.0	40	伊春	79.58	21.72	77.90	10.3
7	太原	153.39	135.98	74.4	36.6	41	佳木斯	49.34	37.92	40.8	10.2
8	大同	79.83	61.14	83.4	49.1	42	七台河	21.50	8.60	96.0	12.0
9	阳泉	36.23	24.95	89.7	61.2	43	牡丹江	57.17	49.41	53.7	10.0
10	长治	32.11	22.30	81.7	41.0	44	上海	749.65	1 101.08	50.9	28.2
11	晋城	13.64	16.37	93.9	16.4	45	无锡	82.68	163.47	41.4	29.1
12	朔州	7.24	16.56	95.4	1.1	46	常州	53.15	123.68	48.3	45.0
13	呼和浩特	65.25	33.29	37.4	9.9	47	苏州	72.65	124.74	35.7	37.6
14	包头	98.35	68.98	80.2	10.9	48	杭州	109.97	165.66	36.5	28.9
15	沈阳	360.37	335.03	66.9	22.3	49	宁波	55.25	100.74	48.4	49.9
16	大连	172.33	239.18	67.1	40.4	50	温州	40.18	34.59	39.3	29.7
17	鞍山	120.40	141.56	88.0	11.8	51	金华	14.43	16.46	34.0	20.0
18	抚顺	120.24	123.83	84.2	16.2	52	衢州	11.24	15.17	69.3	30.0
19	本溪	76.88	67.30	84.6	18.6	53	舟山	15.43	17.06	32.3	40.4
20	丹东	52.37	52.18	26.4	19.0	54	合肥	73.33	75.16	46.9	25.6
21	锦州	56.95	54.72	70.9	40.0	55	蚌埠	44.92	41.11	30.4	38.9
22	营口	42.16	42.41	34.7	23.7	56	淮南	70.39	43.10	69.6	27.8
23	阜新	63.55	26.73	73.1	43.6	57	淮北	36.65	25.85	72.5	46.2
24	辽阳	49.25	46.26	78.7	30.4	58	黄山	10.26	5.67	35.5	29.0
25	盘锦	36.28	45.64	95.6	45.0	59	济南	145.82	160.98	51.8	28.7
26	铁岭	25.48	20.71	64.5	27.5	60	青岛	145.82	199.68	38.8	30.6
27	朝阳	22.24	18.02	71.7	15.7	61	淄博	113.81	197.08	76.2	26.0
28	锦西	35.71	51.93	94.4	20.7	62	枣庄	38.08	51.70	59.0	18.8
29	长春	167.93	128.84	65.2	24.3	63	东营	28.17	81.06	97.5	23.3
30	四平	31.72	23.86	45.7	16.2	64	烟台	45.21	57.28	43.9	27.7
31	辽源	35.41	16.46	55.2	12.9	65	潍坊	42.85	62.13	44.5	31.0
32	通化	32.46	19.51	61.8	23.1	66	济宁	26.52	40.46	39.4	22.8
33	浑江	48.20	17.57	74.7	5.0	67	泰安	35.07	24.30	44.5	58.8
34	哈尔滨	244.34	158.87	56.1	10.0	68	威海	12.90	30.18	40.8	80.0

序号	城市	城市人口（万人）	工业产值（亿元）	重工业比重（%）	缺水率（%）	序号	城市	城市人口（万人）	工业产值（亿元）	重工业比重（%）	缺水率（%）
69	日照	18.05	14.01	27.3	37.8	90	广州	291.43	364.76	37.7	0.2
70	郑州	115.97	83.50	51.0	58.8	91	深圳	35.07	164.71	26.2	9.9
71	开封	50.78	34.09	44.0	48.7	92	珠海	16.47	41.46	19.0	39.0
72	洛阳	75.98	86.56	80.0	15.1	93	南宁	72.19	44.79	32.3	29.5
73	平顶山	41.08	41.83	86.0	6.5	94	柳州	60.93	70.95	53.2	7.6
74	安阳	42.03	49.47	50.0	24.8	95	三亚	10.28	1.66	33.2	35.0
75	鹤壁	21.03	11.33	74.0	54.0	96	重庆	226.68	207.26	64.7	58.2
76	新乡	47.38	39.58	40.0	23.0	97	自贡	39.32	31.18	65.7	43.5
77	焦作	40.91	35.89	81.0	21.7	98	绵阳	26.29	31.18	65.7	43.7
78	濮阳	17.60	26.01	93.0	39.0	99	内江	25.60	16.22	40.1	24.3
79	许昌	20.88	16.26	25.0	10.0	100	贵阳	101.86	71.65	51.4	6.3
80	漯河	12.64	10.43	24.0	21.3	101	六盘水	36.40	15.33	84.3	10.0
81	三门峡	12.05	11.39	59.0	5.0	102	昆明	112.89	115.84	57.0	10.9
82	十堰	27.38	58.41	96.3	52.8	103	西安	195.90	150.95	57.3	14.6
83	襄樊	41.04	34.66	39.3	26.8	104	铜川	28.07	9.75	81.5	32.8
84	荆门	21.05	28.47	80.3	38.7	105	宝鸡	33.78	36.16	64.2	21.6
85	长沙	111.32	78.37	42.0	42.3	106	咸阳	35.21	36.45	54.7	25.0
86	邵阳	24.72	18.71	47.8	18.3	107	银川	35.59	21.43	68.4	21.0
87	岳阳	30.28	46.26	85.9	12.8	108	石嘴山	25.79	15.29	94.7	18.7
88	常德	30.13	32.32	26.6	22.6	109	乌鲁木齐	104.69	60.80	82.4	23.4
89	大庸	5.86	15.21	51.5	15.9						

8.2.3 城市缺水对社会、经济和环境的危害

水是城市人民维持正常生活和从事生产活动的一种不可缺少和不可替代的重要物质资源。城市缺水将对社会、经济和环境产生影响并造成危害。

8.2.3.1 社会安定受到影响，城乡争水矛盾突出

据统计，1990 年全国得不到正常供水的城市居民 500 多万人。由于用水得不到保证，许多居民不得不半夜起来接水，影响正常的生活和工作，有时还会因排队打水引起纠纷。

随着城市水资源供需矛盾的加剧，为安排好城市人民生活和保持工业生产的稳定发

展,全国已有许多大中型水库由原来的以灌溉供水为主转向为以城市生活和工业供水为主。与灌溉供水相比,城市供水保证率高,随着城市用水剧增,在优先供应城市用水的调度原则下,必然要挤占大量的农业用水水源,造成农业灌溉水量不足,加剧了城乡间的供水矛盾。

8.2.3.2 经济损失严重,城市经济发展受到制约

城市缺水直接影响工业生产,给城市经济带来严重损失。1989 年发生在我国北方的大旱,使辽宁省城市工业年缺水量达 42 803 万 t,受影响的工业产值近 200 亿元。同年,山东的烟台、潍坊、淄博等城市缺水影响工业产值 18 亿元。随着经济的发展,缺水造成的工业损失呈增长趋势,近年来全国城市每年因缺水工业总产值的损失约 2 000 亿元。

城市缺水使城市经济发展受到严重制约。由于城市供水不足,许多城市规划工程项目不能实施。以河北沧州市为例,有石油、天然气、盐碱等石油、化工原料,又有大面积荒地可供建厂使用,但由于水源不足,不仅新的工业无法发展,已有的工业也很难维持。

水是城市经济的命脉,城市缺水严重制约着城市经济的进一步发展。

8.2.3.3 生态环境恶化,城市生活和生产受到危害

城市缺水增加了污染物的浓度,恶化了水质,加重了水污染。我国供水水质较差的城市,多分布在沿海和水资源缺乏的北方地区及南方大、中城市比较集中的经济发达地区。

水体污染对人体健康和社会生产均带来了很大危害。在河北、山西的一些地区,由于居民饮用氟、碘、碱超标的深层地下水,1990 年致病人口达 550 万人。2004 年,因淮河污水团下泄,洪泽湖遭受严重污染。

城市缺水使得许多城市长期过量开采地下水,引起地下水采补严重失衡,地下水位大幅下降,地下水漏斗区面积不断扩大。据不完全统计,全国有 57 座地级以上城市已不同程度出现地下水降落漏斗,漏斗区大都出现在城市市区、工业区和水源地,漏斗中心水位平均下降约 35 m,最大已超过 120 m,漏斗区总面积达 2 万 km^2 以上。地下漏斗区的地下水位大幅度下降诱发了地面沉降等城市环境地质问题,给城市建设带来了很大危害。

8.2.4 城市缺水成因分析

新中国成立以来,随着城市建设和工业发展,城市供、需水关系一般经历了以需水定供水、供水和需水基本平衡和以供水定需水三个不同的发展阶段。在第一阶段,城市可供水资源量大于城市需水量,一般不存在城市缺水问题;在第二阶段,城市可供水资源量基本与城市需水量平衡,只在遇到枯水年份时可能出现季节性城市缺水;在第三阶段,城市可供水资源量不能满足增长的需水要求,城市缺水问题比较严重。不同城市由于所具有的水资源条件、水污染治理状况和经济发展水平不同,城市缺水的具体形成原因也不尽相同,概括起来主要有以下几个方面:

(1)城市需水超过当地水资源承受能力。许多城市由于人口增长与经济迅速发展,对水的需求超过了当地水资源的承受能力,不少城市已出现水资源危机。

根据 1990 年水平年统计,在全国 109 个地级以上缺水城市中,属水资源短缺型的缺水城市有 35 座,占地级以上缺水城市的 32%。在保证率 $P=95\%$ 的总缺水量 78.8 亿 m^3 中,水资源短缺型城市的缺水量近 29.9 亿 m^3,占总缺水量的 38%。

（2）城市供水工程建设落后于城市发展。1949年以来，我国的城市供水事业有了很大发展。但随着城市经济的迅速发展，供水量的增长仍大大滞后于需水量的增长。

根据1990年水平年 $P=95\%$ 的要求估算，全国地级以上城市的总供水量只占总需水量的3/4左右。在地级以上城市中，廊坊、阳泉等城市的可供水量也不及需水量的一半。全国因供水工程建设滞后于城市经济发展而引起缺水的城市占全国地级以上缺水城市的42.2%。

（3）供水水源遭受污染，致使城市缺水加剧。水源污染导致可利用水资源量减少，使一些原本不缺水的城市变成新的缺水城市。1990年主要因水质污染造成缺水的城市约占全国地级以上缺水城市的6%左右。我国因水质污染而缺水的城市大都是工业、经济发达和人口集中的大、中城市，这是一个不容忽视的问题。

（4）城市用水管理不善，水的有效利用率低。我国城市用水管理还不完善，供水工程较少采用水资源合理配置和优化调度管理，现有水资源还未能得到充分的利用。工业用水重复利用率偏低，生活用水定额高，用水浪费大。城市水资源费和水费偏低，在推动城市节水和提高供水利用率方面还未能充分发挥其经济杠杆作用。

8.2.5 城市缺水程度综合评价

一个城市的缺水量及其严重程度，除受水资源条件影响外，还受到城市社会经济发展、城市节水水平及水环境等因素的影响。因此，城市缺水程度综合评价必须在综合考虑各种主要影响因素的条件下，作出合理的评价。这里主要介绍应用多指标模糊决策方法对城市缺水程度进行综合评价。

8.2.5.1 综合评价模型和评价指标体系

多指标模糊决策方法将综合评价模型分为4个层次，见图8-1。第1层为目标层，即城市缺水程度综合评价层；第2层为准则层，即合理确定城市缺水程度所依据的准则，包括城市建设状况、水资源条件、节水水平、水环境和缺水状况共5项；第3层为指标层，即相应一定准则下所拟定的指标，共有13个；第4层为方案层，即被评价的城市。

在综合评价模型的准则层中，城市建设状况准则选用了人口密度、人均工业产值、重工业比重及人均供水能力等4项指标，以反映城市人口、工业结构和工业发展水平；水资源条件准则选用了人均水资源量、多年平均年降水量和水资源利用率等3项指标，以反映城市的水资源状况；节水水平准则选用了生活用水定额、工业用水定额和工业用水重复率等3项指标，以反映城市节水水平；水环境准则选用了供水水质、工业废水处理率等两项指标，以反映城市供水水污染状况；缺水状况准则选用了缺水率即城市缺水量与需水量之比，以反映城市水资源供需水平衡状况。

在上述13个指标中，水资源利用率、人均水资源量、城市供水水质3项指标按其所属量级范围确定相应等级，其余的指标按实际值进行评价。各项指标采用的单位及上述3项指标对应等级见表8-2和表8-3。

8.2.5.2 综合评价方法

城市缺水程度评价可分四步进行：首先，确定各项准则在综合评价中的权重及各评价指标在相应准则中的权重；其次，计算各项指标特征值的隶属度和各准则对于城市缺水程度的隶属度;再次,经模糊识别和综合后,得到被评价城市缺水严重程度的隶属度;最后,根据各城市的缺水隶属度的大小进行缺水程度的等级划分。

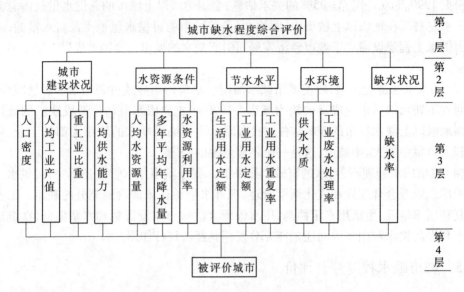

图8-1　城市缺水程度综合评价模型层次结构

表8-2　城市缺水程度评价准则和评价指标

序号	评价准则	评价指标		序号	评价准则	评价指标	
		指标	单位			指标	单位
1	城市建设状况	人口密度	人/km^2	8	节水水平	生活用水定额	L/(人·d)
2		人均工业产值	万元/人	9		工业用水定额	m^3/万元
3		重工业比重	%	10		工业水重复率	%
4		人均供水能力	m^3/(人·年)	11	水环境	供水水质	分级
5	水资源条件	人均水资源量	分级	12		工业废水处理率	%
6		多年平均年降水量	mm	13	缺水状况	缺水率	%
7		水资源利用率	分级				

表8-3　水资源、水质指标等级划分

指标	等级					
	1	2	3	4	5	6
人均水资源量 (m^3/人)	>10 000	5 000 ~ 10 000	1 000 ~ 5 000	200 ~ 1 000	<200	
水资源利用率(%)	<1	1 ~ 5	5 ~ 10	10 ~ 25	25 ~ 50	>50
供水水质	良好	一般	轻污染	中污染	重污染	

为确定各项评价指标和各项准则权重,先由专家对各准则及其所属的评价指标按其对缺水影响的大小作出相对重要性的定性判别,并按重要程度由大到小排序,由此建立评价指标有序二元比较重要度矩阵和相对重要度矩阵。在相对重要度矩阵中,分别取每一行的最小值,得到 m 个评价指标相对重要度行矩阵,再对行矩阵元素进行归一化处理,便可得到 m 个评价指标的权重向量,即

$$W = (W_1, W_2, W_3, \cdots, W_m)$$

$$\sum_{i=1}^{m} W_i = 1 \tag{8-7}$$

评价指标隶属度分两种情况进行计算:

对指标值越大,缺水越严重的指标,用式(8-8)计算其隶属度,即

$$r_{ij} = \frac{X_{ij} - X_{i\min}}{X_{i\max} - X_{i\min}} \tag{8-8}$$

对指标值越小,缺水越严重的指标,则用式(8-9)计算指标的隶属度,即

$$r_{ij} = \frac{X_{i\max} - X_{ij}}{X_{i\max} - X_{i\min}} \tag{8-9}$$

式中 r_{ij}——第 j 个城市第 i 项指标的隶属度;

X_{ij}——第 j 个城市第 i 项指标的特征值;

$X_{i\max}$、$X_{i\min}$——第 i 项指标中的最大和最小的特征值。

由图 8-1 可知,对第 1、第 2、第 3、第 4、第 5 准则项,分别有 4 个、3 个、3 个、2 个、1 个评价指标,对每项准则所属的 m 项评价指标分别建立相应的隶属度矩阵,并用式(8-10)分别计算每座城市每项准则的缺水程度的隶属度,其式为

$$U_k = \frac{1}{1 + \left[\dfrac{\sum_{i=1}^{m} \left[W_{ki}(r_i - S_{i1}) \right]^P}{\sum_{i=1}^{m} \left[W_{ki}(r_i - S_{i2}) \right]^P} \right]^{\frac{2}{P}}} \tag{8-10}$$

式中 k——准则项序号,$k = 1, 2, \cdots, 5$;

W_k——第 i 项指标的权重;

S_{i1}——第 i 项指标对应于缺水严重的标准模式;

S_{i2}——第 $i+1$ 项指标对应于缺水不严重的标准模式;

P——距离参数,取 $P = 1$。

在对各项准则隶属度进行综合的基础上,进一步求得各城市缺水程度的隶属度。

8.2.5.3 城市缺水程度评价

城市缺水程度隶属度大小和划分标准见表 8-4,可以将缺水城市划分为极严重缺水城市、严重缺水城市和一般缺水城市三类。

表 8-4 城市缺水程度隶属度大小和划分标准

缺水程度	极严重缺水	严重缺水	一般缺水
隶属度	≥0.6	0.3~0.6	<0.3

8.2.6 解决城市缺水的对策

随着我国城市化的快速发展,城市缺水事件逐年增多,城市缺水问题日趋尖锐,严重制约着城市经济建设持续稳定的发展。为此,应采取以下对策逐步解决城市缺水问题。

8.2.6.1 制订好供水规划,加快水源工程建设

城市供水规划是城市总体规划的一个重要的组成部分,它制约和影响着城市的工业布局和发展规模。城市供水规划的基本内容是要在统筹近期与远期发展规划和协调城市用水与农业用水的基础上,进一步作好在规划期内城市水资源的合理利用和供需水平衡,以实现城市供水建设与城市经济建设协调发展的目标。

城市作为流域的一个集中供水区,其供水规划要在流域供水规划指导下统筹协调进行。城市供水规划在我国不少城市还是一项新的工作。水资源短缺型缺水城市已开展供水规划工作,可以为其他缺水类型城市的供水规划工作提供经验,使城市供水规划工作不断完善和发展。

8.2.6.2 厉行节约用水,建设节水型城市

近年来,我国一些城市的节水工作取得了一定的成绩,但就全国来说,城市节水水平还不高,1983年全国工业用水平均重复利用率还不到20%,20世纪80年代后期也只达到30%~40%。在城市用水中,应厉行节约用水,充分利用现代科学技术,提高水的有效利用率,以最少的供水量满足社会经济发展对水的需求。每个城市要以建设节水型城市为目标,制订城市近期和远期的用水和节水规划,建立城市节水统计制度与城市节水指标体系和考核标准以及合理的供水价格体系等,通过这些措施,逐步形成一套适合我国国情的、与水资源管理配套的城市节水管理体系和法规,使节水管理制度化、规范化和标准化。

8.2.6.3 加强水资源统一管理,做好水源保护工作

城市生活和工业供水是区域供水的组成部分,城市开发利用的地表水资源和地下水资源又是区域整体水资源的组成部分。在一个区域内,城市与农村、工业与农业的供水要统筹安排、统一调配和分级管理,要执行取水许可证统一发放制度,通过加强行政、法律、经济和技术等管理措施,使区域水资源得到合理的开发和利用。

城市水资源保护首先要划定城市供水水源保护区,在保护区内严格执行《中华人民共和国环境保护法》、《中华人民共和国水污染防治法》等法规,采取切实可行的管理和监督措施,严禁不合标准的污水排放,从水量和水质两个方面保护好城市供水水源。

8.2.6.4 增加投入,多渠道集资

虽然城市经济发展迅速,但全国多数城市供水设施建设未能与城市发展同步,供水工程欠账过多。今后,随着国家2010年远景目标的实施,城市供水建设将会有更大的发展,需要投入巨额资金。为此,可考虑设立国家城市供水建设专项基金,对城市供水项目实行优惠贷款。同时,在城市供水工程建设上,要打破国家包办的格局,实行国家、地方和用水单位共同投资,并采取引进外资、发行股票和债券等多种集资方式,以促进城市供水事业的快速发展。

8.3　水利工程施工期水文预报

水利工程施工以河槽为主要工作环境,凡在施工时受到施工回水影响的河段称为施工区。对于大型或较大型水利工程,其施工期一般跨越几个季度甚至多年。在这样长的施工期间,会遇到各种不同的来水情况,同时随着工程施工的不同阶段,工程采用不同的导流方式,极大地改变了天然河道的水力条件。因此,作好施工期河流水情预报,对于工程施工的进度和安全至关重要。

水利施工区以上河道,可能原来就有测站,或临时设立入库站,这些测站以上河段仍是天然情况。因而,入库站的水情预报可以采用前几节介绍的方法,对施工期的各个阶段进行不同要求的水文预报。施工区的水文预报是以入库站为上游计算断面,预报下游施工区的水情变化。根据施工区各个阶段的实际情况,对水文预报有不同的要求。

8.3.1　围堰水情预报

在修筑围堰及导流建筑物阶段,要求预报围堰前的水位流量,以防止进入施工区的河水漫入工区。

8.3.1.1　预报坝址处的流量

修筑围堰缩窄了河道,改变了天然河道的槽蓄特性,此时可以采用马斯京根流量演算法预报坝址处的流量。由于围堰上、下游两端距离很短,推算的流量可作为围堰上、下游的流量。

围堰修建以后,天然情况下的马斯京根槽蓄曲线已不适用了,可先采用水力学方法计算各级稳定流量 Q_i 相应的水面曲线,进而计算出上游为入库站,下游为坝址的槽蓄量 W_i。假定修筑围堰后,原马斯京根参数 x 值不变(修围堰后 x 值最好由实测资料分析而得),计算出示储流量 Q',点绘 $W \sim Q'$ 关系。推求出 k 值,从而求得修筑围堰后的演算公式,由此可预报坝址流量 Q。

8.3.1.2　围堰上、下游水位预报

修筑围堰后,水位壅高,围堰上游天然情况下的水位—流量关系发生了变化,此时应重新建立上游水位—流量关系曲线。

根据坝址流量,推求束窄河段水位的壅高值 ΔZ,可用下列公式近似计算:

$$\Delta Z = Z_{上} - Z_{下} = \frac{\alpha v_{\mathrm{c}}^2}{2g} - \frac{\alpha v_{上}^2}{2g} \tag{8-11}$$

$$v_{\mathrm{c}} = \frac{Q}{A_{\mathrm{c}}} \tag{8-12}$$

$$v_{上} = \frac{Q}{A_{上}} \tag{8-13}$$

式中　$Z_{上}$、$Z_{下}$——上、下游断面水位,m;

$\quad\quad v_{上}$、v_{c}——上游及束窄处断面平均流速,m/s;

$\quad\quad A_{上}$、A_{c}——上游及束窄处断面面积,m^2;

$\quad\quad Q$——稳定流量,m^3/s;

A——动能修正系数,一般可取 $1.0 \sim 1.1$;

g——重力加速度,m/s^2。

在计算时,要求具备有下游断面的水位—流量关系 $Q = f(Z_下)$,上游及束窄断面的水位—面积曲线 $A_上 = f_1(Z_上)$,$A_c = f_2(Z_下)$,用试算法计算 ΔZ 值,其步骤如下:

(1)拟定过水流量 Q,查 $Q = f(Z_下)$ 曲线得 $X_下$;

(2)由 $Z_下$ 值查 $A_c = f_2(Z_下)$ 曲线得 A_c,由此计算出 v_c,并算出 $\alpha v_c^2/2g$;

(3)假定壅水高度 $\Delta Z'$,则得上游水位 $Z_上 = Z_下 + \Delta Z'$,由 $A_上 = f(Z_上)$ 曲线查得 $A_上$,计算出 $V_上$,并计算出 $\alpha v_上^2/2g$;

(4)按式(8-11)计算壅水高度 ΔZ,若计算出的 ΔZ 与假定的 $\Delta Z'$ 相符,则试算完毕,否则重新试算。

计算出各级流量的壅水高度,即可建立上游壅高后的水位—流量关系曲线 $Q = f(Z_下 + \Delta Z) = f(Z_上)$,见图 8-2。围堰下游的水位—流量关系仍是天然情况下的,即 $Q = f(Z_下)$。有了围堰上、下游水位—流量关系,便可利用前面预报的流量 Q,推求出上游水位 $Z_上$ 和下游水位 $Z_下$,完成围堰上、下游的水位预报。

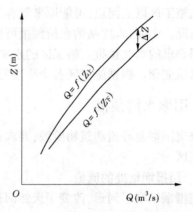

图 8-2 围堰上、下游水位—流量关系曲线

8.3.2 截流期水情预报

水利水电工程施工的截流一般是在枯季进行,枯季河水流量小、流速慢,给截流施工创造了有利条件。只有预先掌握了截流期河道流量的大小,采取相应措施,施工截流才能顺利地进行。因此,截流期水情预报是施工截流中不可缺少的工作。

若截流期上游流域有降水,此时应采用前述的降雨径流方法进行水情预报。若截流期无雨或少雨,此时河川径流主要由流域蓄水补给,其流量过程一般具有较为稳定的消退规律,因而可以根据径流的退水规律进行径流预报。

8.3.2.1 退水曲线法

流域的退水规律十分复杂,常用退水曲线来反映。反映退水规律的一般形式是地下水的退水曲线方程式,即

$$Q_t = Q_0 e^{-t/k} = Q_0 e^{-\beta t} \tag{8-14}$$

式中 Q_0、Q_t——开始退水及退水开始后 t 时刻的流量,m^3/s;

β——退水系数;

e——自然对数的底。

对于有实测资料的流域,可以根据无雨期退水流量资料求得退水曲线。把各次退水曲线按同一比例绘制在图上,用一透明纸在图上沿水平方向移动,绘制退水过程。使各条退水曲线下端在透明纸上互相重合、连接,取其下包线,即可得到所求的退水曲线(见图 8-2)。

β 及 k 是反映流域汇流时间的系数,它们的变化直接影响退水曲线的变化,掌握了它

们的变化规律就掌握了退水曲线的规律。根据退水公式 $\beta = (\ln Q_0 - \ln Q_t)/t$ 可以计算出由 0 时刻到 t 时刻 β 的平均值。有了 β 值及开始预报流量的初始值 Q_0,便可预报出枯水期河川径流过程 Q_t。

8.3.2.2　前后期径流相关法

前后期径流相关法实质上是退水曲线的另一种形式,它是通过建立前后期径流相关图,从已知的前期径流量预报后期径流的一种方法。

对退水曲线式(8-14)积分,可得到从退水时刻至 t 时刻的蓄水量 $S_{0 \sim t}$,有

$$S_{0 \sim t} = \int_0^t Q_0 e^{-\beta t} dt = \frac{Q_0}{\beta}(1 - e^{-\beta t}) \tag{8-15}$$

设 $S_{0 \sim t_1}$ 与 $S_{0 \sim t_2}$ 分别为开始退水时刻到 t_1 及 t_2 时刻内的蓄水量,则

$$\frac{S_{t_1 \sim t_2}}{S_{0 \sim t_1}} = \frac{e^{-\beta t_1} - e^{-\beta t_2}}{1 - e^{-\beta t_1}} \tag{8-16}$$

当 β 为常数时, $S_{t_1 \sim t_2}/S_{0 \sim t_1} =$ 常数,即前后期径流量为线性关系。

枯水期降水少,当河道中径流量主要由流域地下水补给时,前期径流量能较好地反映流域地下水蓄量的大小。因此,可以根据上述原理建立前后期(旬、月或季)流量相关图,进行枯水期流量的预报。图 8-3 为某站 10 月与 11 月平均流量相关图。这种方法简便,相关关系一般较好,是枯季径流预报常用的方法之一。当枯季降雨较大时,则可以预见期内降雨量为参数,建立如图 8-4 所示的相关图。

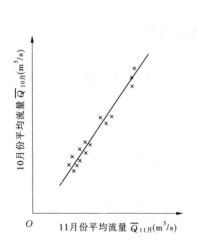

图 8-3　$\overline{Q}_{11月} = f(\overline{Q}_{10月})$ 关系曲线

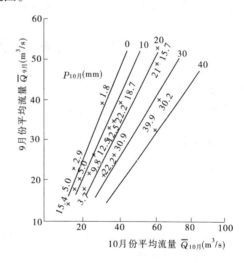

图 8-4　$\overline{Q}_{10月} = f(\overline{Q}_{9月}, P_{10月})$ 关系曲线

复习思考题

1. 什么是土壤墒情预报?
2. 通常有哪些制作土壤墒情预报的方案?
3. 如何进行城市缺水程度分析?
4. 施工期围堰水情预报对工程建设有什么作用?如何制订围堰水情预报?

第9章 水文预报结果评定

  水文预报是一项直接服务于国家安全和国民经济建设的不可或缺的重要基本工作，是帮助人类有效地防御洪水、减少洪灾损失，有效利用水资源的非工程措施之一。随着经济、社会发展及其全球化进程的需要，水文预报的服务面进一步拓展，对水文预报提出了更高的要求。水文预报结果的准确率与可信程度是衡量服务质量的前提，为了更好地为国家安全和国民经济建设服务，必须对水文预报结果的可靠性和有效性进行评定和检验。

  1964年，由水利电力部水文局编写了《水文情报预报服务规范》(草案)，提出了对水文预报结果评定与检验的技术标准；1985年，水利电力部颁布了《水文情报预报规范》(SD 138—85)。上述两个规范对推动水文工作的发展发挥了重要的作用。为了统一水文情报预报技术标准，加强科学管理，在认真总结执行原规范的实践经验和汲取科学研究成果以及国际先进经验的基础上，依据《中华人民共和国水法》《中华人民共和国防洪法》《中华人民共和国标准化法》《水文管理暂行办法》等法规，国家相关部门于2008年对原规范进行了修订，颁布了新的《水文情报预报规范》(GB/T 22482—2008)。本章将重点介绍新规范中有关水文预报结果评定的主要内容。

9.1 预报误差原因分析

  水文要素预报值与实测值之间往往存在一定的误差，通常称为预报误差。预报误差是客观存在的，其产生的原因主要有以下三方面。

9.1.1 测量误差

  实测的降水、蒸散发、水位、流量、冰情、气温、辐射、风速、湿度、日照和云量等水文气象信息及地形、地貌、土壤、植被以及河流、湖泊、沼泽特性等下垫面信息是研制预报模型或编制洪水预报方案或进行作业预报的主要依据，在现有站网、仪器设备、观测技术条件下，各种信息的时空变化是难以准确反映的，加上受自然因素等客观条件的影响，势必会造成各种信息的量测误差。

9.1.2 预报方法误差

  由于流域水文系统的复杂性，使普遍适用的预报模型或预报方法(简称预报方案)几乎难于寻觅到，现有的预报方案仅能模拟客观现象的主要规律。因此，某次要因素往往在建立预报方案时根据人们对水文规律的认识与了解，或多或少地加以近似、概化，甚至被忽略。用近似或概化后的结构和相应的数学表达式去描述某层次的水文过程，必然产生预报误差。比如，可能将非线性现象概化为线性现象，将某些随机因子近似作为确定因子描述等所带来的误差。另外，在进行水文气象要素计算过程中，采用的计算方法不够严密等原因也会产生误差,如进行水文资料整编中,水位—流量关系曲线的误差使流量的计算值产生误差。

9.1.3 资料代表性误差

虽然在编制预报方案时,人们一般都会选择既具有代表性,又有足够样本容量的实测水文资料系列,但强烈的、日新月异的人类活动,随时随地在改变着水文的自然规律,使观测到的水文气象资料代表性不够,有些资料还可能受到"污染",由有限资料或受到"污染"的资料分析得出的水文规律,确定的模型参数及相应的预报方案,难以充分反映总体的和未来的水文规律,会产生误差。

由上述可知,造成水文要素预报值与实测值之间误差的因素很多,若针对某一个单一的因素,它们一般是难于描述和预见的,故水文上通常将预报误差作为综合性偶然误差。随着高新技术在水文水资源和水利工程学科领域的推广应用以及水文科学基本理论的不断发展,预报精度将会不断提高,预报误差会逐渐减小,但要完全消除误差几乎是不可能的。

9.2 预报精度评定和检验的目的与方法

预报方案的可靠性、预报精度及预报误差是否超过允许的范围,是衡量其服务质量的前提,为了使预报方案更好地为水资源的综合利用和管理服务,需要对水文预报精度的可靠性和有效性进行评定和检验。

9.2.1 评定和检验目的

水文预报精度评定和检验目的主要有以下三个方面:

(1)通过对预报方案的评定与检验,了解其效果以及所采用的结构、相应技术、方法是否合理和适用,预报精度是否满足生产实际的要求。

(2)了解和掌握预报方案的适用范围、误差大小及其分布情况,使技术人员能合理使用,有关单位能根据预报精度正确应用。

(3)通过不同预报方案之间实际效果的对比分析,发现存在的主要问题,找出解决或减小误差的方法。

9.2.2 评定和检验方法

预报方案效果评定和有效性检验,一般是将具有良好代表性的资料系列分为率定期和检验期。评定是采用率定期所有可利用的资料编制方案、估计参数、确定预报方案,再用预报方案进行模拟,通过模拟结果与实测水文要素间的比较,分析预报方案在率定期的效果与有效性;检验则是采用检验期预报环境可利用的资料,用预报方案进行模拟,通过模拟结果与实测水文要素间的比较,检验预报方案的效果与有效性。新的《水文情报预报规范》(GB/T 22482—2008)规定:评定和检验方法采用统一的许可误差和有效性标准对预报方案进行评定和检验。

由于预报误差的出现是随机的,率定期和检验期的评定精度指标显然不会完全一致。因此,对两种精度的成果应仔细地分析,看它们的差别是否存在规律性、必然性的因素,从中发现外延误差的问题,并在率定中加以改进。

一般来说,方案的精度指标和等级应以率定期的结果为准,检验期的精度等级也应与率定期基本相同(等级不同只出现在跨级边界的上、下限的小幅度之内),当出现检验期精度大大低于率定期精度时,则应增加新资料再进行检验,否则只能将方案降级使用。

9.3　洪水预报结果评定

洪水预报的对象一般是江河、湖泊及水利工程控制断面的洪水要素,包括洪峰流量(水位)、洪峰出现时间、洪量(径流量)和洪水过程等。短期洪水预报有河段洪水预报、流域降雨径流预报和河段洪水预报与流域降雨径流预报两者的结合三种基本类型。

9.3.1　编制方案的资料要求

洪水预报方案的可靠性取决于编制方案使用的水文资料的质量和代表性。洪水预报方案要求使用样本数量不少于 10 年的水文气象资料,其中应包括大、中、小水各种代表性年份,并保证有足够代表性的场次洪水资料,湿润地区不少于 50 次,干旱地区不少于 25 次,当资料不足时,应使用所有年份洪水资料。对于代表性年份中大于样本洪峰中值的洪水资料应全部采用,不得随意舍弃。

洪水预报方案编制完成后,应对方案进行精度评定和检验,衡量方案的可靠程度,确定方案的精度等级。方案的精度等级按合格率划分。精度评定必须用参与洪水预报方案编制的全部资料。精度检验应引用未参与洪水预报方案编制的资料(参照国际通行的下限要求为 2 年,当资料充分时,应该使用更多一些资料)。

9.3.2　精度评定

洪水预报精度评定包括预报方案精度评定、作业预报的精度等级评定和预报时效等级评定等。评定的项目主要有洪峰流量(水位)、洪峰出现时间、洪量(径流量)和洪水过程等。

洪量(径流量)预报有不同的实现形式,在降雨径流预报中,直接预报次洪水的径流量;在预报水库入库流量过程时,也就预报了入库洪量;在预报河道洪水流量过程时,也就预报了洪水的洪量。洪水过程预报是指以固定的时段长 Δt 采样,将洪水的变化过程预报出来,洪水过程预报的特点是一次发布多种预见期($\Delta t, 2\Delta t, 3\Delta t, \cdots$)的洪水要素预报。由于一次洪水过程预报包含多个不同预见期的水文要素预报,而预见期愈长,预报误差一般也愈大。因此,评定洪水过程预报的精度时,需与对应的预见期联系起来,一般预报精度评定只对预见期内的预报结果有效,对超过洪水预见期的预报结果不作精度评定。

9.3.2.1　误差指标
洪水预报的误差指标采用以下三种。

1. 绝对误差

水文要素的预报值减去实测值为预报误差,其绝对值为绝对误差。多个绝对误差值的平均值表示多次预报的平均误差水平。

2. 相对误差

预报误差除以实测值为相对误差,以百分数表示。多个相对误差绝对值的平均值表示多次预报的平均相对误差水平。

3. 确定性系数

洪水预报过程与实测过程之间的吻合程度可用确定性系数作为指标,按下式计算

$$DC = 1 - \frac{\sum\limits_{i-1}^{n} (y_{ci} - y_{0i})^2}{\sum\limits_{i=1}^{n} (y_{0i} - \bar{y}_0)^2} \qquad (9-1)$$

式中 DC——确定性系数,取两位小数;

y_c——预报值,m^3/s;

y_0——实测值,m^3/s;

$\bar{y}_0$——实测值的均值,m^3/s;

n——资料系列长度。

9.3.2.2 许可误差

许可误差是依据预报精度的使用要求和实际预报技术水平等综合确定的误差允许范围。由于洪水预报方法和预报要素的不同,对许可误差规定亦不同。

1. 洪峰预报许可误差

降雨径流预报以实测洪峰流量的20%作为许可误差;河道流量(水位)预报以预见期内实测变幅的20%作为许可误差。当流量许可误差小于实测值的5%时,取流量实测值的5%,当水位许可误差小于实测洪峰流量的5%所相应的水位幅度值或小于0.10 m时,则以该值作为许可误差。

2. 峰现时间预报许可误差

峰现时间以预报根据时间至实测洪峰出现时间之间时距的30%作为许可误差,当许可误差小于3 h或一个计算时段长时,则以3 h或一个计算时段长作为许可误差。

3. 径流深预报许可误差

径流深预报以实测值的20%作为许可误差,当该值大于20 mm时,取20 mm作为许可误差;当该值小于3 mm时,取3 mm作为许可误差。

4. 过程预报许可误差

过程预报许可误差规定为:

(1)取预见期内实测变幅的20%作为许可误差,当该流量小于实测值的5%,水位许可误差小于以相应流量的5%对应的水位幅度值或小于0.10 m时,则以该值作为许可误差。

(2)预见期内最大变幅的许可误差采用变幅均方差 σ,变幅为零的许可误差采用 0.3σ,其余变幅的许可误差按上述两值用直线内插法求出。

当计算的水位许可误差 $\sigma > 1.00$ m 时,取 1.00 m 作为许可误差;计算的 $0.3\sigma < 0.10$ m 时,取 0.10 m。计算出的流量许可误差 0.3σ 小于实测流量的 5% 时,即以 0.3σ 作为许可误差。变幅的均方差计算公式为

$$\sigma = \sqrt{\frac{\sum_{i=1}^{n}\left[\Delta_i - \bar{\Delta}\right]^2}{n-1}} \qquad (9\text{-}2)$$

式中 Δ_i——预报要素在预见期内的变幅,m;

$\bar{\Delta}$——变幅的均值,m;

n——样本个数;

σ——变幅均方差。

9.3.2.3 预报项目精度评定

预报项目的精度评定规定有以下两个方面。

1. 合格预报

一次预报的误差小于许可误差时,为合格预报。合格预报次数与预报总次数之比的百分数为合格率,表示多次预报总体的精度水平。合格率按下式计算

$$QR = \frac{n}{m} \times 100\% \qquad (9\text{-}3)$$

式中 QR——合格率,取 1 位小数;

n——合格预报次数;

m——预报总次数。

2. 预报项目精度等级

洪水预报项目的精度按合格率或确定性系数的大小分为三个等级,见表 9-1。

表 9-1　洪水预报项目的精度等级

精度等级	甲	乙	丙
合格率(%)	$QR \geqslant 85.0$	$85.0 > QR \geqslant 70.0$	$70.0 > QR \geqslant 60.0$
确定性系数	$DC > 0.9$	$0.9 \geqslant DC \geqslant 0.7$	$0.7 > DC \geqslant 0.5$

9.3.2.4 预报方案精度评定

1. 预报方案包含多个预报项目

当一个预报方案包含多个预报项目时,预报方案的合格率为各预报项目合格率的算术平均值,其精度等级仍按表 9-1 的规定确定。

2. 主要项目合格率低于各预报项目合格率的算术平均值

当主要项目的合格率低于各预报项目合格率的算术平均值时,以主要项目的合格率等级作为预报方案的精度等级。

9.3.2.5 作业预报精度评定

1. 作业预报精度评定方法

洪水作业预报精度评定方法与预报方案精度评定方法相同。用预报误差与许可误差

之比的百分数作为作业预报精度分级指标,划分的精度等级见表 9-2。

表 9-2　洪水作业预报的精度等级

精度等级	优秀	良好	合格	不合格
分级指标(%)	分级指标≤25.0	25.0＜分级指标≤50.0	50.0＜分级指标≤100.0	分级指标＞100.0

2. 洪峰预报时效性评定

洪峰预报时效用时效性系数描述,按式(9-4)计算

$$CET = \frac{EPF}{TPF} \tag{9-4}$$

式中　CET——时效性系数,取 2 位小数;

　　　EPF——有效预见期,指发布预报时间至本站洪峰出现的时距,取 1 位小数,h;

　　　TPF——理论预见期,指主要降雨停止或预报依据要素出现至本站洪峰出现的时距,取 1 位小数,h。

当 $CET > 1.00$ 时,洪峰预报为超前预报,它是在洪峰预报依据要素尚未出现时发布的洪峰预报。

经精度评定后,洪水预报方案精度达到甲、乙两个等级者,可用于正式发布预报;方案精度达到丙级者,可用于参考性预报;丙级以下者,只能用于参考性预报。

洪峰预报时效等级见表 9-3。

表 9-3　洪峰预报时效等级

时效等级	甲(迅速)	乙(及时)	丙(合格)
时效性系数	$CET \geqslant 0.95$	$0.95 > CET \geqslant 0.85$	$0.85 > CET \geqslant 0.75$

9.4　其他水文预报结果评定

9.4.1　潮位预报

潮位预报主要包括沿海地区受天文潮、风暴潮影响的水位预报,以及江河河口和感潮河段在河道水流、天文潮顶托、风暴潮增水作用下的水位预报。主要预报项目有正常潮位短期预报、增水预报、最高潮位及出现时间预报等。正常潮位短期预报是指在天文潮位基础上考虑江河来水和风浪的影响,预报实际出现的潮水位,一般以预报高潮高和低潮高的潮水位为主;增水预报是指在强烈气旋影响下潮水位的净增加值的预报,在一次气旋发展过程中,以预报最大的增水水位幅度为主。

9.4.1.1　方案编制使用资料

编制潮位预报方案所用的实测潮位资料、正常潮位预报资料、风暴潮现场调查资料、气象资料和其他资料应具有代表性。正常潮位预报资料应包括高、低潮位与潮时;风暴潮现场调查资料应包括气旋路径、强度和范围,沿海风力分布情况,气旋引起的风暴潮,伴随

风暴潮而来的气旋浪高概况,风暴潮灾和造成的损失等;气象资料包括气旋中心气压、最大风速半径、移动路径和速度、外围气压等;其他资料包括计算区域的站网分布、潮位站的特征值、当地岸段海塘高程、区域测深资料、水域的特征和海岸的几何形状等。正常潮位预报方案应选用不少于一年的逐时连续潮位资料(包括高、低潮位值与潮时);增水预报方案应选用不少于 10 次热带(温带)气旋资料;潮位预报方案的预见期应不少于 6 h。

9.4.1.2 精度评定

1. 许可误差

1)正常潮位许可误差

正常潮位(高潮高和低潮高)许可误差取 ±0.30 m。

2)风暴潮过程最大增水许可误差

风暴潮过程最大增水许可误差取增水值的 20%,并不超过 0.75 m;当该值 <0.10 m 时,取 0.10 m 作为许可误差。

3)风暴潮最高潮位许可误差

风暴潮最高潮位预报许可误差与预见期有关,通常是预见期短,许可误差小;反之,许可误差大。最高潮位的许可误差按式(9-5)计算且不超过 1.00 m;当该值 <0.15 m 时,取 0.15 m 许可作为误差,即

$$\delta = k \sqrt{\frac{\Delta_t}{12} h_1 + h_2} \tag{9-5}$$

式中 δ——许可误差,取 2 位小数;

Δ_t——预见期,h;

h_1——实测最高潮位时增水;

h_2——常数,取正常潮位预报许可误差的 1/2,即 0.15 m;

k——系数,根据经验取 0.20。

4)潮位及最大增水出现时间的许可误差

因为最大增水预报仅预报水位增幅,不涉及出现时间和其他影响潮位因素的预报,故其预报误差略小于预报气旋增水影响下的最高潮位的预报误差。对于最大增水出现时间,属于半日潮和混合潮类型的取 ±1.0 h;属于全日潮类型的取 ±2.0 h。

2. 预报方案精度评定

预报方案的精度按合格率进行评定:

(1)对于用经验方法建立的潮位预报方案,按上述许可误差和表 9-1 中的精度等级分别计算潮位和潮时的合格率。

(2)对于用数值方法建立的单站正常潮位预报方案,按上述许可误差和表 9-1 中的精度等级,分别评定一个日历年正常潮位和高低潮时的合格率;各站单项合格率(计算域边界站可不统计)累加后除以站数即为单个项目的合格率。

(3)预报方案的合格率,取各潮位单项合格率的算术平均值,当潮位单项合格率低于平均合格率的值时,以潮位单项合格率作为预报方案的合格率。

通过精度评定的预报方案,可分别用于发布正式预报或参考性预报。

9.4.2 水库及水利水电工程施工期预报

9.4.2.1 水库预报

1. 预报项目

水库水文预报的项目包括入库洪峰、洪量、洪水过程、水库最高水位、最大泄量及各运行期的入库径流。

2. 预报方案

水库水文预报方案除产流、汇流方案外,还应有调洪演算、各运行期的入库径流方案等。位于城镇上游,对防洪有重要意义和威胁铁路、桥梁、公路安全的重要的中小型水库应有入库洪水总量预报方案和简易调洪查算图表。

水库洪水预报方案编制和作业预报中应重视以下三个技术问题:①入库控制站以下或设计最高洪水位回水末端以下的水库汇水区与库面产汇流对流域产汇流的影响,建库后水库以下河段的平均河宽、水深、流速、糙率、滩地变迁、传播时间、行洪能力等发生的变化;②动库容改正是指为提高入库流量计算精度与调洪演算精度,依据库面形状与大小、入流条件、洪水量级和回水长度而进行的改正;③水库水位—库容、水位—泄流量、水位—面积三种特性曲线的审查和水位—泄流量曲线的率定。

3. 精度评定

水库水文预报要素的许可误差及精度评定与前述洪水预报精度评定标准相同。

9.4.2.2 水利水电工程施工期预报

1. 预报项目

水利水电工程施工期预报项目随施工阶段和施工地区不同而有所差异,主要有最高、最低水位(流量);龙口,围堰处水位、流速、流量、跌水或壅水高度;回水区及水库最高水位。

2. 预报方案

水库预报方案除上述预报项目建立的方案外,还应有不同预见期的中长期水文预报方案,不同施工阶段的径流总量、特征水位和流量预报方案,凌汛严重河流的冰情、春汛预报方案,宽阔水体的浪高计算。

3. 精度评定

流速预报取实测值的 20% 作为许可误差,其余要素的许可误差及精度评定与洪水预报精度评定标准相同。

通过精度评定的预报方案,可分别用于发布正式预报或参考性预报。

9.4.3 冰情及春汛预报

9.4.3.1 预报项目

冰情预报按照冰情现象的不同阶段分为封冻期预报和解冻期预报。封冻期预报项目有河槽蓄量、流凌日期、封冻日期、冰厚、河段最大冰量和断面流冰量(冰花),以及不稳定封冻河段的封冻趋势;解冻期预报项目主要有解冻日期和解冻形势。

春汛预报的预报项目有最高水位(最大流量)、春汛出现时间和总水量等。

9.4.3.2 预报方案

根据上述预报项目,采用预报指标法、点据图法等经验方法或回归分析方法建立冰情和春汛预报方案。由于经验方法或回归分析方法与预报因子的选择密切相关,所以在编制预报方案时,选用的气候、气象、水文因子应符合冰情、春汛的物理成因,以保证预报方法的有效性和合理性。

9.4.3.3 精度评定

1. 预报方案的精度评定

(1)对于要素属离散类型的预报方案,取拟合正确的点据占总点据比例的百分数作为合格率。

(2)对于要素属数值类型的预报方案,取预报要素在预见期内实测变幅的25%作为许可误差,按小于等于许可误差计算合格率。

(3)冰情及春汛预报方案分为三个等级,见表9-4。

表9-4 冰情及春汛预报方案精度等级

预见期	甲等	乙等	丙等
合格率(%)	$QR \geqslant 80.0$	$80.0 > QR \geqslant 70.0$	$70.0 > QR \geqslant 60.0$

(4)冰情及春汛预报要素出现时间的许可误差见表9-5。

表9-5 冰情及春汛预报要素出现时间的许可误差

预见期	≤2	3~5	6~10	11~13	14~15	>15
许可误差	1	2	3	4	5	6

2. 作业预报的精度评定

对于属离散类型的预报要素,按合格、不合格两个等级评定;对于属数值类型的预报要素,根据每次作业预报误差的大小,按前述的洪水预报精度评定标准评定。

通过精度评定的预报方案,可分别用于发布正式预报或参考性预报。采用中长期气象预报成果编制的冰情和春汛预报,对因气象预报误差导致较大偏差的,可以不作精度评定。

9.4.4 枯季径流预报

9.4.4.1 预报项目

枯季径流预报的对象是江河、湖泊及水利工程控制断面的水文要素,预报项目包括水位、流量和径流总量。

9.4.4.2 预报方案

江河枯季径流的变化是由江河所控制的流域蓄水的消退和枯季降雨补给径流的增加共同作用的结果。流域蓄水消退包括地面径流消退(槽蓄量消退)和地下径流消退,其主要特点是径流消退过程相对稳定,持续时间较长。根据上述预报项目和枯季径流的特点,可采用水文学中的退水曲线法、前后期径流(流量)相关法、河网蓄水量法建立枯季径流预报方案;枯季降雨径流方案可采用类似于洪水预报的方法编制预报方案。编制预报方案选用资料可参照洪水预报方案对资料的要求。

9.4.4.3 精度评定

1. 许可误差

(1)江河水位、流量过程预报取预见期内实测变幅的20%作为许可误差,当该流量小于实测值的5%,水位许可误差小于以相应流量的5%对应的水位幅度值或小于0.10 m时,则以该流量值作为许可误差。

(2)某时段径流总量,可用实测值的20%作为许可误差。

2. 预报方案精度评定

枯季径流预报方案精度评定参照洪水预报方案评定的规定。

3. 作业预报精度评定

枯季径流作业预报精度评定参照洪水预报作业精度评定的规定。

9.4.5 中长期水文预报

目前,对长、中、短期预报的划分尚无明确的规定。一般说来,中长期预报是指预见期较长,必须在降雨尚未发生,甚至降雨的天气过程尚未形成之前作出的预报。

9.4.5.1 预报项目

中长期水文预报的项目包括最高(大)、最低(小)水位(流量)及出现时间,平均水位(流量)等,各预报要素在时间尺度上有年、季、月和旬之分。

9.4.5.2 预报方案

在我国,中长期预报开展的时间不很长,预报方法也不很成熟。根据上述预报项目和中长期水文预报的特点,目前主要采用天气学法、数理统计方法、宇宙－地球物理分析方法和中长期水文预报模型法建立预报方案。天气学方法是根据大气环流的历史演变规律,充分应用大气环流资料寻找前期环流与水文要素之间的关系,由前期环流形势预报未来水文要素的方法;数理统计方法是依据大量历史资料,运用数理统计方法分析水文要素自身的统计规律或要素与有关因子之间的统计关系,然后应用这些规律或关系制作预报方案的方法;宇宙－地球物理分析方法是基于水文要素与有关宇宙－地球物理因子之间存在着能量的相互交换,找出要素与因子之间的相互关系,利用前期能量因子对未来水文情势作出预报的方法。

中长期水文预报既可根据水文要素距平值进行定性预报,还可对水文要素数值,如年、季、月和旬的水量,最大流量(最高水位)进行定量预报。距平值计算见式(9-6),定性预报分级见表9-6。

$$\beta = \frac{y_i - \overline{y}}{\overline{y}} \times 100\% \qquad (9-6)$$

式中　β——水文要素距平值;

　　　y_i——水文要素;

　　　$\overline{y}$——水文要素多年平均值。

表 9-6 中长期定性水文预报等级

分级	枯(低水)	偏枯(中低水)	正常(中水)	偏丰(中高水)	丰(高水)
要素距平值(%)	$\beta < -20$	$-20 \leqslant \beta < -10$	$-10 \leqslant \beta \leqslant 10$	$10 < \beta \leqslant 20$	$\beta > 20$

9.4.5.3 精度评定

1. 定性预报

定性预报精度评定分为合格和不合格两个等级。当预报值与实测值在同一量级时为合格,否则为不合格。

2. 定量预报

水位(流量)按多年变幅的 10%,其他要素按多年变幅的 20%,要素极值的出现时间按多年变幅的 30% 作为许可误差,根据所发布的数值或变幅的中值进行评定。

9.4.6 水质警报及预报

随着工农业生产的发展,江、河、湖、库的水污染日益加重,已严重影响到水资源的开发利用和国民经济的可持续发展。为了加强水资源的统一监督管理,有效保护水资源,必须及时作出水质警报及预报。

9.4.6.1 预报项目

水质警报及预报项目包括化学需氧量、高锰酸盐指数、五日生化需氧量等指标和氰化物、汞、砷、氨氮等有毒有害物质含量及水温、悬浮物、电导率物理指标等。水质警报及预报是根据污染物进入江河水体后水质的物理、化学和生物化学迁移及转化规律预测水体水质时空变化情势。由于各地排放到水体的污染源种类各不相同,发生突发性污染事故时,水质要素的变化更为复杂,因此水质警报及预报的项目应根据具体情况和要求加以选择。

9.4.6.2 预报方案

根据上述预报项目和水质预报的特点,采用经验相关法或水质模型法建立预报方案。经验相关法包括水质—流量相关法,上、下游水质相关法和多元线性相关法等。水质模型则是用数学函数或逻辑关系描述污染物在水体中的运动变化规律,按系统信息完备程度可分为黑色、白色和灰色三种;按输入、输出变量的数学关系可分为确定性模型和随机模型;按使用参数的时变性质可分为稳态模型和动态模型;按污染过程的变化性质可分为生化模型、纯输移模型、纯反应模型和输移与反应模型及生态模型。预报方案中所涉及的有关参数可由实测资料率定或在实验室中通过试验确定。

9.4.6.3 精度评定

1. 水质预报

水质预报取实测值的 30% 作为许可误差。

2. 预报方案

预报方案用合格率进行评定。合格率不小于 70% 的预报方案可用于作业预报;合格率大于 60% 且小于 70% 的预报方案可用于参考性预报;合格率小于 60% 的,不能用于作业预报。

3. 作业预报

作业预报的精度评定按预报误差的大小分为合格和不合格两级,并计算合格率。

9.4.6.4 水质警报及预报的发布

若出现下面的情况,均应以公报、简报等形式及时发布水质警报及预报:

(1)发生化肥、农药、油类及其他污染物质或有毒有害物质流入江、河、湖、库等突发性事件。

(2)污染严重河段的闸坝在关闭较长时间后开启泄水。

(3)入河排污口的污水量或污染物质含量明显增加,或污水积累时间较长后集中排放。

(4)污水库溃坝或污染源改道排放。

(5)每年第一次洪水发生或发生大洪水。

(6)因其他原因造成水质明显恶化。

9.5 水文情报预报效益评估

9.5.1 水文情报预报效益的特点

水文情报预报是通过其时效性和准确性为国家安全服务,并通过防洪减灾取得间接的社会效益、环境效益和经济效益的。例如,根据水文情报预报,有关部门就能制订各种防洪减灾方案,也能获得较长的预见期,使得灾前准备和防洪减灾措施的实施有了更充裕的时间,可事先组织当地工矿企业和人民群众撤离避险、转移财物、保护人身财产安全;根据水文情报预报结果,可以有效地管理水库、闸坝、行蓄洪区、堤防等水利工程,发挥水利工程的调洪削峰或错峰功能,保护水利工程下游地区的公共安全;根据水文情报预报,人们可得知不同区域的水资源总量及其时间变化,以规划工农业生产、人民生活和生态用水,适当分配水资源;根据水质或枯水情报预报,有关部门可及时发布水质警报或枯水预报,工业、农业、生活、生态和环境用水等用户就可按对水量水质的不同要求,来水的特点,选择地表水或地下水、本地水或过境水、海水或污水回用,保护了当地生产、生活、生态和环境安全。

由上可知,水文情报预报效益的特点是:通过由其产生的相应决策为国家安全服务,并间接取得社会效益、环境效益和经济效益。

9.5.2 水文情报预报效益评估

水文情报预报效益评估是一个涉及社会、经济、生态环境的复杂系统。不同子系统、不同层面之间具有多维协调或相关关系,是一个典型的半结构化、多层次、多目标的评价问题。不同子系统、不同层面的效益评价指标体系和准则不同。

9.5.2.1 社会效益评价指标

社会效益除可折算成经济效益的一些因素外,它们具有的社会效益,定性的讲,可用三级制来表示,即有一般效益、明显效益和显著效益。随着经济、社会发展及其全球化进程的需要,水文情报预报的服务面拓展得更为广泛。水文情报预报是通过其产生的相应决策解决由洪、旱灾害造成的社会、经济、生态环境等问题。从广泛意义上讲,反映水文情报预报社会效益的指标主要有国土安全、公共安全、水资源安全、生态安全、环境安全、能源安全等。

9.5.2.2 生态环境效益评价指标

从生态系统的功效和效用出发,生态环境效益除可折算成经济效益的一些因素外,也可分为一般效益、明显效益和显著效益。一般是以水文情报预报利用前的生态环境为基础点来评价由于水文情报预报的利用对原来的生态环境可能带来的改善或损害。主要评价指标有流域或水库水质达标率、植被覆盖率、土壤持留功能、浸润灾害发生率、陆地上和水体中的野生动物或植物受到水文情势影响而引起的生态环境的变化。

9.5.2.3 经济效益评价指标

经济效益评价是以经济学为基础,评价水文情报预报利用后可转化为产品或服务的总体能力及所付出的投资成本或代价评价。经济合理性评价准则以经济学为基础,评价水库洪水资源利用后可转化为产品或服务的总体能力及为水文情报预报所付出的投资成本或代价评价。主要评价指标有:直接经济效益、防洪减灾受益单位减少(或避免)的经济损失和防洪减灾受益单位等。

9.5.2.4 评价方法

在上述评价指标的基础上,收集流域的社会、经济、生态环境等方面的属性,建立水文情报预报评价指标的初始集。对所收集的资料进行可靠性、一致性分析,并采用指标筛选技术挑选出适合要求的评价指标集,并制订评价标准。

目前,常用的评价方法有:综合评判法、时间序列法、模糊综合评判法、层次分析法和空间分析法等。

层次分析法(AHP法)是由美国运筹学家萨迪教授提出的,是一种定性与定量相结合,将人的主观判断以数量形式表达和处理的评价与决策方法。根据 AHP 法,将水文情报预报评价体系分为目标层、准则层和指标层三个层次,综合评价指数 E 按式(9-7)计算

$$E = \sum_{i=1}^{3} \lambda_i \sum_{j=1}^{n} \beta_{ij} M_{ij} \tag{9-7}$$

式中　　n——某准则层选取的具体指标数;

　　　　λ_i——第 i 个准则层的权重;

　　　　β_{ij}——第 i 个准则层选取的第 j 个指标在该准则层所占的权重;

　　　　M_{ij}——第 i 个准则层中选取的第 j 个指标的质量值,评分。

9.5.2.5 社会效益和环境效益

理论上说,水文情报预报的社会效益和环境效益可以采用某种方法进行评价,但水文情报预报在维护国家安全与稳定、避免人民群众生命财产损失和构建和谐社会、国民经济建设中所取得的社会效益和环境效益是难于用数字来描述的。水文情报预报效益的分析计算在国内外均是一个热点,也是一个难题,至今没有一个统一的有章可循的方法。

9.5.2.6　经济效益

经济效益是指人们在经济生活中所花费的活动消耗和物化劳动消耗与所得的有用成果的对比关系。近年来,世界气象组织(WMO)曾对一些发达国家水文情报预报效益与投入进行了调查和分析。美国、英国等发达国家防御洪涝灾害的技术较为先进,投入大量经费开展突发性洪水研究、雷达预警、洪水预报、洪水量化预报、面向流域可能的河流洪水预报及洪水预警系统研究。20 世纪 80 年代美国的水文情报预报效益投资比为 4∶1,英国的水文情报预报效益投资比为 3∶1。近年来,水文情报预报效益国内对防洪减灾的投入虽逐年增加,但远不及发达国家,据资料统计,浙江、江西和湖南三省的效益投资比分别为1∶20、1∶41 和 1∶44。由此可见,与发达国家相比,国内水文情报预报效益投资比更小。

据国外资料统计和有关专家估算,及时、准确的水文情报预报可以将洪水造成的经济损失减轻到 10% ~15%;国内学术界有关专家论证水文情报预报的经济效益时,通常使用的分摊系数为 10%,即

$$水文情报预报效益 = 直接经济效益 × 10\% \tag{9-8}$$

按《水文情报预报规范》(GB/T 22482—2008)规定,式(9-8)中防洪减灾直接经济效益 B 按式(9-9)计算,即

$$B = \sum_{i=1}^{n} k_i b_i \tag{9-9}$$

式中　k——水文情报预报的直接经济效益在防洪减灾受益单位减少(或避免)的经济损失中所占的比例系数,可对各受益单位水文情报预报工作在防洪减灾中的实际作用等进行调查研究后确定,但一般情况下宜采用 5% ~15%;

　　　b——防洪减灾受益单位减少(或避免)的经济损失,元;

　　　n——防洪减灾受益单位数。

水文情报预报的社会效益、环境效益和经济效益是很显著的,但又难以进行定量评估。直接经济效益的评估方法也不成熟,需要加强调查研究,在实践中不断总结提高,逐步完善。

第10章　计算机在水文预报中的应用简介

【学习指导】本章主要介绍了计算机在水文预报中的应用,内容包括计算机信息传输和处理,新安江水文模型和陕北模型的 fortran 计算程序。重点掌握计算机程序设计语言和模型结构的建立以及水文预报预警系统的功能和作用等。

10.1　概　述

20世纪80年代以前,洪水预报主要是采用单纯的人工计算方式,雨水情信息的收集、预报所需资料的摘录,预报调度的分析计算,都是由预报人员以手工方式完成。往往一次预报作业需要投入大量的人力和时间,然而一个参数的改动,预报计算不得不再次从头开始,费时费力。进入80年代后,计算机技术在我国蓬勃发展,预报人员也认识到利用计算机高速运算的特点来缩短洪水预报的计算时间,取代烦琐的人工计算工作,才能满足现代防汛工作的需要。计算机技术应用于水文预报计算有以下优点:一是缩短了计算时间,提高了工效,增长了有效预见期;二是便于实时校正,提高预报精度,利用计算机速度快的优点可以反复修正预报方案的有关参数;三是计算结果可靠,一旦软件通过后就不会出现计算错误;四是便于操作,使用方便。采用计算机进行洪水预报,提高了预报精度,缩短了计算时间,增长了洪水预报预见期,同时提高了防汛工作的效率和质量,为防汛调度赢得了宝贵的时间。

随着水文信息化的到来,水文资料的存储介质也发生了根本变化。20世纪90年代初,全国已全部实现了计算机整编,利用全国水文测站编码和数据库等技术,已将80%以上水文年鉴资料录入计算机内,由原来的纸介质储存改为现在的磁介质储存,基本实现了水文整编资料的数据库管理。水文资料的检索方法由原来的人工在年鉴内翻阅抄写方法,改为现在使用计算机快速、准确地检索水文资料。水文资料在计算机内的存储格式主要有年鉴表格和数据库两种格式。

数据库数据格式的特点是数据库资料便于查询多年、多站、长历时的水文资料,进行对比和计算。但调出的水文数据如果错误,则不易被发现。数据库的资料调用对人员要求较高,人员必须对水文资料非常熟悉,了解水文数据库库表结构。

随着计算机和通信技术的飞速发展,近年来基于地理信息系统(GIS)和数字地形基础上的区域水文预报系统也得到研究。研究成果可以实现计算机上的三维立体预报预警效果,非常直观。当然,这一切都要建立在科学可靠的水文数学模型的基础上。

10.2　计算机在洪水预报中的应用

10.2.1　水情电报的翻译和传输

水情电报的传递、接收、整理和翻译是洪水预报的一个重要环节,是上级机关和防汛部门决策的一个重要依据。计算机和先进的通信设备与技术的应用代替了繁重的手工操作,减少了差错,到达迅速及时,准确无误。

GSM 是目前国内使用最广泛的无线通信网络,其具有覆盖面积广、使用用户多等特点。利用 GSM 短信息服务的特点,将该项服务应用到防汛抗旱工作中,进行水情信息的传输、查询及防汛抗旱信息的发布等,解决防汛抗旱工作中的实际问题,具有实用性强、价格低廉等特点。

10.2.1.1　系统功能

(1)发送中文短信息。以中文短信息形式发送水情信息、汛情通知等。具有自动分包、通信簿管理、单发、组发、群发、失败重发等功能。

(2)接收水情电报。自动接收报汛站以手机短信息形式发送的水情电报,既可以接收传统的五码电文,又可以接收符合新的《水情信息编码》(SL 330—2011)的电文。

(3)水文信息查询。可以自动接收查询者以短信息方式发送的查询要求,自动检索实时水情数据库,把最新的水情信息以短信息的方式发送给查询者,便于防汛人员及时了解水情信息。

(4)传输水情信息。在两地分别安装该系统,便可以以短信息的方式完成水情报文的批量互传,实现水情信息的共享。

10.2.1.2　传输水情电报

传输水情电报系统具有报文自动分包、连续发送等功能,可以实现异地无线传输水情电报。对于没有固定水情电报传输网络的县、区级防汛抗旱指挥部门,可以实现水情的无线自动接收,满足防汛抗旱部门的工作需要。信息接收单位需要安装相应硬件及配套软件,系统运行后将自动接收中心发送的水情信息,自动翻译、入库,通过查询软件即可以查询实时水情信息,生成水情图表等,满足工作需要。

10.2.1.3　水情信息查询

系统查询模块能够实现水情信息的自动查询功能。用户通过普通手机编辑查询短信息发送至水情中心,中心处理软件首先验证用户的权限,然后根据用户的查询内容查询实时水情数据库,将查询到的水情信息以短信息的形式告知用户。

编辑查询短信息时,既可以用报汛站站码,也可以使用报汛站中文名称或者拼音简写等。既可以查询报汛站实时水情信息,也可以查询历史数据。

查询短信有两种形式:①查询当前最新水情信息:"CX"+测站名称(中文站名、站码、中文拼音简写);②查询某时刻的最新水情信息"CX"+"V"+测站名称(中文站名、站码、中文拼音简写)+"V"+日期(12 位数字串)。

由于目前各地已经取消了通过邮局传递水情电报的方式,各水文站无法及时获得上游水情信息,通过这种方法能够很好地解决该问题。

10.2.1.4 防汛抗旱信息发布

通过发送中文短信息的功能,将水情、通知等重要防汛抗旱信息发送到相关人员的手机,便于防汛有关人员及时了解汛情。

同时,系统具有电话簿、用户管理、自动分包、群发等功能,方便用户使用。系统(单个 GSM 设备)平均每小时发送短信 800 条左右。

10.2.2 预报方案的编制和预报系统

预报方案通常结合我国实际,洪水预报方案大体可分河道洪水演算和暴雨洪水的流域产汇流两类。20 世纪 50 年代末期,我国有些单位就应用不稳定流的圣维南方程,采用差分法进行过长江荆江河段的洪水演算。近年来,很多单位应用电子计算机制作过 n 个河段的线性汇流曲线表,有的单位还试图解算非线性槽蓄曲线(槽蓄方程采用 $W = a + bQ + cQ^2$ 的形式)的河道汇流,分析洪水和编制预报方案。实践证明,由于采用了先进的计算工具,制作了各种查算图表,提高了工效,保证了预报精度。

20 世纪 70 年代起,越来越多的单位和部门开始应用电子计算机编制流域系统或大水库的洪水预报和调度方案。如淮河沂沭泗流域和骆马湖的洪水预报调度方案,浙江富春江、新安江水电站的预报调度方案及丹江口、陆浑水库的入库流量预报,官厅山峡区、浙江浦阳江流域的暴雨径流预报方案等。

综合电子计算机编制方案的特点,可以大体上归纳为两类:

(1)完全按照原有预报方案的计算方法与次序进行程序设计,具有模拟手算的性质,让机器代替人的手算劳动,从而提高时效,增长有效预见期。在编制程序方面,是将凡需重复计算的地方尽量编成独立的子程序,便于调用,而对方案中那些较复杂的计算步骤(如流域汇流、水库调度)则编制了分程序,最后将两者串联起来组成总程序进行计算。

(2)把编制方案和建立以单元分块为基础的流域降雨径流模型结合起来,应用电子计算机优选参数,处理大量繁杂的计算工作,进行作业预报。

下面就电子计算机在编制产流、汇流方案中具体应用,举例说明。

安徽省水文局早在 20 世纪 90 年代就开展水文情报和预报工作,在黄山地区部分流域先行试点开展水文预报计算机系统研究,利用新安江三水源模型拟定黄山地区的参数与采用 Visual Basic(简称 VB)和数据库语言成功开发了水文预报预警系统,是微机上开发的一个集洪水预报、洪水调度、参数率定、实用程序为一体的水文软件包。可通过调用方法库中的方法和数据库中的各类数据组合成许多作业。系统主要包括数据管理、洪水预报、水库调度、实时预报、站点配置、数据工具和错误日志模块,系统界面如图 10-1 ~ 图 10-4 所示。

经过几年的实践证明,安徽省洪水预报及调度系统具有以下特点:①通用性强、灵活、易扩充;②输入、输出多路径;③交互性强而灵活,便于使用;④有较强的实时校正能力;⑤运算速度快。系统的结构设计符合计算机应用软件开发规范,代表了软件工程学的发展趋势。

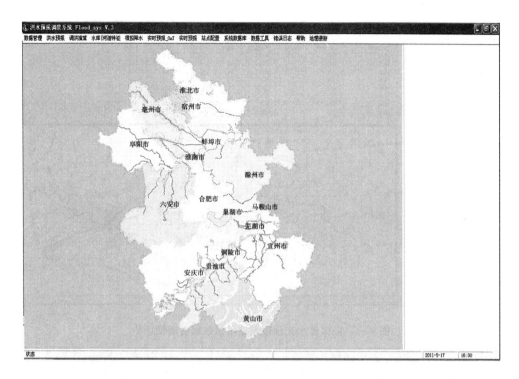

图 10-1　安徽省水文预报调度系统主界面

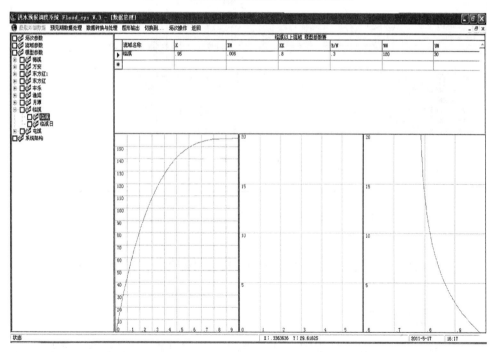

图 10-2　安徽省水文预报调度系统数据管理模块 1

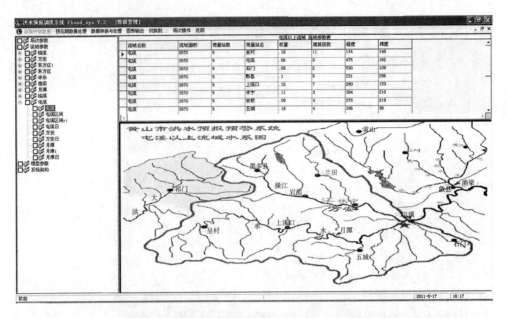

图 10-3　安徽省水文预报调度系统数据管理模块 2

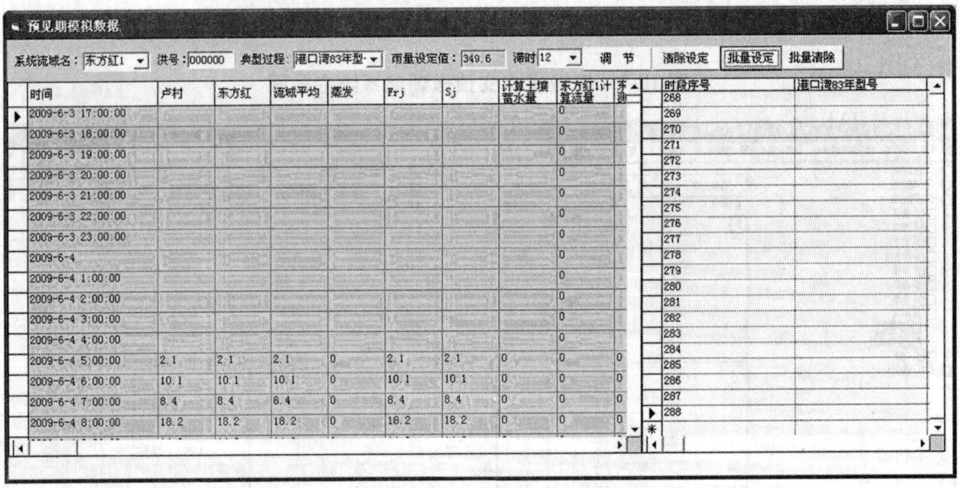

图 10-4　安徽省水文预报调度系统预见期模拟数据模块

10.3　计算机在流域水文模型中的应用

10.3.1　新安江模型

新安江模型是由河海大学(原华东水利学院)水文系 1973 年对新安江水库作入库流量预报时提出来的,是一个分布式的概念性流域降雨径流模型。30 多年来,在我国湿润地区和半湿润地区多有应用,并于 20 世纪 80 年代中期发展改进成为新安江(三水源)模型。

本节仅介绍一个单元面积降雨径流计算的新安江(三水源)模型,其相应的结构和流程图已经在前面章节中有所介绍,这里主要介绍流域模型的计算程序。

对于一个大的流域,为了考虑降水和下垫面条件的不均匀分市,一般把它分成许多单元,首先用新安江(三水源)模型对每个单元进行产汇流计算,求出各单元的出流过程;其次根据单元出口至流域出口的距离和河槽的水力特性,通常用分段马斯京根法把各单元的出流量演进至流域出口处;最后将各单元作线性叠加。这里的新安江(三水源)模型程序是单元流域上的产汇流计算,不包括单元出口至流域出口的河道演进部分,后面介绍的陕北模型也是如此。

10.3.1.1 计算程序

```
        SUBROUTINE XAJ(N,M,PAR,AREA,UH,DT,P,EP,QR,W,FR,S, QRSS0,QRG0)
        REAL * 4 W(3),WM(3),E(3),KC,IMP
        REAL * 4 KSSD,KGD,KG,KSS,KKSS,KKG
        REAL * 4 P(N),EP(N),UH(M),QR(N),PAR(13)
        INTEGER D
        DO 3    1 = 1.3
3       M(I) = PAR(I)
        KC = PAR(4)
        C = PAR(5)
        B = PAR(6)
        IMP = PAR(7)
        SM = PAR(8)
        EX = PAR(9)
        KG = PAR(10)
        KSS = PAR(11)
        KKG = PAR(12)
        KKSS = PAR(13)
        DO 5 I = 1,N
5       QR(I) = 0.
        U = AREA/(DT * 3.6)
        IF(DT. LE.24)    THEN
        D = 24/DT
        CI = KKSS * * (1/REAL(D))
        CG = KKG * * (1/REAL(D))
        KSSD = (1 - (1 - (KG + KSS)) * * (1.0/REAL(D)))/(1 + KG/KSS)
        KGD = KSSD * KG/KSS
        ELSE
        WRITE( * ,'(A50\)')' 所取计算时段长不合适!!!'
        STOP
```

```
            ENDIF
            DO 150 I = 1,N
            IF( EP( I) . LT. 0) EP( I) =0.
            IF( P( I) . LT. 0) P( I) =0.
            EP( I) = EP( I) * KC
            WM0 = WM( 1) + WM( 2)  + WM( 3)
            W0 = W( 1) + W( 2)  + W( 3)
            PE = P( I) – EP( I)
            R =0.
            RIMP =0.
            IF( PE. LE. 0)  GOTO 100
            WMM = ( 1.  + B) * WM0/( 1.  – IMP)
            IF( ( WM0 – W0) . LE. 0. 0001)   THEN
            A = WMM
            ELSE
            A = WMM * ( 1.  – ( 1.  – W0/WM0)  *  * ( 1. /( 1.  + B) ) )
            ENDIF
            IF( ( PE + A) . LT. WMM)    THEN
            R = PE – WM0 + W0 + WM0 * ( ( 1 – ( PE + A) /WMM)  *  * ( 1 + B) )
            ELSE
            R = PE – ( WM0 – W0)
            ENDIF
            RIMP = PE * IMP
100         CONTINUE
            IF( ( W( I) + P( I) ) . GT. EP( I) )    THEN
            E( 1) = EP( I)
            E( 2) =0. 0
            E( 3) =0. 0
            ELSE
            E( 1) = W( 1) + P( I)
            E( 2) = ( EP( 1) – E( 1) ) * W( 2) /WM( 2)
            IF( W( 2) . LE. ( C * WM( 2) ) )    THEN
            E( 2) = C * ( EP( I) – E( 1) )
            E( 3) =0. 0
            IF( W( 2) . GE. C * ( EP( I) – E( 1) ) )    THEN
            E( 2) = C * ( EP( I) – E( 1) )
            E( 3) =0.
            ELSE
```

```
        E(2) = w(2)
        E(3) = C * (EP(I) - E(1)) - E(2)
        ENDIF
        ENDIF
        ENDIF
10      CONTINUE

        W(1) = W(1) + P(I) - R - E(1)
        W(2) = W(2) - E(2)
        W(3) = W(3) - E(3)
        IF(W(1).GT.WM(1))    THEN
        W(2) = W(1) - WM(1) + W(2)
        W(1) = WM(1)
        IF(W(2).GT.WM(2))    THEN
        W(3) = W(3) + W(2) - WM(2)
        W(2) = WM(2)
        ENDIF
        ENDIF
        X = FR
        IF(PE.LE.0)    THEN
        RS = 0.
        RSS = S * KSSD * FR
        RGD = S * FR * KGD
        S = S - (RSS + RG)/FR
        ELSE
        FR = R/PE
        S = X * S/FR
        SS = S
        Q = R/FR
        NN = INT(Q/5.0) + 1
        Q = Q/REAL(NN)
        KSSDD = (1. - (1. - (KGD + KSSD)) * * (1.0/REAL(NN)))/(1 + KGD/KSSD)
        KGDD = KSSDD * KGD/KSSD
        RS = 0.0
        RSS = 0.0
        RG = 0.0
        SMM = (1. + EX) * SM
        IF(EX.LT.0.001)    THEN
```

```
         SMMF = SMM
         ELSE
         SMMF = SMM * (1. - (1. - FR) * * (1./EX))
         ENDIF
         SMF = SMMF/(1. + EX)
         DO 1000 J = 1,NN
         IF(S. GT. SMF)S = SMF
         AU = SMMF * (1. - (1. - S/SMF) * * (1.0/(1. + EX)))
         IF((Q + AU). LE. 0)    THEN
         RSD = 0
         RSSD = 0
         RGD = 0
         S = 0
         ELSE IF((Q + AU). GE. SMMF)    THEN
         RSD = (Q + S - SMF) * FR
         RSSD = SMF * KSSDD * FR
         RGD = SMF * FR * KGDD
         S = SMF - (RSSD + RGD)/FR
         ELSE IF((Q + AU). LT. SMMF)    THEN
         RSD = (Q - SMF + S + SMF * (1 - (Q + QU)/SMMF) * (1 + EX)) * FR
         RSSD = (S + Q - RSD/FR) * KSSDD * FR
         RGD = ( S + Q - RSD/FR) * KGDD * FR
         S = S + Q - (RSD + RSSD + RGD)/FR
         ENDIF
         RS = RS + RSD
         RSS = RSS + RSSD
         RG = RG + RGD
1000     CONTINUE
         ENDIF

         RS = RS * (1 - IMP)
         RSS = RSS * (1 - IMP)
         RG = RG * (1 - IMP)

         QRS = (RS + RIMP) * U
         QRSS = QRSS0 * CI + RSS * (1 - CI) * U
         QRG = QRG0 * CG + RG * (I - CG) * U
         QTR = QRS + QRSS + QRG
```

· 226 ·

```
       DO   200   J = 1, M
       IF( ( I + J − 1 ) . GT. N) GOTO 120
200    QR( I + J − 1 ) = QR( I + J − 1 ) + QTR * UH( J )
120    CONTINUE
       QRSS0 = QRSS
       QRG0 = QRG
150    CONTINUE
       RETURN
       END
```

10.3.1.2 程序说明

新安江(三水源)模型计算程序中各单元的物理意义如表10-1所示。

表10-1 新安江(三水源)模型计算程序中各单元的物理意义

变量	类型	大小	I/O	内容
N	整型	1	I	降雨径流计算的时段数
M	整型	1	I	单位线的底宽时段数
PAR	实型	13	I	新安江(三水源)模型参数,其中: $PAR(1)$ 为上层张力水容量 WUM(mm); $PAR(2)$ 为下层张力水容量 WLM(mm); $PAR(3)$ 为深层张力水容量 WDM(mm); $PAR(4)$ 为蒸发皿转换为流域蒸散发能力的折算系数 K; $PAR(5)$ 为深层蒸散发系数 C; $PAR(6)$ 为张力水蓄水容量曲线指数 B; $PAR(7)$ 为不透水面积占全流域面积百分数 IMP; $PAR(8)$ 为自由水蓄水库容量 SM(mm); $PAR(9)$ 为自由水蓄水容量曲线指数 EX; $PAR(10)$ 为自由水蓄水库地下水日出流系数 KG; $PAR(11)$ 为自由水蓄水库壤中流日出流系数 KSS; $PAR(12)$ 为地下径流日消退系数 KKG; $PAR(13)$ 为壤中流日消退系数 $KKSS$
AREA	实型	1	I	单元面积(km^2)
UH	实型	M	I	无因次时段单位线
DT	实型	1	I	计算时段步长(h)
P	实型	N	I	降雨时间序列(mm)
EP	实型	N	I	蒸发皿实测时段蒸发能力(mm)
QR	实型	N	O	单元出流量(m^3/s)

变量	类型	大小	I/O	内容
W	实型	3	I/O	土壤含水量,其中: $W(1)$ 为上层张力水含量(mm); $W(2)$ 为下层张力水含量(mm); $W(3)$ 为深层张力水含量(mm);
FR	实型	1	I/O	初始产流面积(%)
S	实型	1	I/O	初始流域自由水水深(mm)
QRSS0	实型	1	I/O	初始壤中流流量(m^3/s)
QRG0	实型	1	I/O	初始地下径流流量(m^3/s)

10.3.2 陕北模型

陕北模型是由河海大学建立的,也称超渗产流模型。在陕北地区,由于气候干旱,雨量稀少,地下水位低,包气带缺水量大,一般降雨不可能使包气带蓄满,不会形成地下径流。但由于土壤贫瘠,植被较差,根系不发达,地面下渗能力小,雨强很容易超过地面下渗能力而形成地面径流。因此,干旱地区的产流方式主要是雨强超过地面下渗能力而形成地面径流。

陕北模型虽然用下渗能力分布曲线考虑下渗能力在流域上的不均分布,但由于干旱区降水的时空分布极不均匀,所以要使计算结果具有一定的精度,必须在降雨资料许可的情况下尽可能使计算时段 Δt 取得小;在保证每个单元的流域面积大致相等,各单元至少有一个雨量站的情况下,尽可能把流域单元面积划分得小。对于具有多个雨量站的单元,最好用单元内的全部雨量站计算出单元的面平均降雨作为单元降雨径流模型的降雨输入。把每个单元计算出来的产流量(R),直接用单元面积的无因次时段单位线把产流演进到单元出口。

10.3.2.1 模型计算程序

```
SUBROUTINE SBMX(PAR,IK,N,M,P,EM,UH,Q)
REAL * 4   K,PAR(8),P(N),EM(N),UH(M),Q(N)
IF(IK.EQ.1)    THEN
F0 = PAR(1)
FC = PAR(2)
K = PAR(3)
DW = PAR(4)
BX = PAR(5)
AREA = PAR(6)
WT = PAR(7)
DT = PAR(8)
ELSE
A = PAR(1)
```

```fortran
      B = PAR(2)
      BX = PAR(5)
      AREA = PAR(6)
      WT = PAR(7)
      DT = PAR(8)
      ENDIF
      DO 1000 L = 1,N
      PE = P(L) - EM(L)
      IF(PE.LE.0)    THEN
      WT = WT + P(L) - EM(L)
      IF(WT.LT.0)    WT = 0.
      R = 0
      ELSE
      IF(IK.EQ.1)    THEN
      F1 = F0
      F2 = FC
      T0 = WT/F0
      II = 0
10    ST = FC * T0 + (1 - exp( - K * T0)) * (F0 - FC)/K
      II = II + 1
      IF(II.LE.100)GOTO 15
      WRITE( * , * )'已迭代 100 次,不收敛!!'
      STOP
15    CONTINUE
      IF(ABS(ST - WT).GT.DW)    THEN
      F = F0 - K * (ST - FC * T0)
      T0 = T0 + (WT - ST)/F
      GOTO 10
      ELSE
      F = F0 - K * (WT - FC * T0)
      ENDIF
      ELSE
      F = B * *2 * (1 + SQRT(1 + A * WT/B * *2))/WT + A
      ENDIF
      F = F * DT
      FMM = F * (1 + BX)
      IF(PE.GT.FMM)    THEN
      R = PE - F
      WT = WT + F
      ELSE
```

```
          R = PE - F + F * (1 - PE/FMM) * * (1 + BX)
          WT = WT + PE - R
          ENDIF
          ENDIF
          DO 20 J = 1 , M
          IF ( ( L + J - 1 ) . GT. N ) GOTO 12
20        Q ( L + J - 1 ) = Q ( L + J - 1 ) + R * UH ( J )
12        CONTINUE
1000      CONTINUE
          DO 1010 I = 1 , L
          Q ( I ) =  Q ( I ) * AREA/3. 6/DT
1010      CONTINUE
          RETURN
          END
```

10. 3. 2. 2 程序说明

陕北模型计算程序中各单元的物理意义如表10-2所示。

表10-2 陕北模型计算程序中各单元的物理意义

变量	类型	大小	I/O	内容
IK	整型	1	I	下渗曲线的选型变量: =1,为霍尔顿型下渗曲线; ≠1,为菲利普型下渗曲线
PAR	实型	8	I	模型参数 $IK=1$,则: PAR(1)为流域平均最大下渗能力f_0(mm/h); PAR(2)为流域平均稳定下渗能力f_c(mm/h); PAR(3)为下渗能力衰减系数$k(\text{h}^{-1})$; PAR(4)为迭代计算时,对土壤含水量的允许误差(mm); PAR(5)为流域下渗能力分布曲线指数BX; PAR(6)为流域面积(km^2); PAR(7)为土壤含水量(mm); PAR(8)为计算时段步长(h); IK≠1,则: PAR(1)为菲利普下渗曲线参数A(mm/h); PAR(2)为菲利普下渗曲线参数B($\text{mm/h}^{1/2}$); PAR(3)和PAR(4)无效; PAR(5)~PAR(8)同$IK=1$时的内容
N	整型	1	I	计算时段数
M	整型	1	I	单位线底宽(时段数)
P	实型	N	I	时段降雨(mm)
EM	实型	N	I	时段流域蒸散发能力(mm)
UH	实型	M	I	无因次时段单位线
Q	实型	N	O	出流量(m^3/s)

复习思考题

1. 举例说明计算机在水文预报中有哪些应用?
2. 为什么说水文模型的研究是水文预报的核心基础内容?

附　表

附表1　马斯京根法单位入流河槽汇流曲线

（a）$\Delta t = K$　$x = 0.30$

m	N										
	0	1	2	3	4	5	6	7	8	9	10
0	1	0.167	0.028	0.005	0.001						
1		0.694	0.232	0.058	0.013	0.003	0.001				
2		0.116	0.520	0.251	0.083	0.023	0.006	0.002			
3		0.019	0.167	0.416	0.251	0.101	0.033	0.010	0.003	0.001	
4		0.003	0.041	0.188	0.350	0.243	0.113	0.042	0.014	0.005	0.001
5		0.001	0.009	0.060	0.194	0.306	0.232	0.121	0.051	0.019	0.007
6			0.002	0.016	0.075	0.193	0.275	0.221	0.126	0.058	0.024
7			0.001	0.004	0.024	0.086	0.189	0.252	0.210	0.129	0.064
8				0.002	0.007	0.032	0.094	0.184	0.234	0.200	0.130
9					0.002	0.010	0.039	0.100	0.178	0.219	0.191
10						0.003	0.014	0.045	0.104	0.173	0.207
11							0.004	0.017	0.050	0.106	0.167
12								0.005	0.021	0.054	0.108
13								0.001	0.007	0.024	0.058
14									0.002	0.009	0.027
15										0.003	0.011
16											0.004
17											0.001

（b）$\Delta t = K$　$x = 0.35$

m	N										
	0	1	2	3	4	5	6	7	8	9	10
0	1	0.130	0.017	0.002							
1		0.756	0.197	0.039	0.007	0.001					
2		0.099	0.597	0.229	0.059	0.013	0.003				
3		0.013	0.153	0.491	0.241	0.077	0.020	0.005	0.001		
4		0.002	0.030	0.181	0.418	0.243	0.091	0.027	0.007	0.002	
5			0.005	0.046	0.194	0.366	0.239	0.102	0.034	0.010	0.003
6			0.001	0.010	0.061	0.199	0.328	0.233	0.110	0.041	0.013
7				0.002	0.016	0.073	0.199	0.299	0.225	0.116	0.047
8					0.003	0.021	0.083	0.197	0.276	0.218	0.120
9					0.001	0.006	0.027	0.090	0.194	0.257	0.210
10						0.001	0.008	0.033	0.096	0.189	0.242
11							0.002	0.010	0.038	0.101	0.185
12								0.003	0.013	0.043	0.104
13								0.001	0.004	0.016	0.048
14									0.001	0.005	0.019
15										0.002	0.006
16											0.002
17											0.001

(c) $\Delta t = K \quad x = 0.40$

m	N										
	0	1	2	3	4	5	6	7	8	9	10
0	1	0.091	0.008	0.001							
1		0.826	0.150	0.020	0.003						
2		0.075	0.696	0.188	0.034	0.006	0.001				
3		0.007	0.126	0.598	0.211	0.048	0.009	0.002			
4		0.001	0.018	0.159	0.523	0.224	0.061	0.013	0.003		
5			0.002	0.030	0.180	0.465	0.231	0.072	0.018	0.004	
6				0.003	0.041	0.193	0.419	0.234	0.082	0.023	0.005
7				0.001	0.006	0.052	0.201	0.382	0.234	0.091	0.028
8					0.002	0.010	0.062	0.205	0.352	0.232	0.098
9						0.002	0.014	0.071	0.206	0.328	0.229
10							0.002	0.018	0.079	0.205	0.308
11								0.003	0.022	0.084	0.203
12									0.004	0.026	0.090
13										0.006	0.030
14										0.001	0.008
15											0.001

(d) $\Delta t = K \quad x = 0.45$

m	N										
	0	1	2	3	4	5	6	7	8	9	10
0	1	0.048	0.002								
1		0.906	0.087	0.006							
2		0.044	0.825	0.119	0.011	0.001					
3		0.002	0.080	0.755	0.144	0.017	0.002				
4			0.006	0.109	0.695	0.164	0.023	0.003			
5				0.011	0.132	0.643	0.180	0.030	0.004		
6					0.016	0.151	0.597	0.193	0.037	0.005	
7					0.002	0.022	0.166	0.557	0.203	0.043	0.007
8						0.002	0.028	0.178	0.522	0.211	0.049
9							0.004	0.034	0.188	0.491	0.217
10								0.005	0.040	0.196	0.464
11									0.006	0.046	0.202
12										0.008	0.052
13											0.009

附表 2　普哇松分布

m	1	2	3	4	5	6	7	8	9	10	11	12	13	14	15
0	0.419(1)	0.080(0)	0.004(0)	0.000	0.000	0.000	0.000	0.000	0.000						
1	0.368	0.368	0.184	0.061	0.015	0.003	0.001	0.003	0.001	0.000					
2	0.135	0.271	0.271	0.180	0.090	0.036	0.012	0.022	0.008	0.003	0.000	0.000			
3	0.050	0.149	0.224	0.224	0.168	0.101	0.050	0.060	0.030	0.013	0.001	0.002	0.000		
4	0.018	0.073	0.147	0.195	0.195	0.156	0.104	0.104	0.065	0.036	0.005	0.008	0.001	0.000	
5	0.007	0.034	0.084	0.140	0.175	0.175	0.146	0.138	0.103	0.069	0.018	0.023	0.003	0.001	0.000
6	0.002	0.015	0.045	0.089	0.134	0.161	0.161	0.149	0.130	0.101	0.041	0.045	0.011	0.005	0.002
7	0.001	0.006	0.022	0.052	0.091	0.128	0.149	0.140	0.140	0.124	0.071	0.072	0.026	0.014	0.007
8	0.000	0.003	0.011	0.029	0.057	0.092	0.122	0.117	0.132	0.132	0.099	0.097	0.048	0.030	0.017
9		0.001	0.005	0.015	0.034	0.061	0.091	0.090	0.113	0.125	0.119	0.114	0.073	0.050	0.032
10		0.000	0.002	0.008	0.019	0.038	0.063	0.065	0.089	0.109	0.125	0.119	0.095	0.073	0.052
11			0.001	0.004	0.010	0.022	0.041	0.044	0.066	0.087	0.119	0.114	0.109	0.093	0.073
12			0.000	0.002	0.005	0.013	0.025	0.028	0.046	0.066	0.105	0.101	0.114	0.106	0.090
13				0.001	0.003	0.007	0.015	0.017	0.030	0.047	0.086	0.084	0.110	0.110	0.102
14				0.000	0.001	0.004	0.009	0.010	0.019	0.032	0.066	0.066	0.098	0.106	0.106
15					0.001	0.002	0.005	0.006	0.012	0.021	0.049	0.050	0.083	0.096	0.102
16					0.000	0.001	0.003	0.003	0.007	0.014	0.034	0.036	0.066	0.081	0.093
17						0.000	0.001	0.002	0.004	0.008	0.023	0.025	0.050	0.066	0.080
18							0.001	0.001	0.002	0.005	0.015	0.016	0.037	0.051	0.066
19							0.000	0.001	0.001	0.003	0.010	0.011	0.026	0.038	0.051
20								0.000	0.001	0.002	0.006	0.007	0.018	0.027	0.039
21									0.000	0.001	0.003	0.004	0.012	0.019	0.028
22									0.000	0.001	0.002	0.002	0.008	0.013	0.020
23										0.000	0.001	0.001	0.005	0.008	0.014
24											0.001	0.001	0.003	0.005	0.009
25											0.000	0.000	0.002	0.003	0.006
26													0.001	0.002	0.003
27													0.001	0.001	0.002
28													0.000	0.001	0.001
29														0.000	0.001
30															0.001
31															0.000

附表 3　瞬时单位线 S 曲线查用表

t/K	1.0	1.1	1.2	1.3	1.4	1.5	1.6	1.7	1.8	1.9	2.0	2.1	2.2	2.3	2.4	2.5	2.6	2.7	2.8	2.9	3.0
0	0	0	0	0	0	0	0	0	0	0	0	0	0	0	0	0	0	0	0	0	0
0.1	0.095	0.072	0.054	0.041	0.030	0.022	0.017	0.012	0.009	0.007	0.005	0.003	0.002	0.002	0.001	0.001	0.001	0	0	0	0
0.2	0.181	0.147	0.118	0.095	0.075	0.060	0.047	0.036	0.029	0.022	0.018	0.014	0.010	0.008	0.006	0.004	0.003	0.002	0.002	0.001	0.001
0.3	0.259	0.218	0.182	0.152	0.126	0.104	0.086	0.069	0.057	0.045	0.037	0.030	0.024	0.019	0.015	0.012	0.010	0.007	0.006	0.005	0.004
0.4	0.330	0.285	0.244	0.209	0.178	0.150	0.127	0.107	0.089	0.074	0.061	0.051	0.042	0.034	0.028	0.023	0.019	0.015	0.012	0.010	0.008
0.5	0.393	0.346	0.305	0.266	0.230	0.198	0.171	0.146	0.126	0.106	0.090	0.076	0.065	0.054	0.045	0.037	0.031	0.025	0.022	0.018	0.014
0.6	0.451	0.403	0.360	0.318	0.281	0.237	0.216	0.188	0.164	0.142	0.122	0.104	0.090	0.076	0.065	0.055	0.046	0.039	0.033	0.028	0.023
0.7	0.503	0.456	0.411	0.369	0.331	0.294	0.261	0.231	0.200	0.178	0.156	0.136	0.117	0.101	0.088	0.075	0.065	0.056	0.044	0.039	0.034
0.8	0.551	0.505	0.461	0.418	0.378	0.340	0.306	0.273	0.243	0.216	0.191	0.169	0.149	0.130	0.113	0.098	0.086	0.074	0.064	0.056	0.047
0.9	0.593	0.549	0.505	0.464	0.423	0.385	0.349	0.315	0.285	0.255	0.228	0.202	0.180	0.160	0.141	0.124	0.109	0.096	0.084	0.073	0.063
1.0	0.632	0.589	0.547	0.506	0.466	0.428	0.392	0.356	0.324	0.293	0.264	0.238	0.213	0.190	0.170	0.151	0.134	0.118	0.104	0.092	0.080
1.1	0.667	0.626	0.585	0.545	0.506	0.468	0.431	0.396	0.363	0.331	0.301	0.273	0.247	0.222	0.200	0.179	0.160	0.143	0.127	0.113	0.100
1.2	0.699	0.660	0.621	0.582	0.544	0.506	0.470	0.436	0.400	0.368	0.337	0.308	0.281	0.255	0.231	0.209	0.188	0.169	0.151	0.135	0.121
1.3	0.728	0.691	0.654	0.616	0.579	0.543	0.506	0.471	0.437	0.405	0.373	0.343	0.315	0.288	0.262	0.239	0.216	0.196	0.171	0.159	0.143
1.4	0.753	0.719	0.684	0.648	0.612	0.577	0.541	0.507	0.473	0.440	0.408	0.378	0.348	0.321	0.294	0.269	0.246	0.224	0.203	0.184	0.167
1.5	0.777	0.744	0.711	0.677	0.643	0.608	0.574	0.540	0.507	0.474	0.442	0.411	0.382	0.353	0.326	0.300	0.275	0.252	0.231	0.210	0.191
1.6	0.798	0.768	0.736	0.704	0.671	0.638	0.605	0.572	0.539	0.507	0.475	0.444	0.414	0.385	0.357	0.331	0.305	0.281	0.258	0.237	0.217
1.7	0.817	0.789	0.759	0.729	0.698	0.666	0.634	0.602	0.570	0.538	0.507	0.476	0.446	0.417	0.389	0.361	0.335	0.310	0.287	0.264	0.243
1.8	0.835	0.808	0.781	0.752	0.722	0.692	0.661	0.630	0.599	0.568	0.537	0.507	0.477	0.448	0.419	0.392	0.365	0.330	0.315	0.292	0.269
1.9	0.850	0.826	0.800	0.773	0.745	0.716	0.687	0.657	0.627	0.596	0.566	0.536	0.507	0.478	0.449	0.421	0.395	0.368	0.343	0.319	0.296
2.0	0.865	0.842	0.818	0.792	0.766	0.739	0.710	0.682	0.653	0.623	0.594	0.565	0.536	0.507	0.478	0.451	0.423	0.397	0.372	0.347	0.323
2.1	0.878	0.856	0.834	0.810	0.785	0.759	0.733	0.706	0.679	0.649	0.620	0.592	0.565	0.535	0.507	0.479	0.452	0.425	0.400	0.375	0.350
2.2	0.890	0.870	0.849	0.826	0.803	0.778	0.753	0.727	0.700	0.673	0.645	0.618	0.590	0.562	0.534	0.507	0.480	0.453	0.427	0.402	0.377
2.3	0.900	0.882	0.862	0.841	0.819	0.796	0.772	0.748	0.722	0.696	0.669	0.642	0.615	0.588	0.560	0.533	0.507	0.480	0.454	0.429	0.404
2.4	0.909	0.895	0.875	0.855	0.835	0.813	0.790	0.767	0.742	0.717	0.692	0.665	0.639	0.613	0.586	0.559	0.533	0.507	0.481	0.455	0.430

续附表 3

t/K	\(N\)																				
	1.0	1.1	1.2	1.3	1.4	1.5	1.6	1.7	1.8	1.9	2.0	2.1	2.2	2.3	2.4	2.5	2.6	2.7	2.8	2.9	3.0
2.5	0.918	0.902	0.886	0.868	0.849	0.828	0.807	0.784	0.761	0.737	0.713	0.688	0.662	0.636	0.610	0.584	0.558	0.532	0.506	0.481	0.456
2.6	0.926	0.912	0.896	0.879	0.861	0.842	0.822	0.801	0.779	0.756	0.733	0.708	0.684	0.659	0.634	0.608	0.582	0.557	0.532	0.506	0.482
2.7	0.933	0.920	0.905	0.890	0.873	0.855	0.836	0.816	0.796	0.774	0.751	0.728	0.704	0.680	0.656	0.631	0.606	0.581	0.556	0.531	0.506
2.8	0.939	0.928	0.914	0.899	0.884	0.867	0.849	0.831	0.811	0.790	0.769	0.747	0.724	0.701	0.677	0.653	0.629	0.604	0.579	0.555	0.531
2.9	0.945	0.934	0.922	0.908	0.894	0.878	0.862	0.844	0.825	0.806	0.785	0.764	0.742	0.720	0.697	0.674	0.650	0.626	0.602	0.578	0.554
3.0	0.950	0.940	0.929	0.916	0.903	0.888	0.873	0.856	0.839	0.820	0.801	0.781	0.760	0.738	0.716	0.694	0.671	0.648	0.624	0.600	0.577
3.1	0.955	0.946	0.935	0.924	0.911	0.898	0.883	0.868	0.851	0.834	0.815	0.796	0.776	0.756	0.734	0.713	0.691	0.668	0.645	0.622	0.599
3.2	0.959	0.951	0.941	0.930	0.919	0.906	0.893	0.878	0.863	0.846	0.829	0.811	0.792	0.772	0.752	0.731	0.709	0.688	0.665	0.643	0.620
3.3	0.963	0.955	0.946	0.936	0.926	0.914	0.902	0.888	0.873	0.858	0.841	0.824	0.806	0.787	0.768	0.748	0.727	0.706	0.685	0.663	0.641
3.4	0.967	0.959	0.951	0.942	0.932	0.921	0.910	0.897	0.883	0.869	0.853	0.837	0.820	0.802	0.783	0.764	0.744	0.724	0.703	0.682	0.660
3.5	0.970	0.963	0.956	0.947	0.938	0.928	0.917	0.905	0.892	0.879	0.864	0.849	0.832	0.815	0.798	0.779	0.760	0.741	0.721	0.700	0.679
3.6	0.973	0.967	0.960	0.952	0.944	0.934	0.924	0.913	0.901	0.888	0.874	0.860	0.844	0.828	0.811	0.794	0.776	0.757	0.738	0.718	0.697
3.7	0.975	0.970	0.963	0.956	0.948	0.940	0.930	0.920	0.909	0.897	0.884	0.870	0.856	0.840	0.824	0.807	0.790	0.772	0.753	0.734	0.715
3.8	0.978	0.973	0.967	0.960	0.953	0.945	0.936	0.926	0.916	0.905	0.893	0.880	0.866	0.851	0.846	0.820	0.804	0.786	0.768	0.750	0.731
3.9	0.980	0.975	0.970	0.964	0.957	0.950	0.941	0.932	0.923	0.912	0.901	0.889	0.876	0.862	0.848	0.834	0.817	0.800	0.783	0.765	0.747
4.0	0.982	0.977	0.973	0.967	0.961	0.954	0.946	0.938	0.929	0.919	0.908	0.897	0.885	0.872	0.858	0.844	0.829	0.813	0.796	0.779	0.762
4.2	0.985	0.981	0.977	0.973	0.967	0.962	0.955	0.948	0.940	0.931	0.922	0.912	0.901	0.890	0.877	0.864	0.851	0.837	0.822	0.806	0.790
4.4	0.988	0.985	0.981	0.977	0.973	0.968	0.962	0.956	0.949	0.942	0.934	0.925	0.915	0.905	0.894	0.883	0.870	0.857	0.844	0.830	0.815
4.6	0.990	0.987	0.985	0.981	0.975	0.973	0.963	0.963	0.957	0.951	0.944	0.936	0.928	0.919	0.909	0.899	0.888	0.876	0.864	0.851	0.837
4.8	0.992	0.990	0.987	0.985	0.981	0.978	0.974	0.969	0.964	0.958	0.952	0.946	0.938	0.930	0.922	0.913	0.903	0.892	0.881	0.870	0.857
5.0	0.993	0.992	0.990	0.987	0.984	0.981	0.978	0.974	0.970	0.965	0.960	0.954	0.947	0.940	0.933	0.925	0.916	0.907	0.897	0.886	0.875
5.5	0.996	0.995	0.994	0.992	0.990	0.988	0.986	0.983	0.980	0.977	0.973	0.969	0.965	0.960	0.955	0.949	0.942	0.935	0.928	0.920	0.912
6.0	0.998	0.997	0.996	0.995	0.994	0.993	0.991	0.989	0.987	0.985	0.983	0.980	0.977	0.973	0.969	0.965	0.961	0.956	0.950	0.944	0.938
7.0	0.999	0.999	0.998	0.998	0.998	0.997	0.996	0.996	0.995	0.994	0.993	0.991	0.990	0.988	0.986	0.984	0.982	0.980	0.977	0.974	0.970
8.0			0.999	0.999	0.999	0.999	0.999	0.998	0.998	0.997	0.997	0.996	0.996	0.995	0.994	0.993	0.992	0.991	0.989	0.988	0.986
9.0								0.999	0.999	0.999	0.999	0.999	0.998	0.998	0.997	0.997	0.997	0.996	0.995	0.995	0.994

続附表 3

N

t/K	3.0	3.1	3.2	3.3	3.4	3.5	3.6	3.7	3.8	3.9	4.0	4.1	4.2	4.3	4.4	4.5	4.6	4.7	4.8	4.9	5.0
0	0	0	0	0	0	0	0	0	0	0	0	0	0	0	0	0	0	0	0	0	0
0.5	0.014	0.012	0.010	0.008	0.006	0.005	0.004	0.003	0.003	0.002	0.002	0.001	0.001	0.001	0.001	0.001	0	0	0	0	0
1.0	0.080	0.070	0.061	0.053	0.046	0.040	0.035	0.030	0.026	0.022	0.019	0.016	0.014	0.012	0.010	0.009	0.007	0.006	0.005	0.004	0.004
1.1	0.100	0.088	0.077	0.068	0.060	0.052	0.045	0.040	0.034	0.030	0.026	0.022	0.019	0.016	0.014	0.012	0.010	0.009	0.008	0.006	0.005
1.2	0.121	0.107	0.095	0.084	0.074	0.066	0.058	0.051	0.044	0.039	0.034	0.029	0.026	0.022	0.019	0.017	0.014	0.012	0.011	0.009	0.008
1.3	0.143	0.128	0.114	0.102	0.091	0.081	0.071	0.063	0.056	0.049	0.043	0.038	0.033	0.029	0.025	0.022	0.019	0.017	0.014	0.012	0.011
1.4	0.167	0.150	0.135	0.121	0.109	0.097	0.087	0.077	0.069	0.061	0.054	0.047	0.042	0.037	0.032	0.028	0.025	0.022	0.019	0.016	0.014
1.5	0.191	0.173	0.157	0.142	0.128	0.115	0.103	0.092	0.083	0.074	0.066	0.058	0.052	0.046	0.040	0.036	0.031	0.028	0.024	0.021	0.019
1.6	0.217	0.198	0.180	0.164	0.148	0.134	0.121	0.109	0.098	0.088	0.079	0.070	0.063	0.056	0.050	0.044	0.039	0.035	0.031	0.027	0.024
1.7	0.243	0.223	0.204	0.186	0.170	0.154	0.140	0.127	0.115	0.103	0.093	0.084	0.075	0.067	0.060	0.054	0.048	0.043	0.038	0.033	0.030
1.8	0.269	0.248	0.228	0.210	0.192	0.175	0.160	0.146	0.132	0.120	0.109	0.098	0.089	0.080	0.072	0.064	0.058	0.051	0.046	0.041	0.036
1.9	0.296	0.274	0.253	0.234	0.215	0.197	0.181	0.166	0.151	0.138	0.125	0.114	0.103	0.093	0.084	0.076	0.068	0.061	0.055	0.049	0.044
2.0	0.323	0.301	0.279	0.258	0.239	0.220	0.203	0.186	0.171	0.156	0.143	0.130	0.119	0.108	0.098	0.089	0.080	0.072	0.065	0.059	0.053
2.1	0.350	0.327	0.305	0.283	0.263	0.244	0.225	0.208	0.191	0.176	0.161	0.148	0.135	0.123	0.112	0.102	0.093	0.084	0.076	0.069	0.062
2.2	0.377	0.354	0.331	0.309	0.287	0.267	0.248	0.230	0.212	0.196	0.181	0.166	0.153	0.140	0.128	0.117	0.107	0.097	0.088	0.080	0.072
2.3	0.404	0.380	0.356	0.334	0.312	0.291	0.271	0.252	0.234	0.217	0.201	0.185	0.171	0.157	0.144	0.132	0.121	0.111	0.101	0.092	0.084
2.4	0.430	0.406	0.382	0.359	0.337	0.316	0.295	0.275	0.256	0.238	0.221	0.205	0.190	0.175	0.161	0.149	0.137	0.125	0.115	0.105	0.096
2.5	0.456	0.432	0.408	0.385	0.362	0.340	0.319	0.299	0.279	0.260	0.242	0.225	0.209	0.194	0.179	0.166	0.153	0.141	0.129	0.119	0.109
2.6	0.482	0.457	0.433	0.410	0.387	0.364	0.343	0.322	0.302	0.283	0.264	0.246	0.229	0.213	0.198	0.183	0.170	0.157	0.145	0.133	0.123
2.7	0.506	0.482	0.458	0.434	0.411	0.389	0.367	0.346	0.325	0.305	0.286	0.268	0.250	0.233	0.217	0.202	0.187	0.174	0.161	0.149	0.137
2.8	0.531	0.506	0.482	0.459	0.436	0.413	0.391	0.369	0.348	0.328	0.308	0.289	0.271	0.253	0.237	0.221	0.206	0.191	0.178	0.165	0.152
2.9	0.554	0.530	0.506	0.483	0.460	0.437	0.414	0.392	0.371	0.350	0.330	0.311	0.292	0.274	0.257	0.240	0.224	0.209	0.195	0.181	0.168
3.0	0.577	0.553	0.530	0.506	0.483	0.460	0.438	0.416	0.394	0.373	0.353	0.333	0.314	0.295	0.277	0.260	0.244	0.228	0.213	0.198	0.185
3.1	0.599	0.576	0.552	0.529	0.506	0.483	0.461	0.439	0.417	0.396	0.375	0.355	0.335	0.316	0.298	0.280	0.263	0.246	0.231	0.216	0.202
3.2	0.620	0.603	0.574	0.552	0.528	0.506	0.484	0.462	0.440	0.418	0.397	0.377	0.357	0.338	0.319	0.301	0.283	0.266	0.250	0.234	0.219

续附表 3

t/K	3.0	3.1	3.2	3.3	3.4	3.5	3.6	3.7	3.8	3.9	4.0 N	4.1	4.2	4.3	4.4	4.5	4.6	4.7	4.8	4.9	5.0
3.3	0.641	0.618	0.596	0.573	0.551	0.528	0.506	0.484	0.462	0.441	0.420	0.399	0.379	0.359	0.340	0.321	0.304	0.286	0.269	0.253	0.237
3.4	0.660	0.638	0.616	0.594	0.572	0.550	0.528	0.506	0.484	0.463	0.442	0.421	0.400	0.380	0.361	0.342	0.324	0.306	0.289	0.272	0.256
3.5	0.679	0.658	0.636	0.615	0.593	0.571	0.549	0.528	0.506	0.485	0.462	0.442	0.422	0.404	0.382	0.363	0.344	0.326	0.308	0.291	0.275
3.6	0.697	0.677	0.656	0.634	0.613	0.592	0.570	0.549	0.527	0.506	0.484	0.464	0.443	0.423	0.403	0.384	0.365	0.346	0.328	0.311	0.293
3.7	0.715	0.695	0.674	0.653	0.633	0.612	0.590	0.569	0.548	0.527	0.506	0.485	0.464	0.444	0.424	0.404	0.385	0.366	0.348	0.330	0.313
3.8	0.731	0.712	0.692	0.672	0.651	0.631	0.610	0.589	0.568	0.547	0.527	0.506	0.485	0.465	0.445	0.425	0.406	0.387	0.368	0.350	0.332
3.9	0.747	0.728	0.709	0.689	0.670	0.649	0.629	0.609	0.588	0.567	0.548	0.526	0.506	0.485	0.465	0.446	0.426	0.407	0.388	0.370	0.352
4.0	0.762	0.744	0.725	0.706	0.687	0.667	0.647	0.627	0.607	0.587	0.567	0.546	0.526	0.506	0.486	0.466	0.446	0.427	0.403	0.389	0.371
4.2	0.790	0.773	0.756	0.738	0.720	0.701	0.682	0.663	0.644	0.624	0.605	0.585	0.565	0.545	0.525	0.506	0.486	0.467	0.448	0.429	0.410
4.4	0.815	0.799	0.783	0.767	0.750	0.733	0.715	0.697	0.678	0.660	0.641	0.621	0.602	0.582	0.563	0.544	0.525	0.506	0.486	0.468	0.449
4.6	0.837	0.823	0.809	0.793	0.778	0.761	0.745	0.728	0.710	0.692	0.674	0.656	0.637	0.619	0.600	0.581	0.562	0.543	0.524	0.505	0.487
4.8	0.857	0.845	0.831	0.817	0.803	0.788	0.772	0.756	0.740	0.723	0.706	0.688	0.671	0.653	0.634	0.616	0.598	0.579	0.560	0.542	0.524
5.0	0.875	0.864	0.851	0.838	0.825	0.811	0.797	0.782	0.767	0.751	0.735	0.718	0.702	0.683	0.667	0.650	0.632	0.614	0.596	0.578	0.560
5.2	0.891	0.881	0.870	0.858	0.846	0.833	0.820	0.806	0.792	0.777	0.762	0.746	0.731	0.714	0.698	0.681	0.664	0.647	0.629	0.612	0.594
5.4	0.905	0.896	0.886	0.875	0.864	0.852	0.840	0.828	0.814	0.801	0.787	0.772	0.757	0.742	0.726	0.710	0.694	0.678	0.661	0.644	0.627
5.6	0.918	0.909	0.900	0.891	0.880	0.870	0.859	0.847	0.835	0.822	0.809	0.796	0.782	0.768	0.753	0.738	0.722	0.707	0.691	0.674	0.658
5.8	0.928	0.921	0.913	0.904	0.895	0.885	0.875	0.865	0.854	0.842	0.830	0.818	0.805	0.791	0.777	0.763	0.749	0.734	0.719	0.703	0.687
6.0	0.938	0.930	0.924	0.916	0.908	0.899	0.890	0.881	0.870	0.860	0.849	0.837	0.825	0.813	0.800	0.787	0.773	0.759	0.745	0.730	0.715
6.5	0.957	0.952	0.947	0.941	0.935	0.927	0.921	0.913	0.905	0.897	0.888	0.879	0.869	0.859	0.848	0.837	0.826	0.814	0.802	0.789	0.776
7.0	0.970	0.967	0.963	0.958	0.954	0.949	0.943	0.938	0.932	0.925	0.918	0.911	0.903	0.895	0.887	0.878	0.868	0.859	0.848	0.838	0.827
7.5	0.980	0.977	0.974	0.971	0.968	0.964	0.960	0.956	0.951	0.946	0.941	0.935	0.929	0.923	0.916	0.911	0.902	0.894	0.886	0.877	0.868
8.0	0.986	0.984	0.982	0.980	0.978	0.975	0.972	0.969	0.965	0.962	0.958	0.953	0.949	0.944	0.939	0.933	0.927	0.921	0.915	0.908	0.900
9.0	0.994	0.993	0.991	0.990	0.989	0.988	0.986	0.985	0.983	0.981	0.979	0.976	0.974	0.971	0.968	0.965	0.961	0.958	0.954	0.950	0.945
10.0	0.997	0.997	0.996	0.996	0.995	0.994	0.994	0.993	0.992	0.991	0.990	0.988	0.987	0.985	0.984	0.982	0.980	0.978	0.976	0.973	0.971
11.0	0.999	0.999	0.998	0.998	0.998	0.997	0.997	0.997	0.996	0.996	0.995	0.994	0.994	0.993	0.992	0.991	0.990	0.989	0.988	0.986	0.985
12.0			0.999	0.999	0.999	0.999	0.999	0.998	0.998	0.998	0.998	0.997	0.997	0.997	0.996	0.996	0.995	0.994	0.994	0.993	0.992

t/K	\(N\) 5.0	5.1	5.2	5.3	5.4	5.5	5.6	5.7	5.8	5.9	6.0	6.1	6.2	6.3	6.4	6.5	6.6	6.7	6.8	6.9	7.0
0	0	0	0	0	0	0	0	0	0	0	0	0	0	0	0	0	0	0	0	0	0
0.5	0	0	0	0	0	0	0	0	0	0	0	0	0	0	0	0	0	0	0	0	0
1.0	0.004	0.003	0.003	0.002	0.002	0.002	0.001	0.001	0.001	0.001	0.001	0	0	0	0	0	0	0	0	0	0
1.5	0.019	0.016	0.014	0.012	0.011	0.009	0.008	0.007	0.006	0.005	0.004	0.004	0.003	0.003	0.002	0.002	0.002	0.001	0.001	0.001	0.001
2.0	0.053	0.047	0.042	0.038	0.034	0.030	0.027	0.024	0.021	0.019	0.017	0.015	0.013	0.011	0.010	0.009	0.008	0.007	0.006	0.005	0.004
2.5	0.109	0.100	0.091	0.083	0.076	0.069	0.063	0.057	0.051	0.047	0.042	0.038	0.034	0.031	0.028	0.025	0.022	0.020	0.018	0.016	0.014
3.0	0.185	0.172	0.160	0.148	0.137	0.127	0.117	0.108	0.099	0.091	0.084	0.077	0.071	0.065	0.059	0.054	0.049	0.045	0.041	0.037	0.034
3.2	0.219	0.205	0.192	0.179	0.166	0.155	0.144	0.133	0.123	0.114	0.105	0.098	0.090	0.083	0.076	0.070	0.064	0.059	0.053	0.049	0.045
3.4	0.256	0.240	0.226	0.211	0.198	0.185	0.173	0.161	0.150	0.139	0.129	0.120	0.111	0.103	0.095	0.088	0.081	0.075	0.069	0.063	0.058
3.6	0.294	0.217	0.261	0.246	0.231	0.217	0.204	0.191	0.179	0.167	0.156	0.146	0.135	0.126	0.117	0.109	0.100	0.093	0.086	0.080	0.073
3.8	0.332	0.315	0.298	0.282	0.266	0.251	0.237	0.223	0.210	0.197	0.184	0.173	0.162	0.151	0.141	0.132	0.122	0.114	0.106	0.098	0.091
4.0	0.371	0.353	0.336	0.319	0.303	0.287	0.271	0.256	0.242	0.228	0.215	0.202	0.190	0.178	0.167	0.157	0.146	0.137	0.128	0.119	0.111
4.1	0.391	0.373	0.355	0.338	0.321	0.305	0.289	0.274	0.259	0.244	0.231	0.218	0.205	0.193	0.181	0.170	0.159	0.149	0.139	0.130	0.121
4.2	0.410	0.392	0.374	0.357	0.340	0.323	0.307	0.291	0.276	0.261	0.247	0.233	0.220	0.208	0.195	0.184	0.172	0.162	0.151	0.142	0.133
4.3	0.430	0.411	0.393	0.375	0.358	0.341	0.325	0.309	0.293	0.278	0.263	0.249	0.236	0.223	0.210	0.198	0.186	0.175	0.164	0.154	0.144
4.4	0.449	0.430	0.412	0.394	0.377	0.360	0.343	0.327	0.311	0.295	0.280	0.266	0.251	0.238	0.225	0.212	0.200	0.189	0.177	0.167	0.156
4.5	0.468	0.449	0.431	0.413	0.395	0.378	0.361	0.345	0.328	0.312	0.297	0.282	0.268	0.254	0.240	0.227	0.214	0.203	0.191	0.180	0.169
4.6	0.487	0.469	0.450	0.432	0.414	0.397	0.379	0.363	0.346	0.330	0.314	0.299	0.284	0.270	0.256	0.243	0.229	0.217	0.205	0.193	0.182
4.7	0.505	0.487	0.469	0.451	0.433	0.415	0.398	0.381	0.364	0.348	0.332	0.316	0.301	0.286	0.272	0.258	0.244	0.232	0.219	0.207	0.195
4.8	0.524	0.505	0.487	0.469	0.451	0.433	0.416	0.399	0.382	0.365	0.349	0.333	0.318	0.303	0.288	0.274	0.260	0.247	0.234	0.221	0.209
4.9	0.542	0.524	0.505	0.487	0.469	0.452	0.434	0.417	0.400	0.383	0.366	0.350	0.335	0.320	0.304	0.290	0.276	0.262	0.249	0.236	0.223
5.0	0.560	0.541	0.523	0.505	0.487	0.470	0.452	0.435	0.418	0.401	0.384	0.368	0.352	0.336	0.321	0.306	0.292	0.278	0.264	0.251	0.238
5.1	0.577	0.559	0.541	0.523	0.505	0.488	0.470	0.453	0.435	0.418	0.402	0.385	0.369	0.353	0.338	0.323	0.308	0.294	0.279	0.266	0.253
5.2	0.594	0.576	0.558	0.541	0.523	0.505	0.488	0.470	0.453	0.436	0.419	0.403	0.386	0.370	0.354	0.339	0.324	0.310	0.395	0.281	0.268
5.3	0.610	0.593	0.575	0.558	0.540	0.523	0.505	0.488	0.471	0.453	0.437	0.420	0.403	0.387	0.371	0.356	0.340	0.326	0.311	0.297	0.283

续附表 3

t/K	5.0	5.1	5.2	5.3	5.4	5.5	5.6	5.7	5.8	5.9	6.0	6.1	6.2	6.3	6.4	6.5	6.6	6.7	6.8	6.9	7.0
5.4	0.627	0.609	0.592	0.575	0.557	0.540	0.522	0.505	0.488	0.471	0.454	0.437	0.421	0.404	0.388	0.373	0.357	0.342	0.327	0.313	0.298
5.5	0.642	0.626	0.608	0.591	0.574	0.557	0.539	0.522	0.505	0.488	0.471	0.454	0.438	0.421	0.405	0.389	0.374	0.358	0.343	0.328	0.314
5.6	0.658	0.641	0.624	0.607	0.590	0.573	0.556	0.539	0.522	0.505	0.488	0.471	0.455	0.438	0.422	0.406	0.390	0.375	0.359	0.345	0.330
5.7	0.673	0.656	0.640	0.623	0.606	0.590	0.573	0.556	0.539	0.522	0.505	0.488	0.472	0.455	0.439	0.423	0.407	0.391	0.376	0.361	0.346
5.8	0.687	0.671	0.655	0.639	0.622	0.606	0.589	0.572	0.555	0.538	0.522	0.505	0.488	0.472	0.456	0.439	0.423	0.408	0.392	0.377	0.362
5.9	0.701	0.686	0.670	0.654	0.638	0.621	0.605	0.588	0.571	0.555	0.538	0.522	0.505	0.489	0.472	0.456	0.440	0.424	0.408	0.393	0.378
6.0	0.715	0.700	0.684	0.668	0.652	0.636	0.620	0.604	0.587	0.571	0.554	0.538	0.521	0.505	0.489	0.472	0.456	0.440	0.425	0.409	0.394
6.2	0.741	0.726	0.712	0.696	0.681	0.666	0.650	0.634	0.618	0.602	0.586	0.570	0.553	0.537	0.521	0.505	0.489	0.473	0.457	0.441	0.426
6.4	0.765	0.751	0.737	0.723	0.708	0.693	0.678	0.663	0.648	0.632	0.616	0.600	0.585	0.568	0.553	0.537	0.521	0.505	0.489	0.473	0.458
6.6	0.787	0.774	0.761	0.748	0.734	0.720	0.705	0.690	0.676	0.661	0.645	0.630	0.614	0.597	0.583	0.568	0.552	0.536	0.520	0.505	0.489
6.8	0.808	0.796	0.783	0.771	0.758	0.744	0.730	0.716	0.702	0.688	0.673	0.658	0.643	0.628	0.613	0.597	0.582	0.566	0.551	0.536	0.520
7.0	0.827	0.816	0.804	0.792	0.780	0.767	0.754	0.741	0.727	0.713	0.699	0.685	0.671	0.656	0.641	0.626	0.611	0.596	0.581	0.566	0.550
7.2	0.844	0.834	0.823	0.812	0.800	0.788	0.776	0.764	0.751	0.738	0.724	0.710	0.697	0.682	0.668	0.654	0.639	0.624	0.610	0.595	0.580
7.4	0.860	0.851	0.841	0.830	0.819	0.808	0.797	0.785	0.773	0.760	0.747	0.734	0.721	0.708	0.694	0.680	0.666	0.652	0.637	0.623	0.608
7.6	0.875	0.866	0.857	0.845	0.837	0.826	0.816	0.805	0.793	0.781	0.769	0.757	0.744	0.732	0.718	0.705	0.691	0.678	0.664	0.650	0.635
7.8	0.888	0.880	0.871	0.862	0.853	0.843	0.833	0.823	0.812	0.801	0.790	0.778	0.766	0.754	0.741	0.729	0.716	0.702	0.689	0.675	0.662
8.0	0.900	0.893	0.885	0.877	0.868	0.859	0.850	0.840	0.830	0.819	0.809	0.798	0.786	0.775	0.763	0.751	0.738	0.725	0.713	0.700	0.687
8.5	0.926	0.920	0.913	0.907	0.899	0.892	0.884	0.876	0.868	0.859	0.850	0.841	0.831	0.821	0.811	0.800	0.790	0.778	0.767	0.755	0.744
9.0	0.945	0.940	0.935	0.930	0.924	0.918	0.912	0.906	0.899	0.892	0.884	0.876	0.869	0.860	0.851	0.842	0.833	0.823	0.814	0.804	0.793
9.5	0.960	0.956	0.952	0.948	0.943	0.938	0.933	0.928	0.923	0.917	0.911	0.905	0.898	0.891	0.884	0.877	0.869	0.861	0.853	0.844	0.835
10.0	0.971	0.968	0.965	0.962	0.958	0.955	0.951	0.946	0.942	0.938	0.933	0.928	0.922	0.917	0.911	0.905	0.898	0.892	0.885	0.877	0.870
11.0	0.985	0.983	0.982	0.979	0.978	0.975	0.973	0.971	0.968	0.965	0.962	0.959	0.956	0.952	0.949	0.945	0.940	0.936	0.931	0.926	0.921
12.0	0.992	0.992	0.991	0.990	0.988	0.987	0.986	0.985	0.983	0.981	0.980	0.978	0.976	0.974	0.971	0.969	0.966	0.963	0.961	0.957	0.954
13.0	0.996	0.995	0.995	0.995	0.994	0.993	0.993	0.992	0.991	0.990	0.989	0.988	0.987	0.986	0.984	0.983	0.981	0.980	0.978	0.976	0.974
14.0	0.998	0.998	0.998	0.997	0.997	0.997	0.996	0.996	0.996	0.995	0.994	0.994	0.993	0.993	0.992	0.991	0.990	0.989	0.988	0.987	0.986
15.0	0.999	0.999	0.999	0.999	0.999	0.998	0.998	0.998	0.998	0.997	0.997	0.997	0.997	0.996	0.996	0.995	0.995	0.994	0.994	0.993	0.992

参 考 文 献

[1] 包为民.水文预报[M].4版.北京:中国水利水电出版社,2009.

[2] 林三益.水文预报[M].北京:中国水利水电出版社,2000.

[3] 赵人俊.流域水文模型——新安江模型与陕北模型[M].北京:水利电力出版社,1984.

[4] 芮孝芳.水文学原理[M].北京:中国水利水电出版社,2004.

[5] 长江水利委员会.水文预报方法[M].北京:水利电力出版社,1993.

[6] 詹道江,叶守泽.工程水文学[M].北京:中国水利水电出版社,2000.

[7] 包为民,钟平安,等.水库洪水调度系统预报子系统关键技术与功能开发[J].中国水利,2001(4): 43-44.

[8] 瞿思敏,包为民.实时洪水预报综合修正方法初探[J].水科学进展,2003(2):167-171.

[9] 包为民,等.水库入库河段洪水汇流参数抗差估计研究[J].武汉大学学报(工学版),2004(6):13-16.

[10] 王振龙,高建峰.实用土壤墒情监测预报技术[M].北京:中国水利水电出版社,2006.

[11] 葛守西.一般线性汇流模型实时预报方法的初步探讨[J].水利学报,1985(4):1-9.

[12] 葛守西.现代洪水预报技术[M].北京:水利电力出版社,1989.

[13] 华东水利学院.中国湿润地区洪水预报方法[M].北京:水利电力出版社,1993.

[14] 刘志强.水文观测预报技术与标准规范实务手册[M].银川:宁夏大地音像出版社,2003.

[15] 庄一鸰,林三益.水文预报[M].北京:水利电力出版社,1986.

[16] 中华人民共和国国家质量监督检验检疫总局,中国国家标准化管理委员会.水文情报预报规范: GB/T 22482—2008[S].北京:中国标准出版社,2008.

[17] 中华人民共和国水利部.水情信息编码:SL 330—2011[S].北京:中国水利水电出版社,2011.